Excel과 R을 이용한 통계학

정미숙 저

자유아카데미

머리말

통계학은 자료를 수집, 정리, 분석하고 어떤 결론을 내리는 방법을 제시하는 학문입니다. 그러므로 통계학에서 사용하는 여러 기법들을 적절히 사용한다면 우리 주변의 일상생활에서 일어나는 여러 현상들의 질문에 대한 답을 내리는 데 도움을 줄 수 있습니다.

현재 통계학은 통계 전공자뿐만 아니라 통계분석을 필요로 하는 여러 분야에서 필요한 과목으로 사용하고 있으며, 대학에서 수년 간 통계학개론을 강의하면서 이론과 통계 소프트웨어를 동시에 활용한 교재의 필요성을 많이 느끼게 되었습니다. 본 교재는 먼저 통계학의 수리적인 이론을 익히고, 다양한 예제를 이용하여 기본개념들을 습득한 후, 처리가 필요한 것은 통계소프트웨어를 활용하여 확인해 보는 과정을 거쳤습니다. 통계분석을 위한 도구로 엑셀과 R 프로그램을 사용하였는데, 이는 엑셀을 통해 기초통계학의 통계이론을 대부분 계산할 수 있으나 미흡한 부분들이 있어, R 프로그램을 통해 보강하였습니다. 본 교재는 엑셀이나 R 프로그램 둘 중 하나를 선택하여 통계의 도구로 활용할 수도 있고, 통계이론 부분만 선택하여 통계학의 기본개념을 익힐 수도 있는 등 다양하게 이용이 가능합니다.

1장은 엑셀에서 통계자료분석을 위해 자료분석 프로그램을 추가로 설치하는 방법과, R 프로그램을 설치하는 방법을 언급하고 있습니다. 아무쪼록 본 교재가 통계학 기본개념과 통계처리기법을 익히는 초석이 되기를 기원합니다.

나의 사랑하는 남편, 아들, 딸과 지금껏 강의를 할 수 있게 해 주신 어머니, 하늘에서 항상 지켜주고 계신 아버지께 감사의 마음을 전합니다. 모든 분들이여 자비 사랑 가득하소서!

2011년 2월

정 미 숙

차 례

4장 확률변수와 확률분포

5장 이항분포와 정규분포

6장 표본분포

7장 한 모집단에 대한 추론

8장 두 모집단에 대한 추론

9장 범주형 자료 분석

1장

통계학이란 무엇인가?

통계학은 연구 목적에 필요한 자료를 최적의 방법으로 수집하고, 과학적인 이론에 의해 자료를 정리하고 분석하여 어떤 결론을 내리는 방법을 제시하는 학문이다. 통계학에서 사용하는 여러 기법들을 적절히 사용한다면 우리 주변의 일상생활에서 일어나는 여러 현상들의 질문에 대한 답을 내리는데 도움을 줄 수 있다. 이 때 답은 개인적인 경험에서 나온 것이 아니라 자료를 근거로 나온 것이므로 통계학은 자료를 수집하는 과정부터 시작된다.

자료는 실험(experiment)이나 조사(survey) 등의 방법으로 수집된다. 실험은 실험대상이나 실험조건을 통제하는 것이 용이하므로 널리 사용하는 자료 수집 방법이다. 사료 종류에 따라 젖소의 우유량에 차이가 있는지, 공정온도에 따라 제품의 수명이 달라지는지, 새로운 약이 종전의 약보다 효과가 있는지 등을 알아보기 위해 각각의 조건에 따른 실험을 수행하고 자료를 수집한다. 이 때 각 실험에서 사료종류, 공정온도, 약의 종류 외의 다른 조건들은 결과에 영향을 미치지 않도록 동일하게 시행해야 한다. 물론 실험조건이 동일하더라도 변동 때문에 다른 값이 측정될 수 있다. 즉 동일한 공정온도에서 만들어진 제품이라도 수명에 차이가 날 수 있고, 동일한 사료를 먹인 젖소라도 우유량에 차이가 날 수 있다. 그러므로 합리적인 통계분석을 위해서 이런 변동과 실험조건의 차이를 구별할 수 있는 바람직한 통계적인 모형이 필요하다. 조사는 어떤 대상을 통해 어떤 현상을 관찰하는 것으로 각종 여론조사, 마케팅조사 등이 여기에 속한다.

통계학은 크게 기술통계학과 추측통계학 분야로 나눈다. 기술통계학은 수집된 방대한 양의 자료를 표나 그림으로 정리하거나 수치적으로 요약하여 자료의 특징을 한 눈에 파악하는 방법을 다루는 분야이다. 추측통계학은 통계적인 모형을 설정하고 그 모형이 적절한지를 알아보며, 자료에 내포되어 있는 정보를 분석하여 불확실한 사실에 대한 추론을 하고 미래의 현상에 대해 예측하는 통계학의 핵심이 되는 분야이다.

1-1 모집단과 표본

자료를 수집할 때 관심 대상이 되는 전체 집단을 모집단(population)이라 한다. 모집단 전체를 조사하는 전수조사(census)는 시간상 경제상 용이한 일이 아니므로 대부분 그 일부인 표본(sample)을 추출하여 조사하는 표본조사(sample survey)를 더 많이 시행한다. 모집단을 구성하는 모든 원소가 표본으로 뽑힐 확률이 같도록 추출하는 방법을 랜덤추출법(random sampling : 또는 임의추출법)이라 하고, 이러한 랜덤추출법으로 선택된 표본을 랜덤표본(random sample : 또는 임의표본)이라고 한다. 따라서 대부분의 통계학 이론은 표본조사로 얻어진 표본의 성질을 살피고 이를 통해 모집단의 특성을 파악한다.

1-2 자료의 종류

통계학은 자료를 다루는 학문이다. 일반적으로 자료의 속성에 따라 분석하는 방법이 달라지므로 먼저 자료의 종류를 파악하는 것이 중요하다. 〈표 1-1〉은 30명 학생들에 대한 정보를 모아 놓은 표인데 이러한 자료모임을 자료집합(data set)이라고 한다. 각 관찰자의 특성을 나타내는 나이, 성별, 수학성적, … , 몸무게는 변수(variable)라 한다. 6개 변수에는 30개의 관측값(observation)이 있다.

자료는 크게 질적자료(qualitative data)와 양적자료(quantitative data)로 나눌 수 있다. 질적자료는 범주형자료(categorical data)라고도 하는데 크기로서의 의미는 지니지 않고 단지 구분을 위한 기호로서의 의미만 지니는 자료이다. 학년, 성별, 교육수준, 출신지역, 혈액형, 선호도 등에 해당되는 자료가 그 예이다. 이 자료들은 관측 대상이 어느 범위에 속하는 지를 나타내는 성질이 조사된다. 질적자료는 필요에 따라 숫자화 할 수 있다. 예를 든 질적자료 중 성별, 출신지역, 혈액형은 구분만을 위한 자료로 명목자료(nominal data)라고 한다. 반면 학년, 교육수준, 선호도는 구분뿐 아니라 순위까지도 나타내는 자료로 순서자료(ordinal data)라고 한다.

양적자료는 나이, 몸무게, 키, 가족수, 월소득, 전구의 수명, 사고건수, 시험성적 등과 같이 양을 나타내는 수치자료로 자료의 속성을 그대로 반영한다. 양적자료는 경우에 따라 질적자료의 형태로 변환될 수 있다. 성적의 경우, 90이상을 "수", 80~89점을 "우", 70~79점을 "미", 60~69점을 "양", 60점 미만을 "가"로 범주화(grouping)하면 질적자료의 형태로 된다. 양적자료는 다시 이산자료(discrete data)와 연속자료(continuous data)로 나눌 수 있다. 이산자료의 값은 자연수나 정수같이 셀 수 있는 형태의 자료로 나이, 가족수, 사고건수 등이고, 연속자료의 값은 실수 형태의 자료로 몸무게, 키, 월소득, 전구의 수명, 시험성적 등의 자료를 예로 들 수 있다. 질적자료값을 가지는 변수는 질적변수라 하고, 양적자료값을 가지는 변수는 양적변수라고 한다.

〈표 1-1〉 학생들에 대한 자료

나이	성별	수학성적	영어성적	키	몸무게
20	남	89	95	175	80
18	여	90	75	168	52
…	…	…	…	…	…
16	여	82	90	160	50

1-3 엑셀과 R의 기초

(1) 엑셀

엑셀은 자료의 입력, 계산, 검색, 관리를 일괄하여 처리해 주는 스프레드시트(spreadsheet) 프로그램으로 자료를 기록·계산하고 기본적인 통계자료를 처리하는데 유용하게 활용될 수 있다. 이 절에서는 본 교재에서 설명하는 통계자료 분석을 위해 필요한 엑셀의 기본적인 내용을 살펴본다. 엑셀은 통계자료 분석을 주목적으로 설계된 것이 아니므로 통계자료 분석을 위해 자료분석 프로그램을 추가로 설치해야 한다. 엑셀에서 제공하는 [데이터] 탭의 [데이터 분석]은 통계분석을 위한 기능을 모아놓은 메뉴이다. 기본적인 엑셀에서는 다음 과정을 통해 그 메뉴를 활성화시켜야 한다.

① 엑셀 2007의 왼쪽 상단에 있는 Office 단추를 클릭한다.
② [Excel 옵션] 단추(〈그림 1-1〉)를 클릭하면 [Excel 옵션] 대화상자가 실행된다(〈그림 1-2〉).
③ 왼쪽 범주에 있는 [추가기능]을 클릭하여 대화상자가 나타나면 [분석 도구]나 [분석 도구-VBA]를 선택한 후 '이동(G)' 버튼을 클릭한다.
④ 〈그림 1-3〉과 같은 대화상자가 나타나면 '분석 도구'와 '분석 도구-VBA'를 선택한 후 '확인'을 클릭한다.
⑤ 설치가 완료되어 리본메뉴의 [데이터] 탭을 클릭하면 맨 오른쪽에 [데이터 분석] 아이콘이 나타난다.

그 아이콘을 클릭하면 〈그림 1-4〉에 있는 통계 데이터 분석 대화상자가 나타나는데 엑셀에서 제공하는 통계적 방법들의 목록이 나와 있다. 본 교재에서 소개하는 통계적 방법 대부분 분석이 가능하다. [데이터 분석]을 이용한 통계분석 방법은 각 장을 소개하면서 구체적으로 다루기로 하겠다.

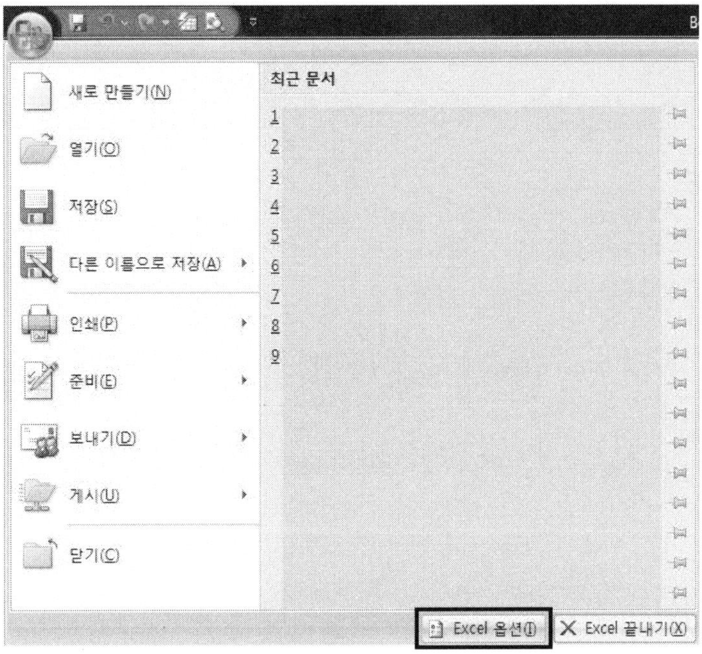

〈그림 1-1〉

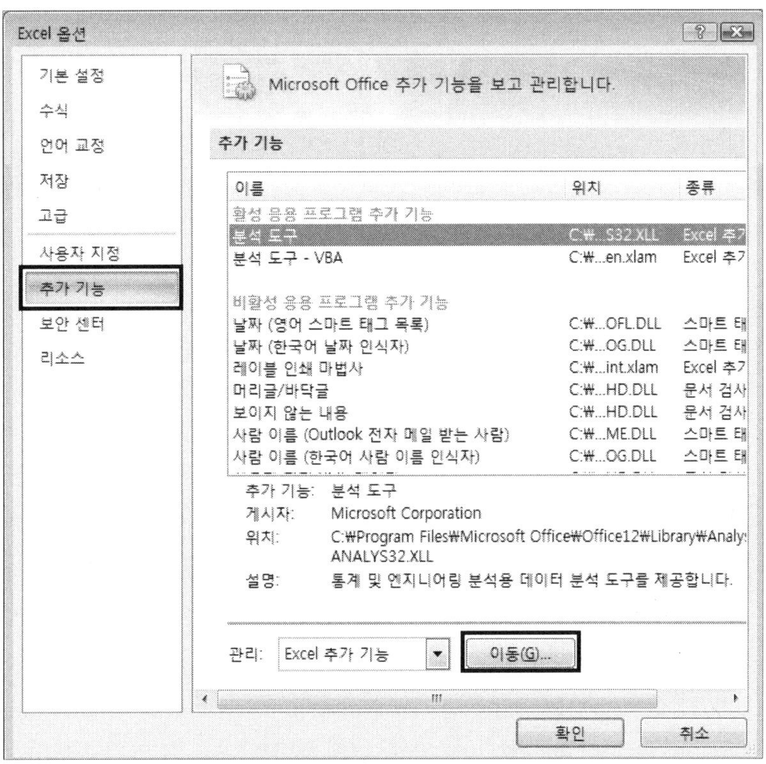

〈그림 1-2〉 엑셀 옵션 대화상자

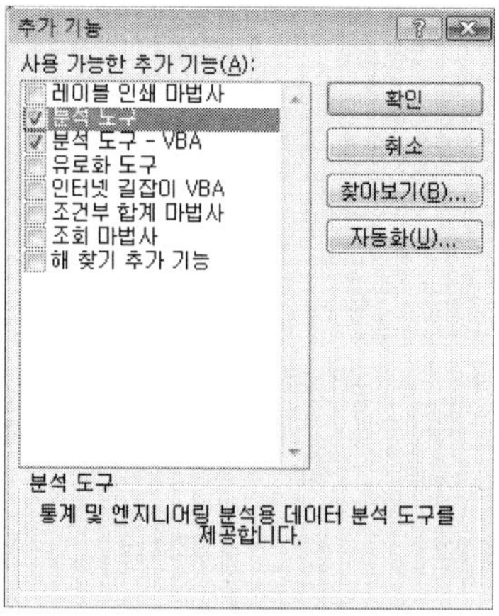

〈그림 1-3〉 추가기능 대화상자

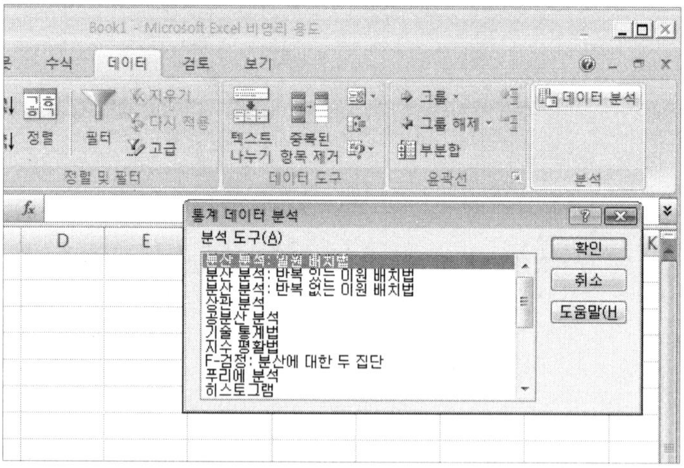

〈그림 1-4〉 통계 데이터 분석 대화상자

(2) R

R은 1980년 AT&T 연구소에서 개발한 S와 S-PLUS의 환경을 기초로 해서 만들어진 공개적인 통계적인 도구이다. UNIX, Macintosh와 Windows의 모든 환경에서 구동 가능한 우수한 그래픽 기능을 가지고 있는 무료로 공개된 통계 소프트웨어이지만 명령어 자체가 프로그래밍 언어이므로 문법적인 부분을 이해해야 하므로 초기 과정이 힘들 수 있다. 본 교재에서 R은 엑셀과 더불어 통계분석을 위한 부분까지만 다루기로 하겠다.

R 프로그램은 인터넷의 www.cran.r-project.org에 들어가서 내려 받으면 된다. 사이트〈그림 1-5〉로 이동하면 "Windows" → "base" → "Download R 2.10.1 for Windows"를 단계 단계 선택한다. R은 해마다 갱신을 하므로 Version이 계속 바뀐다. 파일이 정상적으로 설치가 완료되어 프로그램을 실행시키면 〈그림 1-6〉과 같은 초기화

면이 나타난다. R에서 기본적으로 주어지는 ">"를 프롬프트(Prompt)라고 하는데, 프롬프트가 나타나면 적절한 명령어를 입력하여 수행시키면 된다. 명령어를 한 줄에 쓰는 것이 너무 길면 적당한 장소에서 [Enter]키를 치게 되면 "+"가 나타나고 이곳에 연이어 나머지 명령어를 입력하면 된다.

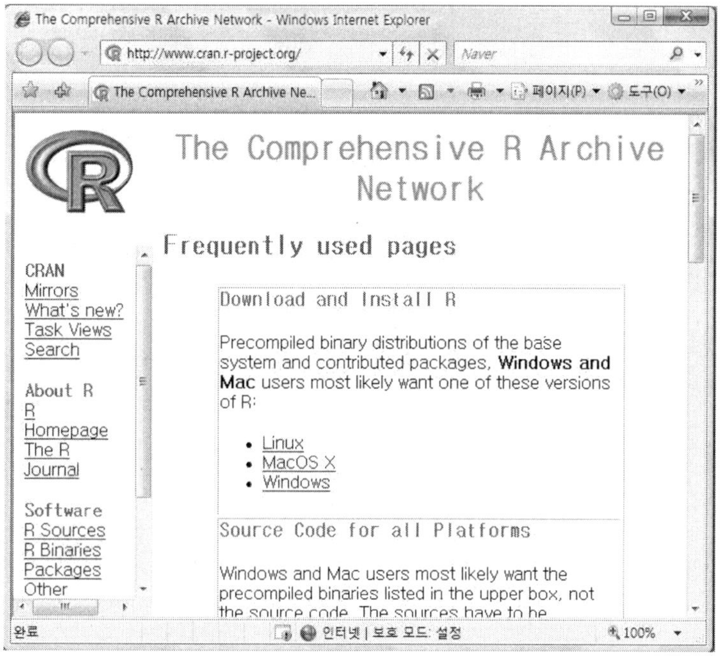

〈그림 1-5〉 R 인터넷 사이트

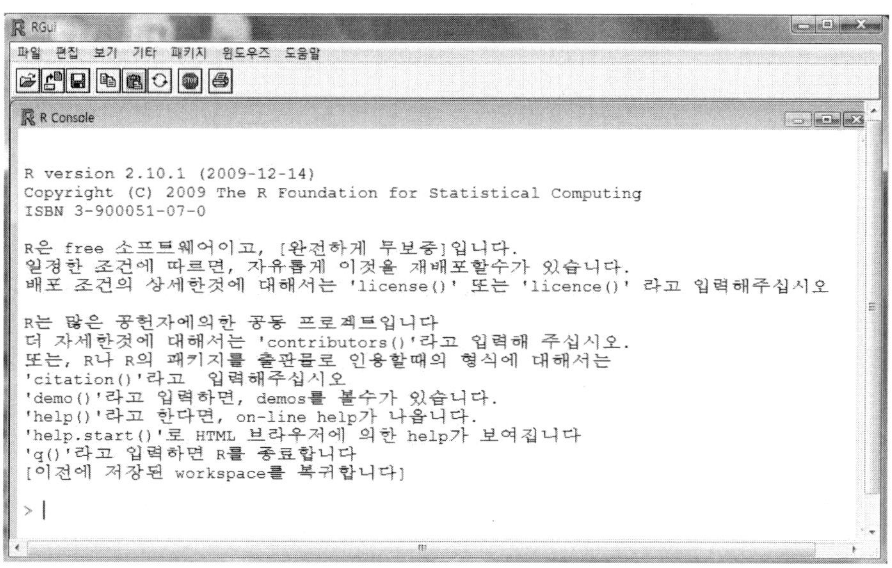

〈그림 1-6〉 R 초기화면

2장

질적자료의 정리

학년, 성별, 교육수준, 출신지역, 혈액형, 선호도 등 관측 대상이 어느 범위에 속하는지를 나타내는 성질이 조사된 질적자료는 "분포의 형태가 어떻게 되는가?" "어떤 속성을 가진 비율은 얼마인가?" 등에 관심을 가진다. 이 장은 이런 관심을 해결하기 위해 질적자료를 정리하는 방법을 소개하기로 한다.

2-1 도표와 그래프를 이용한 정리

수집된 자료를 도표나 그래프를 통하여 정리, 요약하면 시각적인 효과에 의해 자료에 내포된 정보를 쉽고 빠르게 파악할 수 있다. 질적자료는 관측값이 속하는 범주의 이름이나 총 관측값의 개수에 대한 비율 등에 관심이 있다. 질적자료를 정리하기 위해 사용하는 도표와 그래프에는 도수분포표, 막대그림, 원그림, 띠그림, 분할표 등이 있다.

예제 2-1

학년, 성별, 교육수준, 출신지역, 혈액형, 선호도 등에 해당되는 자료가 그 예이다. A대학교 학생 40명을 무작위로 추출하여 상영 중인 영화의 선호도를 조사하였다. 〈표 2-1〉은 조사에서 사용한 설문문항들이고, 〈그림 2-1〉은 엑셀 워크시트에 자료[1]를 입력한 것이다.

〈표 2-1〉

1. 당신의 학년은? ① 1학년 ② 2학년 ③ 3학년 ④ 4학년
2. 당신의 성별은?
3. 당신의 소속 학부는?
   ① 인문학부 ② 상경, 법학부 ③ 이공학부 ④ 예술학부 ⑤ 자율전공학부
4. 당신의 혈액형은? ① A형 ② B형 ③ O형 ④ AB형 ⑤ 기타
5. 당신의 선호영화는?
   ① 내 사랑 내 곁에 ② 페임 ③ 국가대표 ④ 호우시절 ⑤ 써로게이트 ⑥ 기타

5개 변수 학년, 성별, 학부, 혈액형, 선호영화는 모두 질적변수이다. 이 변수들 중 성별은 관측값이 문자로 되어 있으므로, 통계분석을 위해 수치 자료로 변환하는 것이 편리하다. '남'은 1로 '여'는 2로 변환시키는 과정을 알아보자. 입력된 자료는 통계분석 목적에 맞도록 적절하게 변환하는 것이 바람직하다.

1) 부록 A-1에 있음

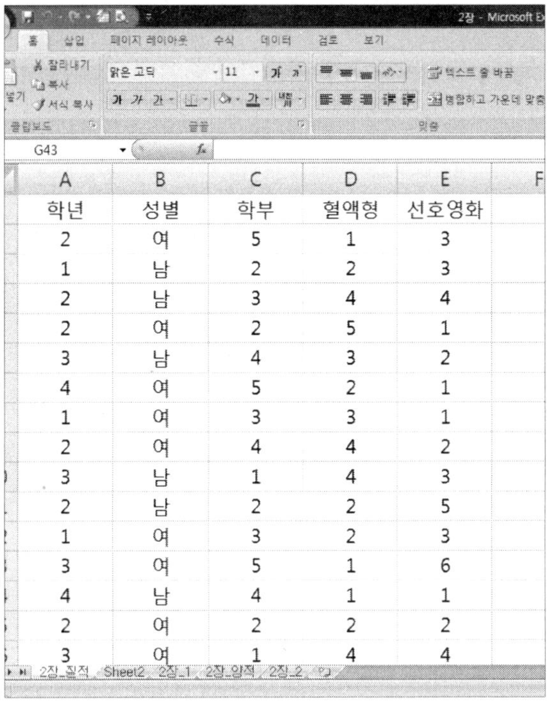

〈그림 2-1〉 A대학교 학생 40명 자료의 일부

(1) 자료변환

① 변환시키려고 하는 변수 영역(성별)을 마우스로 끌어 지정한다(〈그림 2-2〉).

② [홈] 탭 - [편집] 그룹 - [찾기 및 선택] - [바꾸기]를 클릭한다(〈그림 2-2〉).

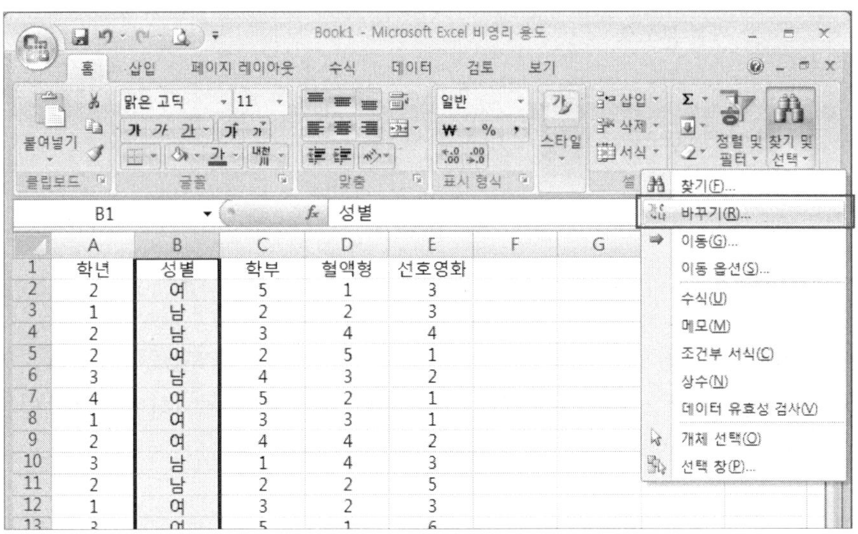

〈그림 2-2〉 찾기 및 선택

③ 바꾸기 대화상자에서 [찾을 내용(N)]에 '남'을, [바꿀 내용(E)]에 '1'을 입력하고 [모두 바꾸기(A)] 단추를 클릭하면 〈그림 2-3〉과 같은 결과가 나온다. '여'도 동일한 방법으로 '2'로 바꾼다.

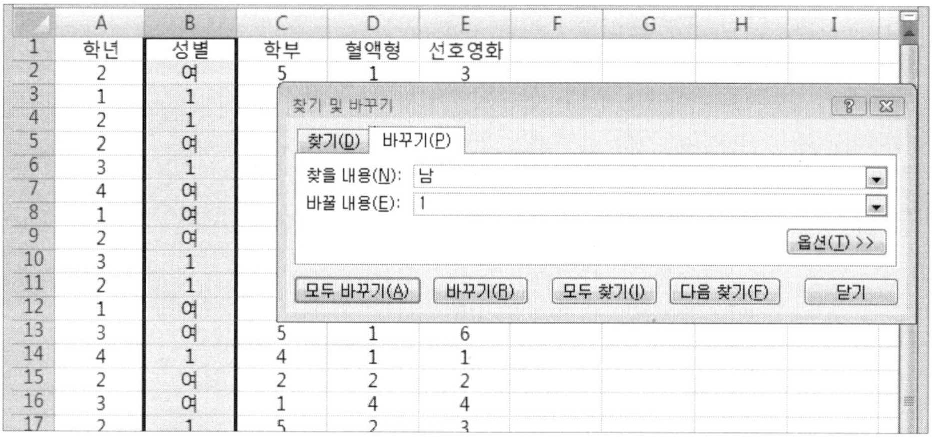

	A	B	C	D	E
1	학년	성별	학부	혈액형	선호영화
2	2	2	5	1	3
3	1	1	2	2	3
4	2	1	3	4	4
5	2	2	2	5	1
6	3	1	4	3	2
7	4	2	5	2	1
8	1	2	3	3	1
9	2	2	4	4	2

〈그림 2-3〉 찾기 및 바꾸기 대화상자와 변환된 결과

(2) 도수분포표

변수의 관측값의 도수 또는 상대도수를 나열해 놓은 표를 도수분포표라 한다. 엑셀을 이용하여 도수분포표를 작성해 보자.

예제 2-2

〈그림 2-3〉의 자료[2])로 엑셀을 이용하여 선호영화에 대한 도수분포표를 작성하라.

풀이

① [삽입] 탭 – [피벗테이블] 그룹 – [피벗테이블]을 클릭하면 피벗테이블 만들기 대화상자가 나타난다(〈그림 2-4〉).

2) 부록 A-2에 있음

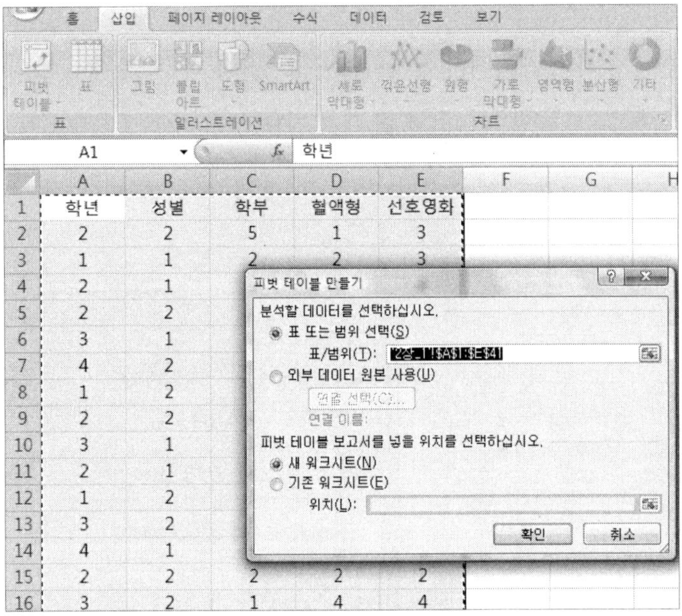

〈그림 2-4〉 피벗 테이블 만들기 대화상자

② 피벗 테이블 만들기 대화상자에서 분석할 데이터는 자료가 있는 곳을 지정한다. 현재 파일의 시트를 이용하므로 [표 또는 범위 선택(S)]을 체크하고 [표/범위]에 학년부터 선호영화 변수 영역을 마우스로 끌어 지정하고, 피벗 테이블을 넣을 위치는 새 워크시트나 현 시트인 기존 워크시트를 선택한다(〈그림 2-4〉).

③ 〈그림 2-5〉의 왼쪽처럼 "선호영화"에 대한 도수분포표를 만들려면 [피벗 테이블 필드목록] 대화상자에 "선호영화"를 체크하고 [행 레이블]과 [Σ 값] 영역에 마우스를 이용해 "선호영화" 필드를 끌어 놓는다.

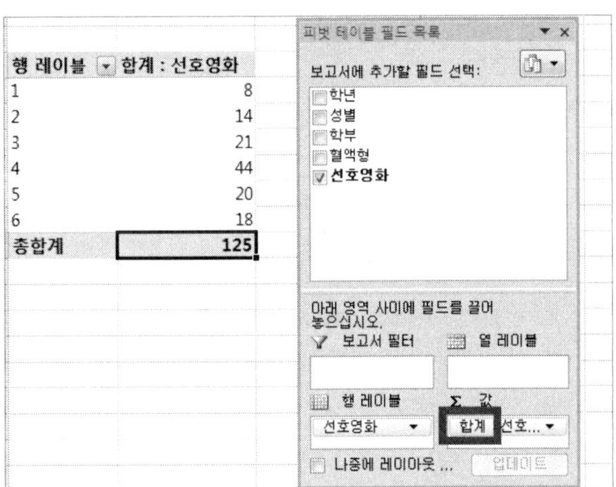

〈그림 2-5〉 피벗 테이블 필드목록 대화상자

④ [Σ 값] 영역에 계산유형을 "개수"로 설정해야 한다. ▼ 버튼을 눌러 [값 필드 설정] 메뉴를 설정하여 대화상자가 나타나면, [사용할 함수] 탭에서 요약에 사용할 계산유형을 "개수"로 설정하고, 사용자 지정 이름에 "선호영화 도수" 등 필요한 이름을 입력(〈그림 2-6〉)하면, 〈그림 2-7〉의 결과가 된다.

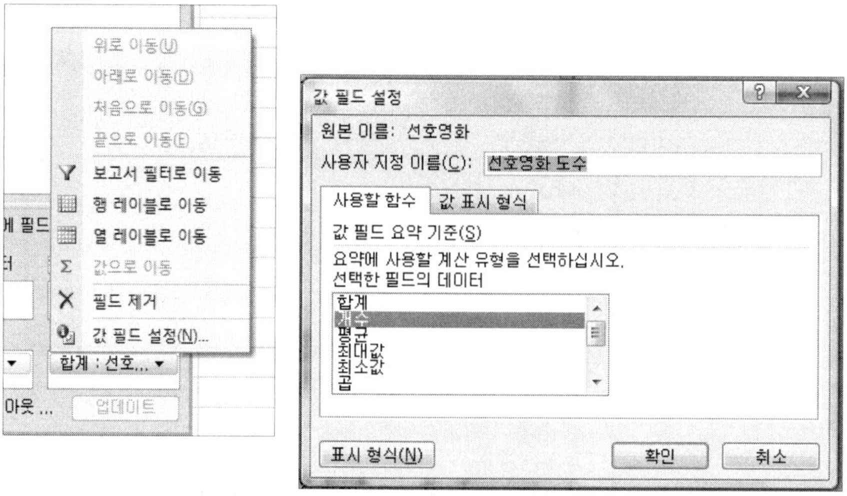

〈그림 2-6〉 값 필드 설정 대화상자

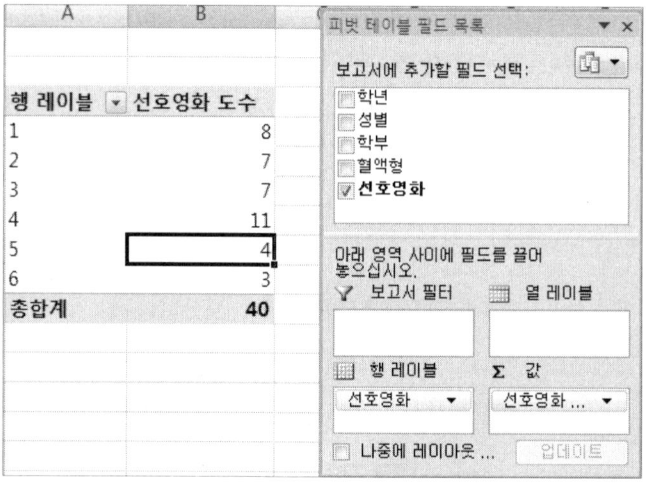

〈그림 2-7〉 선호영화와 그 도수를 나타낸 도수분포표

⑤ 〈그림 2-7〉의 피벗 테이블은 "선호영화"에 따른 도수만 열거되어 있어, 누적도수나 백분율 등을 첨가하도록 하자. [피벗 테이블 필드 목록] 대화상자를 나타나게 하려면 피벗 테이블을 클릭하거나, 클릭한 상태에서 [피벗 테이블 도구 옵션] 탭 - [표시/숨기기] 그룹 - [필드 목록] 메뉴를 클릭하면 된다. [피벗 테이블 필드 목록] 대화상자에서 마우스를 이용해 "선호영화" 필드를 끌어 [Σ 값] 영역에 2번 갖다 놓는다

(〈그림 2-8〉).

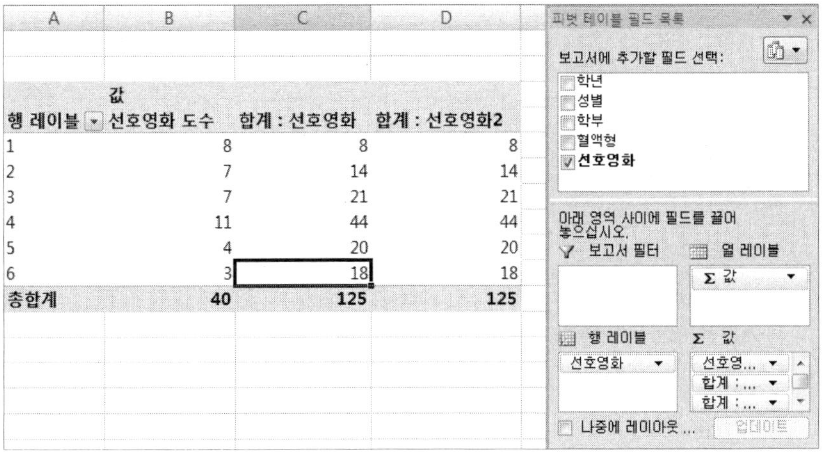

〈그림 2-8〉 누적도수나 백분율 등을 첨가하는 과정

⑥ 〈그림 2-8〉의 [Σ 값] 영역의 두 번째 필드의 ▼ 버튼을 눌러 [값 필드 설정] 메뉴를 설정하여 대화상자가 나타나게 한다. [사용할 함수] 탭의 요약에 사용할 계산유형을 “개수”로 설정하고, 사용자 지정 이름에 “선호영화 백분율”를 입력하고 [값 표시 형식] 탭의 값 표시 형식에 “전체에 대한 비율”를 설정하고 “확인”을 누른다(〈그림 2-9〉).

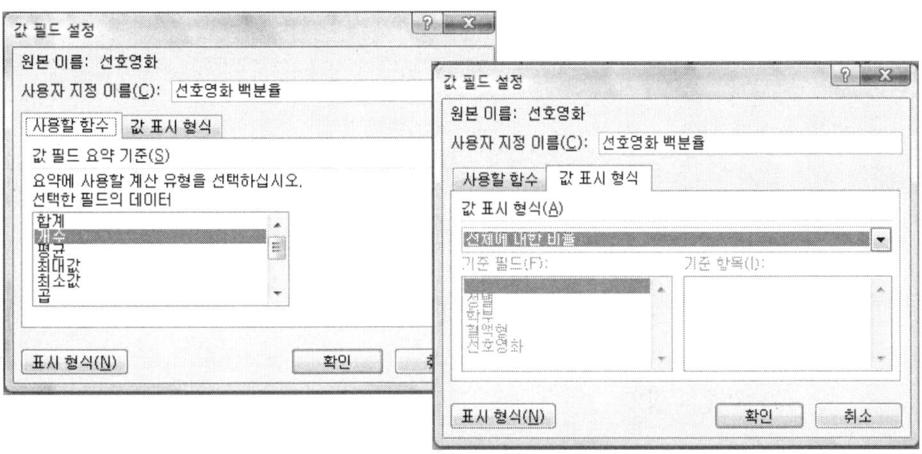

〈그림 2-9〉 선호영화의 백분율을 첨가하는 과정 : 값 필드 설정 대화상자

⑦ 〈그림 2-8〉의 [Σ 값] 영역의 세 번째 필드의 ▼ 버튼을 눌러 [값 필드 설정] 메뉴를 설정하여 대화상자가 나타나게 한다. [사용할 함수] 탭의 요약에 사용할 계산유형을 “개수”로 설정하고, 사용자 지정 이름에 “선호영화 누적도수”를 입력한다. [값 표시 형식] 탭의 값 표시 형식에 “누계”를, 기준 필드는 “선호영화”를 설정한 후 “확인”

을 누르면(〈그림 2-10〉) 〈그림 2-11〉과 같은 결과가 나온다. 백분율 값의 소수점 자리를 임의로 정하려면 백분율 값을 선택한 후 오른쪽 버튼을 눌러 [필드표시 형식(T)]에서 "숫자" 또는 "백분율"에서 소수점 2자리를 지정해준다.

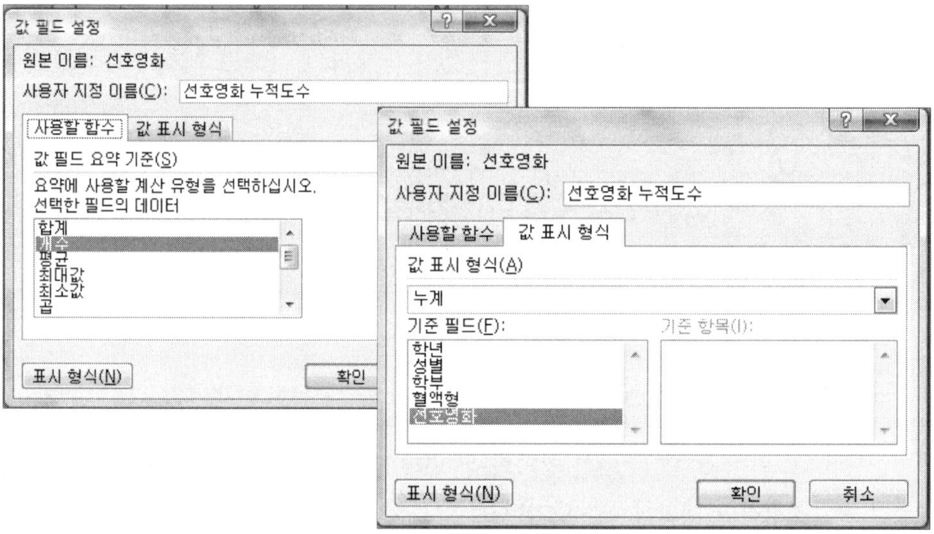

〈그림 2-10〉선호영화의 누적도수를 첨가하는 과정 : 값 필드 설정 대화상자

행 레이블	값 선호영화 도수	선호영화 백분율	선호영화 누적도수
1	8	20.00%	8
2	7	17.50%	15
3	7	17.50%	22
4	11	27.50%	33
5	4	10.00%	37
6	3	7.50%	40
총합계	**40**	**100.00%**	

〈그림 2-11〉 선호영화의 도수분포표

(3) 각종 그림

자료를 정리, 요약한 결과를 숫자나 표로 보여주는 것보다 그림으로 보여주는 것이 훨씬 효과적이다. 막대그림과 원그림은 앞의 도수분포표를 그림의 형태로 보여주는 도구이다. 막대그림의 가로축은 변수의 범주를 나열하고 세로축은 도수(frequency)나 상대도수(relative frequency)를 나타내는데, 세로축의 높이는 도수의 크기에 비례하도록 그려진다. 막대그림을 통해 자료의 분포 형태를 한 눈에 파악의 수 있다. 원그림(pie chart)은 전체를 나타내는 원을 그린 후 각 범주가 차지하는 상대적인 비율만큼 면적을

차지하게 그린다. 원그림은 어떤 범주가 차지하는 상대적인 비율에 관심을 둘 때 유용하게 사용된다.

예제 2-3

〈그림 2-7〉의 도수분포표를 이용하여 선호영화에 대한 막대그림, 원그림을 만들어라(엑셀 이용).

풀이

먼저 막대그림을 만들자. 〈그림 2-7〉의 피벗테이블을 선택한 후 [삽입] 탭 - [차트] 그룹 - [세로 막대형]-[묶은 세로 막대형] 메뉴를 선택하여 차트제목을 "선호영화 막대그림"으로 하고 범례를 사용하지 않으면 〈그림 2-12〉가 된다. 차트를 그릴 때 [피벗 차트 도구] 메뉴를 이용하면 각종 차트를 다양하게 변화시킬 수 있다(〈그림 2-13〉).

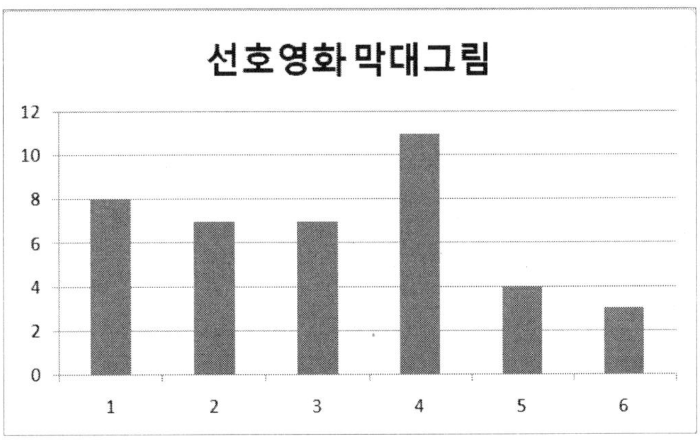

〈그림 2-12〉 선호영화 막대그림

〈그림 2-13〉 피벗 차트 도구의 디자인 탭

같은 방법으로 원그림을 만들면 〈그림 2-14〉가 된다.

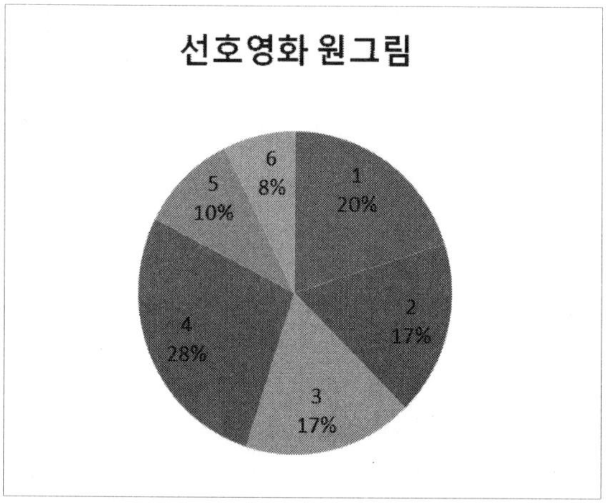

〈그림 2-14〉 선호영화 원그림

(4) 분할표

도수분포표가 한 개 변수의 분포를 살펴보기 위한 표라면 분할표(contingency table) 또는 교차표(cross table)는 두 개 이상의 질적변수들의 복합적인 분포를 알기위해 작성한 표이다. 두 변수를 고려한 분할표는 이원분할표라 하고, 세 변수를 고려한 분할표는 삼원분할표라 한다. 분할표를 만드는 방법은 도수분포표를 만드는 방법과 유사하다.

예제 2-4

〈그림 2-3〉 자료로 학년에 따라 선호영화의 도수가 어떻게 변화하는지 나타내는 분할표를 만들어라(엑셀 이용).

풀이

〈그림 2-15〉의 왼쪽처럼 "학년"과 "선호영화"에 대한 분할표를 만들려면 [피벗 테이블 필드 목록] 대화상자에 "학년"과 "선호영화"를 체크하고, [행 레이블]에 "학년"을 [열 레이블]에 "선호영화"를 [Σ 값] 영역에 "선호영화"를 마우스로 끌어 놓는다. 〈그림 2-15〉의 [Σ 값] 영역의 값의 ▼ 버튼을 눌러 [값 필드 설정] 메뉴를 설정하여 대화상자가 나타나게 한다. [사용할 함수] 탭의 요약에 사용할 계산유형을 "개수"로 설정하면 〈그림 2-15〉와 같은 분할표가 형성된다. 행 레이블은 학년이고, 열 레이블은 선호영화이다.

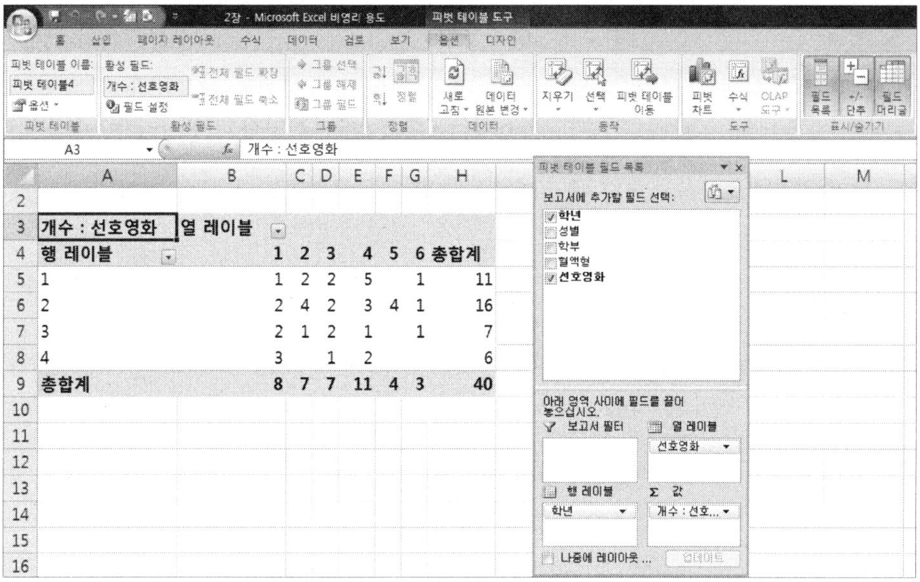

〈그림 2-15〉 학년과 선호영화의 분할표

예제 2-5

R을 이용해 〈그림 2-3〉에 있는 변환된 자료로 (예제 2-2) ~ (예제 2-4)를 수행하라.

풀이

① R에서 엑셀자료를 이용할 경우 엑셀 파일은 저장할 때 파일형식을 csv(쉼표로 분리)로 해야 한다. 만일 부록 A-2 엑셀 자료를 D 디스크에 '2장.csv'로 저장했다고 하자.

② 외부의 엑셀 자료 파일 '2장.csv'를 R에서 'ex'라는 이름으로 저장하려면 R 콘솔에서 프롬프트(prompt : '>') 다음에 명령어를 사용하면 된다.

```
> ex=read.csv('d:/2장.csv')
```

'ex'은 R에서 40개의 행과 5개의 열을 가진 행렬로 기억된다.

③ 도수분포표를 만들기 위해 table 함수를 사용한다. "**ex$선호영화**"는 ex에 있는 선호영화라는 변수를 지정하기 위함이다.

```
> table(ex$선호영화)
```

④ 막대그림을 그리기 위해 barplot 함수를 사용한다. 여기서 주의할 점은 도수분포표화된 자료를 이용하기 때문에 barplot 함수 안에 명령어 "**table(ex$선호영화)**"을 사용해야 한다.

```
> barplot(table(ex$선호영화))
```

⑤ 원그림을 그리기 위해 pie 함수를 사용한다. 여기서도 도수분포표화 된 자료를 이용한다.

```
> pie(table(ex$선호영화))
```

⑥ 분할표도 table 함수를 사용한다. 학년과 선호영화에 따른 분할표를 만들기위한 명령어는 다음과 같다.

```
> table(ex$학년, ex$선호영화)
```

⑦ R 콘솔에 작성한 명령어와 그 결과가 〈그림 2-16〉부터 〈그림 2-18〉까지 열거되어 있다.

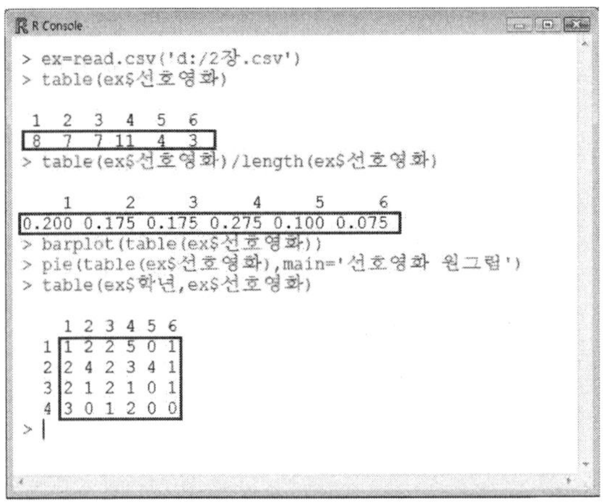

〈그림 2-16〉 R Console에 작성한 명령어와 그 결과

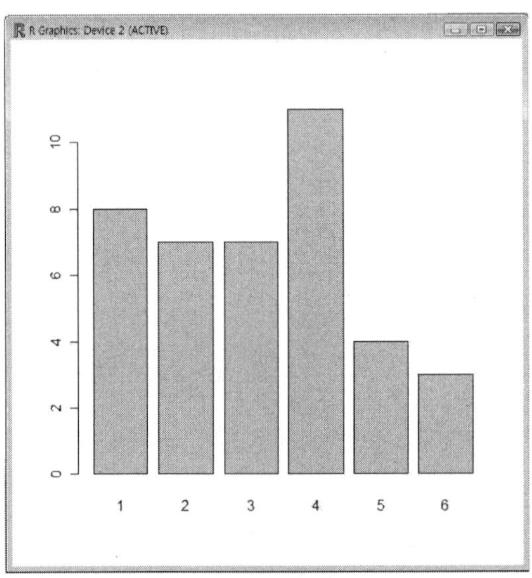

〈그림 2-17〉 선호영화 막대그림

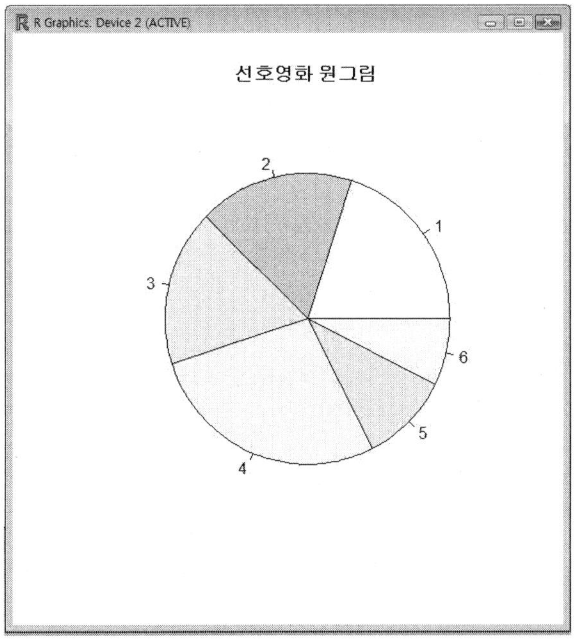

〈그림 2-18〉 선호영화 원그림

메모장 같은 편집 프로그램을 사용하여 txt 파일 형식으로 파일을 저장(D 디스크에 2장.txt로 저장했다 하자)했을 때는 R 프로그램에서

```
> exam=read.table('d:/2장.txt')
```

을 사용하여 외부 자료를 불러온다. barplot이나 pie 같은 그림을 그리는 함수 안에 "main= "과 "col=c( )"을 사용하여 제목과 색깔을 변화시킬 수 있다. 즉, 막대그림의 제목을 '선호영화 막대그림'이라 하고, 선호영화 6개의 막대 색깔을 다양하게 변화시키기 위해 다음 같은 명령어를 입력할 수 있다(〈그림 2-19〉). 명령어를 입력하다 줄을 바꾸기 위해 [Enter]키를 치면 "+"가 나타나고 그 다음에 이어서 명령문을 완성하면 된다. "col=c( )"의 소문자 c 함수는 6개의 색깔을 연결시키는 역할을 한다. pie 함수도 마찬가지이다.

```
R Console
> barplot(table(ex$선호영화),main='선호영화 막대그림',
+ col=c('blue','skyblue','skyblue3','purple','red','yellow'))
> |
```

〈그림 2-19〉 barplot 함수 내에 "main= "과 "col=c( )" 사용

R에서 table 함수를 사용하여 도수분포표를 만들 때 도수를 출력하려면

```
> table(ex$선호영화)
```

를 사용하지만 상대도수를 출력하려면 length 함수를 사용하여 다음과 같이 입력하면 된다. length 함수는 주어진 변수의 크기를 나타낸다.

```
> table(ex$선호영화)/length(ex$선호영화)
```

〈표 2-2〉는 R 프로그램에서 질적자료를 정리하는 명령어들이다. 프롬프트 '〉' 다음에 명령어를 입력하면 된다.

〈표 2-2〉 R 프로그램에서 사용하는 명령어들

	함수
도수분포표 : 도수 출력	table(변수명)
도수분포표 : 상대도수 출력	table(변수명)/length(변수명)
막대그림	barplot(table(변수명))
원그림	pie(table(변수명))
2차원 분할표	table(변수명1, 변수명2)

R에서 반복적으로 사용되는 명령어를 재입력할 때 화살표 키를 이용하면 편리하다. R이 실행된 상태에서 입력된 모든 명령어들은 자동으로 기억되어 있으므로 '↑ 화살표 키'와 '↓ 화살표 키'를 이용하면 이미 입력하여 사용한 명령어가 다시 나타난다.

명령어 다음에 '#'를 사용하여 설명을 입력할 수 있다. #와 설명문은 R 실행에 영향을 주지 않는다.

연습문제

2.1 어느 대학교 학생회장 후보 4명의 선호도를 조사하기 위하여 30명의 학생을 조사하여 다음과 같은 자료를 얻었다. 다음 문제들은 엑셀을 이용하여 해결하라.

성별	학년	지지후보
남	1	B
남	2	B
여	1	C
남	3	A
여	3	D
남	1	B
여	4	D
남	3	C
남	1	A
여	1	D
남	4	B
여	2	C
남	1	D
남	2	B
남	1	A
여	2	D
남	4	D
남	1	D
여	4	A
남	3	B
여	2	B
여	2	A
남	4	B
남	2	C
남	1	C
여	2	B
여	2	B
여	4	B
남	4	C
남	2	B

(1) 지지후보에 대한 도수분포표를 작성하라.
(2) 지지후보에 대한 원그림과 막대그림을 그려라.
(3) 학년에 따른 지지후보의 분할표를 작성하라.
(4) 성별에 따른 지지후보의 분할표를 작성하라.

3장

양적자료의 정리

양적자료는 나이, 몸무게, 키, 가족수, 월소득, 전구의 수명, 사고건수, 시험성적 등과 같이 양을 나타내는 수치자료로, 자료의 속성을 그대로 반영하는 양적자료를 정리 요약하는 방법은 질적자료와 약간 차이가 있다. 질적자료는 어떤 범주에 속하는지 분류에 의미가 있다면 양적자료는 분류 뿐 아니라 양의 의미도 있으므로 자료의 분포 형태를 파악하는 것과 전체자료를 간단한 수치로 요약하여 나타내는 것도 필요하다.

3-1 도표와 그래프를 이용한 정리

양적자료도 질적자료와 마찬가지로 도표나 그래프를 통해 자료의 분포 상태를 쉽게 파악할 수 있다. 양적자료를 정리하기 위해 사용하는 도표와 그래프에는 도수분포표, 히스토그램, 줄기-잎 그림, 상자그림, 선그림, 산점도 등이 있다.

〈표 3-1〉은 A 대학교 1학년 40명의 통계학 중간점수와 기말점수 자료이다.

〈표 3-1〉 통계학 중간점수와 기말점수 자료

번호	중간점수	기말점수	번호	중간점수	기말점수
1	100	89	21	78	59
2	45	30	22	100	79
3	70	40	23	96	93
4	72	75	24	87	65
5	81	45	25	80	40
6	80	92	26	65	52
7	95	88	27	55	53
8	88	72	28	75	49
9	60	22	29	98	82
10	64	80	30	75	71
11	67	47	31	98	85
12	51	78	32	86	80
13	82	70	33	55	73
14	85	62	34	73	90
15	60	60	35	90	93
16	80	88	36	57	89
17	85	75	37	76	55
18	95	92	38	60	87
19	7	36	39	62	65
20	50	92	40	96	90

(1) 도수분포표

양적자료의 도수분포표를 작성하기 위해 유사한 자료값들을 몇 개의 집단(class)으로 나누어 범주형의 자료 형태로 변환시켜야 한다. 계급개수와 계급구간을 결정하는 것은 자료의 수와 성질에 따라 달라진다. 계급개수에 대한 명확한 공식은 없지만, 일반적으로 자료의 크기에 따라 5개에서 20개 정도로 정한다. 계급개수가 너무 많거나 적으면 자료의 전반적인 분포상태에 대한 정보를 파악하기가 쉽지 않다.

예제 3-1

〈표 3-1〉의 통계점수자료에서 기말점수를 이용하여 계급개수를 6으로 하는 도수분포표를 작성하라.

풀이

〈표 3-2〉는 다음과 같은 과정을 거쳐 통계 기말점수에 대한 도수분포표를 구한 표이다.

① 계급간격을 결정한다.

자료의 최대값과 최소값을 이용하여 동일한 간격의 계급구간을 구한다.

$$\text{계급간격} = \frac{\text{자료의 최대값} - \text{자료의 최소값}}{\text{계급개수}} = \frac{93-22}{6} = 11.83 \approx 12$$

자료의 최대값을 도수분포표에 포함시키기 위해 계급간격을 최소단위 아래에서 올림해야 한다.

② 첫 번째 계급의 하한값을 구한다.

서로 중복되는 구간이 없도록 하기 위해 자료의 최소단위의 0.5배를 고려한다.

$$\text{첫 번째 계급의 하한값} = \text{자료의 최소값} - \frac{\text{자료의 최소단위}}{2} = 22 - \frac{1}{2} = 21.5$$

계급 간격이 12이므로, 첫 번째 계급은 21.5~33.5가 되고, 두 번째 계급은 33.5~45.5가 된다. 이런 식으로 6개 계급 구간을 정한다.

③ 각 계급에 속하는 자료값을 세어 계급의 도수를 구한다.

④ 필요에 따라 각 계급의 상대도수나 누적도수 등을 구한다.

$$\text{상대도수} = \frac{\text{계급의 도수}}{\text{총 도수}}$$

〈표 3-2〉 통계 기말점수에 대한 도수분포표

계급 구간	도수	상대도수	누적도수
21.5~33.5	2	0.050	2
33.5~45.5	4	0.100	6
45.5~57.5	5	0.125	11
57.5~69.5	5	0.125	16
69.5~81.5	10	0.250	26
81.5~93.5	14	0.350	40
합계	40	1	

(2) 히스토그램

양적 자료의 분포 형태를 파악하기 위해 도수분포표를 작성한 후 히스토그램으로 나타낸다. 막대그래프 경우와 달리 직사각형 기둥들이 계급경계에서 서로 연결되어 있고, 각 계급의 도수나 상대도수를 사각형의 면적으로 한다. 히스토그램은 자료의 중심위치, 산포도, 치우침의 정도, 이상값 등 자료의 분포형태를 파악할 수 있다.

예제 3-2

〈표 3-1〉의 기말점수를 이용하여 엑셀에서 도수분포표와 히스토그램을 작성하라.

① 워크시트에 점수 자료와 (예제 3-1)에서 구한 각 계급의 상한값을 〈그림 3-1〉처럼 입력한다.

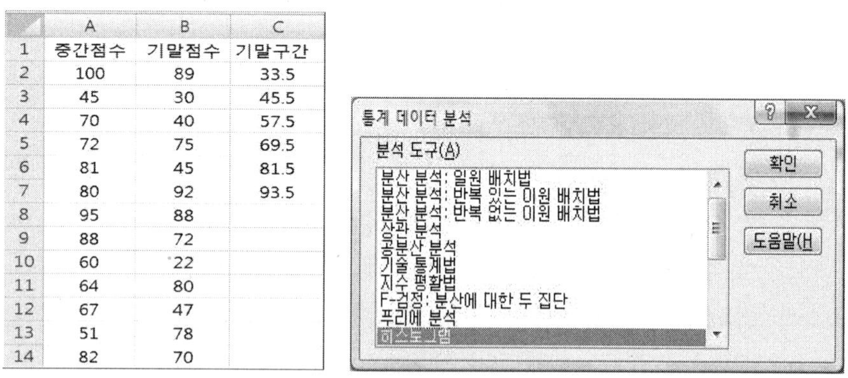

〈그림 3-1〉

② [데이터] 탭-[분석] 그룹-[데이터 분석]을 클릭하여 통계 데이터 분석 대화상자를 열고 히스토그램을 선택한 후 [확인]을 누른다.

③ 〈그림 3-2〉처럼 히스토그램 대화상자가 나타나면 [입력범위]에 B열의 기말 점수를 체크하거나 범위를 입력하고, [계급 구간]에 C열의 기말구간을 체크하거나 범위를 입력한다. 첫 행의 변수 이름을 선택했으면 [이름표]에 체크를 한다.

④ 출력옵션 [차트출력]을 체크하고 필요하면 [누적 백분율]등도 체크하고 [확인]을 클릭한다.

⑤ 히스토그램이 나타나면 히스토그램의 사각형을 선택하고 마우스 오른쪽 버튼을 누른 후 [데이터 계열서식]-[계열옵션] 대화상자에서 간격너비를 0%로 하여 막대들이 서로 연결되게 해준다. 차트의 다른 영역들도 선택하여 원하는 형태의 편집을 한다 〈그림 3-2〉.

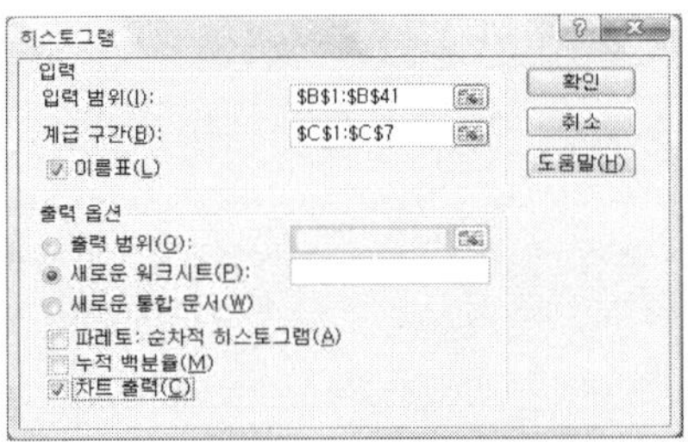

기말구간	빈도수	누적 %
33.5	2	5.00%
45.5	4	15.00%
57.5	5	27.50%
69.5	5	40.00%
81.5	10	65.00%
93.5	14	100.00%

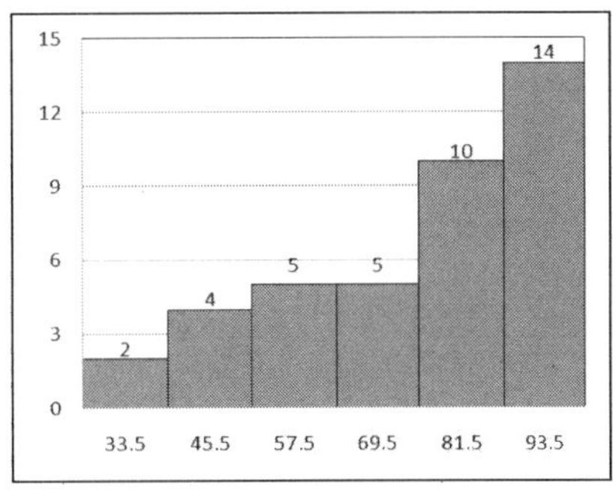

〈그림 3-2〉 엑셀에서의 도수분포표와 히스토그램

〈그림 3-2〉를 살펴보면 기말점수는 비대칭이며 오른쪽으로 치우친 분포 형태가 됨을 알 수 있다. 〈표 3-2〉에서 계급구간은 중복을 피하기 위해 주어진 자료보다 한 단위 낮은 소수점 자리수를 경계값으로 택했다. 그러나 엑셀에서는 각 계급의 하한값보다 크고 상한값 이하에 속하는 자료값을 체크하여 도수로 결정하므로 〈그림 3-1〉의 워크시트 C열의 기말구간에 33, 45, 57, 69, 81, 93을 입력해도 된다.

자료들이 〈그림 3-3〉처럼 어느 특정 계급에 집중되어 있는 경우에는 계급간격을 달리할 필요가 있다. 집중되어 있는 구간의 간격은 더 세분화하고, 그렇지 못한 구간의 간격은 넓게 잡는 것이 편리하다. 계급간격이 일정하지 않을 때는 각 구간의 사각형의 넓이가 상대도수와 같아지도록 사각형의 높이를 다음처럼 정한다.

$$\text{사각형의 높이} = \frac{\text{계급의 상대도수}}{\text{계급간격}}$$

이런 이유로 막대그림과 달리 히스토그램은 직사각형의 높이보다 넓이로 비교하는 것이 바람직하다.

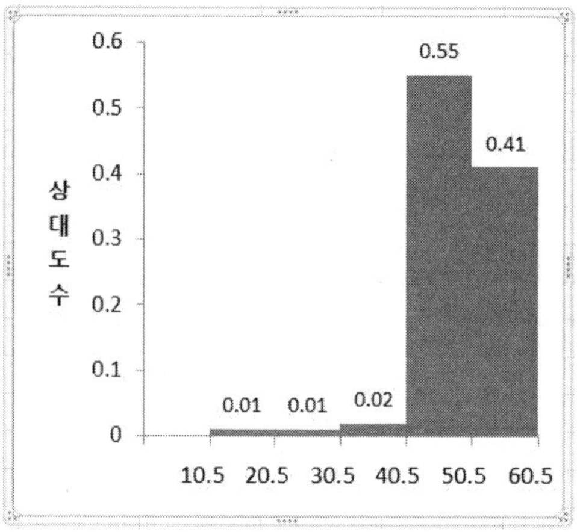

〈그림 3-3〉 자료들이 어느 특정 계급에 집중되어 있는 히스토그램

예제 3-3

〈표 3-1〉의 기말점수를 이용하여 R 프로그램에서 도수분포표와 히스토그램을 작성하라.

풀이

① 〈그림 3-1〉의 엑셀 워크시트에서 C열을 제외한 중간고사와 기말고사만을 이용하자. 엑셀자료를 파일형식 csv(쉼표로 분리)로 하여 D 디스크에 '3장.csv'로 저장했다 하자.

② R에서 외부 자료 파일 '3장.csv'를 'exam'이라는 이름으로 저장하려면 R 콘솔에서 프롬프트 다음에 명령문을 사용한다.

```
> exam=read.csv('d:/3장.csv')
```

'exam'은 R에서 40개의 행과 2개의 열을 가진 행렬로 기억된다.

③ 도수분포표를 만들기 위해 cut 함수를 사용하여 자료를 계급화하고 '도수'라는 이름으로 저장한다. break는 자료를 계급화하기 위해 필요하며, 엑셀과 달리 첫 번째 계급의 하한값을 입력시켜야 한다.

```
> 도수=cut(exam$기말점수, breaks=c(21.5,33.5,45.5,57.5,69.5,81.5,93.5))
```

④ table 함수를 사용하면 도수분포표 형태로 자료가 그룹화된다.

```
> table(도수)
```

⑤ 기말점수의 히스토그램을 그리기 위해 hist 함수를 사용한다.

```
> hist(exam$기말점수, breaks=c(21.5,33.5,45.5,57.5,69.5,81.5,93.5))
```

⑥ 〈그림 3-4〉에 R 프로그램을 이용한 히스토그램이 있다.

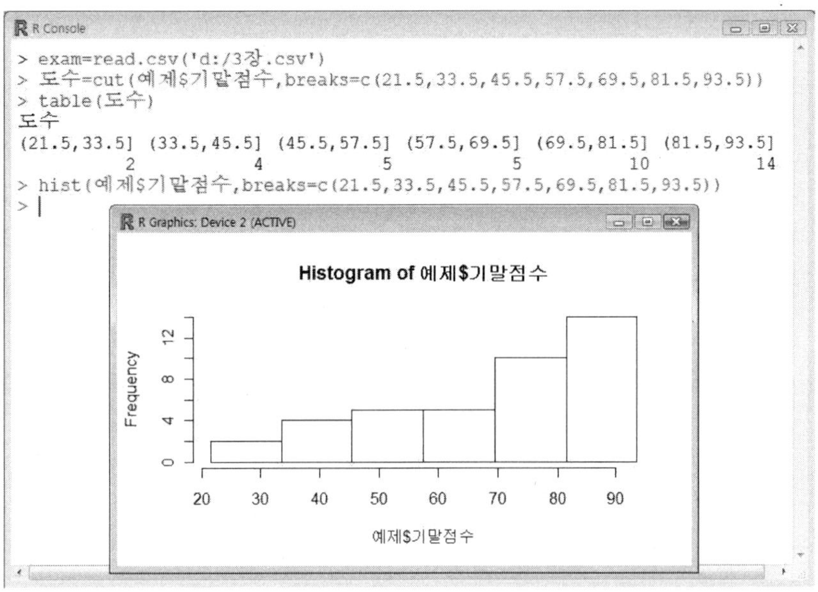

〈그림 3-4〉 R 프로그램에서의 도수분포표와 히스토그램

R 프로그램에서 저장되는 모든 자료는 행렬 형식으로 'exam'의 자료구조는 중간점수, 기말점수 2개의 변수를 가지고 있는 40×2 행렬 형태이다. 'exam'의 중간점수나 기말점수를 사용할 경우에는 '$'를 사용하여 'exam$중간점수', 'exam$기말점수'를 변수이름으로 표현하거나 'exam'의 1열, 2열을 표현하는 'exam[,1]', 'exam[,2]'를 사용한다.

(예제 3-3)의 풀이 ③과 ④를 합쳐

```
> table(cut(exam$기말점수, breaks=c(21.5,33.5,45.5,57.5,69.5,81.5,93.5)))
```

또는

```
> table(cut(exam[,2], breaks=c(21.5,33.5,45.5,57.5,69.5,81.5,93.5)))
```

로 표현할 수 있다.

히스토그램을 그릴 때 breaks는 작성자 나름대로 자료를 계급화한 것이고, R 프로그램에서 자동적으로 계급화하여 히스토그램을 그리려면

```
> hist(exam$기말점수)
```

또는

```
> hist(exam[, 2])
```

로 표현한다.

(3) 줄기-잎 그림

도수분포표와 히스토그램은 집단화하는 과정에서 정보 손실이 따른다. 즉, 〈표 3-2〉를 보면 계급구간 33.5~45.5에 자료값이 4개 존재함을 알 수 있지만 그 4개 값이 어떤 값인지 이 표를 통해서는 알 수 없고, 표와 그림을 따로 작성하는 불편함이 있다. 이런 단점을 해소하기 위해 Tukey는 표와 그림을 동시에 볼 수 있는 줄기-잎 그림(stem and leaf diagram)을 제안했다. 줄기-잎 그림은 자료값을 줄기와 잎으로 나눠 표현한 것이므로 원래 자료로 복귀가 용이하며, 자료를 크기순으로 배열하므로 자료의 중앙에 있는 자료값 등 특정 위치에 있는 자료값을 쉽게 구할 수 있다.

줄기-잎 그림을 그리기 위해서는 자료의 줄기 부분을 선택해야 한다. 줄기 부분을 제외한 나머지 부분은 잎이 된다. 〈표 3-1〉의 중간점수에서 십의 자리수까지 줄기값으로 정하면 일의 자리수는 잎의 값이 된다. 줄기값을 크기순으로 세로로 나열하고, 각 줄기에 해당되는 각 자료의 잎의 값을 해당 줄기값의 오른쪽에서 가로로 적는다. 줄기와 잎을 구분하기 위한 줄기와 잎 사이에 세로선을 그어 준다. 〈표 3-1〉을 이용한 줄기-잎 그림은 〈그림 3-5〉와 같다. 왼쪽 그림처럼 잎의 값 순서에 상관없이 번호에 따라 자료값의 잎을 배열한 후, 오른쪽 그림처럼 잎의 값 순서대로 배열하면 된다. 줄기-잎 그림을 반시계 방향으로 90도 회전하면 히스토그램이 된다. 도수분포표와 히스토그램과는 달리 원래 자료가 그대로 보존되어 있고, 자료값의 순위를 알 수 있다.

```
0 |7
1 |
2 |
3 |
4 |5
5 |10557
6 |0470502
7 |0258536
8 |1082505706
9 |5568806
10|00
```

```
0 |7
1 |
2 |
3 |
4 |5
5 |01557
6 |0002457
7 |0235568
8 |0001255678
9 |0556688
10|00
```

〈그림 3-5〉 줄기-잎 그림

〈그림 3-5〉를 보면 중간점수는 최소값이 다른 값에 비해 매우 작음을 알 수 있고, 비대칭이고 오른쪽으로 치우친 분포 형태를 보임을 알 수 있다. 엑셀에서는 줄기-잎 그림을 그릴 수 없으므로 R을 통해 구현하도록 하자.

예제 3-4

〈표 3-1〉의 중간점수와 기말점수를 이용하여 R 프로그램에서 줄기-잎 그림을 작성하라.

풀이

① (예 3-3)처럼 외부 엑셀 파일 '3장.csv'를 이용한다.

② 중간점수와 기말점수 각각의 줄기-잎 그림은 stem 함수를 사용한다.

```
> stem(exam[,1])
> stem(exam[,2])
```

③ 앞의 과정을 통한 결과가 〈그림 3-6〉의 왼쪽 그림에 있다.

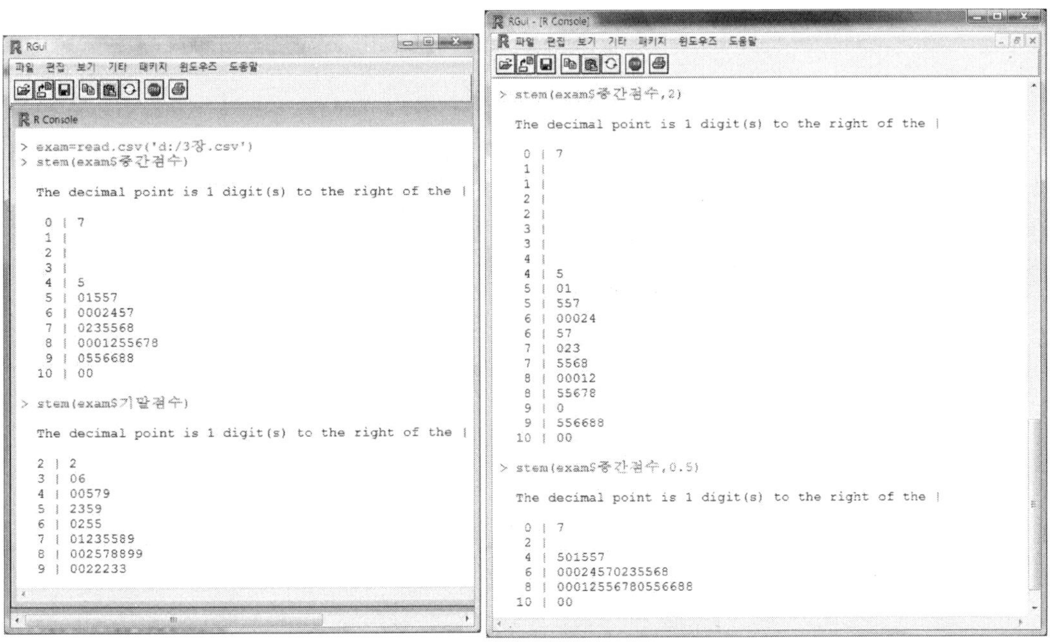

〈그림 3-6〉 R에서의 줄기-잎 그림

자료의 크기에 따라 줄기의 개수를 늘리기도 줄이기도 할 수 있으므로 한 자료에 대해 여러 개의 줄기-잎 그림이 나올 수 있다. 자료의 크기에 따라 5~20개 정도의 줄기 개수를 선택하는 것이 좋다. 줄기 개수 선택은 자료의 수와 상황에 따라 달라지므로 줄기-잎 그림의 단점 중에 하나이다. 〈그림 3-6〉의 오른쪽 그림은 R에서 줄기를 늘리고 줄임에 따라 줄기-잎 그림이 어떻게 변화하는지 보여주고 있다. 줄기를 2배로 늘리면 잎의 값 0~4까지가 한 줄기를 5~9까지가 한 줄기로 하고 있으며, 줄기를 0.5배로 줄이면 2개의 줄기가 한 줄기가 되어 잎을 형성하고 있음을 알 수 있다. 줄기-잎 그림은 자료의 크기가 크면 자료값을 모두 표현하기 어려우므로 이때에는 히스토그램을 이용하는 것이 좋다.

(4) 선그림

선그림은 주로 시간의 흐름에 따라 값의 변화 양상을 나타내는데 활용하는 그림이다. 시간별 주가지수의 변동, 월별 강수량의 변화 등을 나타내는 그래프가 그 예가 될 수 있다.

〈표 3-3〉 우리나라 남자 100m 기록

연도	100m 기록
1979	10.34
1989	10.61
1999	10.66
2009	10.43

예제 3-5

우리나라 남자 100m 기록을 10년 단위로 나타낸 표 〈표 3-3〉의 자료로 엑셀을 통해 선그림을 그려 그 추이를 살펴보자.

풀이

① 엑셀 워크시트에 〈그림 3-7〉처럼 입력하고, B열의 2행부터 5행까지 값을 선택한 후 [삽입] 탭-[차트] 그룹-[꺾은선 형]-[표식이 있는 꺾은선 형]을 클릭한다.

② 가로 축 항목을 선택한 후 [차트 도구 디자인] 탭-[데이터] 그룹-[데이터선택]을 클릭하면, 데이터 원본 선택 대화상자가 열리고(〈그림 3-8〉) [가로(항목) 축 레이블]을 클릭하여 축 레이블 범위를 워크시트의 A열 2행부터 5행까지를 선택하여 [확인]을 클릭하면 〈그림 3-7〉의 가로 축처럼 1979년부터 2009년까지 값이 표시된다.

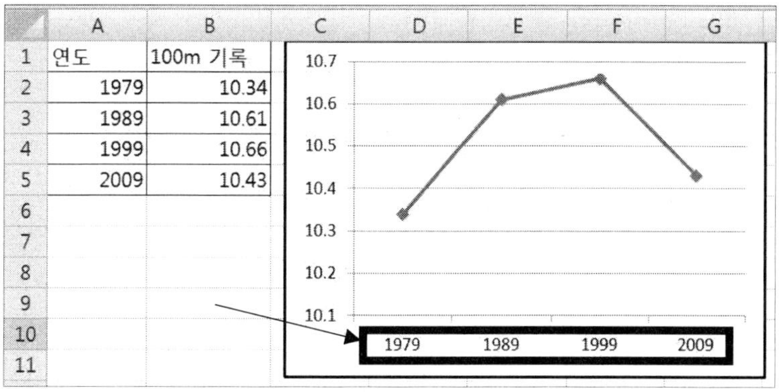

〈그림 3-7〉 엑셀에서의 선그림

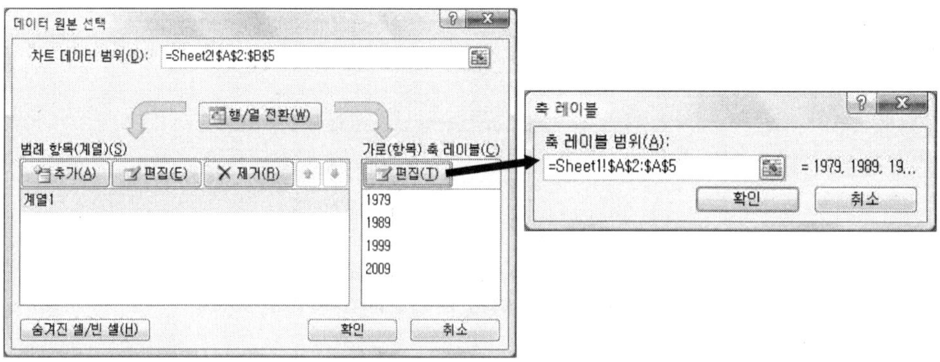

〈그림 3-8〉 가로축 레이블 조정

(5) 산점도

산점도는 두 개의 양적자료 관계를 시각적으로 파악하기 위해 좌표평면 위에 점으로 찍어 나타낸 그림이다. 두 자료 사이의 관계의 정도, 방향, 패턴에서 벗어난 값의 존재 여부 등을 알 수 있다. 3.2절의 수치를 이용한 정리에서 상관계수를 언급할 때 구체적으로 살펴보고 여기서는 엑셀과 R을 통해 그림을 그리는 방법을 언급하자.

예제 3-6

〈표 3-1〉의 중간점수와 기말점수에 대한 산점도를 나타내어라.

풀이

① 〈그림 3-1〉의 A열과 B열의 자료를 선택한 후 [삽입] 탭-[차트] 그룹-[분산형]-[표식이 있는 분산형]을 선택한다.

② 세로 축 항목을 선택한 후 [차트 도구 레이아웃] 탭-[레이블] 그룹-[축 제목]-[기본

세로 축 제목]을 클릭하여 제목을 입력하고, 가로 축도 비슷한 방법으로 가로 제목 중간점수를 입력하면 〈그림 3-9〉가 된다.

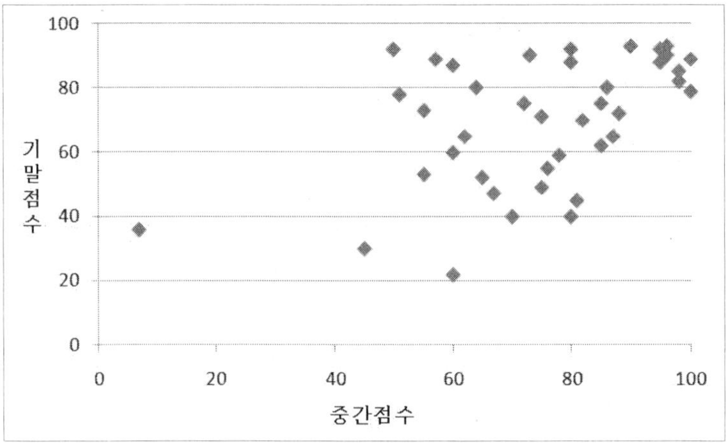

〈그림 3-9〉 엑셀에서의 산점도

R에서의 산점도는 plot 함수를 이용한다.

```
> plot(exam$중간점수,exam$기말점수)
```

그림을 통해 양적자료를 정리하는 또 다른 상자그림은 3.2절 수치를 이용한 정리에서 자세히 언급하도록 하자.

3-2 수치를 이용한 정리

도수분포표와 히스토그램에서 계급개수나 줄기 잎 그림에서 줄기 개수는 작성자의 주관이 내포되어 있기 때문에 하나의 자료에 여러 개의 도표나 그림이 만들어질 수 있어서 자료에 대한 객관적인 판단이 어려울 수 있다. 이런 단점을 보완하기 위해 자료를 분석할 때 수치적인 방법이 상호보완적으로 사용된다. 주어진 자료들이 어떤 값을 중심으로 분포되어 있는지를 나타내는 위치측도인 대푯값과 각 대푯값을 중심으로 자료들이 산포되어 있는 정도를 나타내는 측도인 산포도가 많이 이용되고 있다.

3-2-1 대푯값

대푯값은 자료의 중심위치를 나타내는 측도로 평균(mean), 중앙값(median), 최빈값

(mode) 등이 있다.

(1) 평균

중심위치를 나타내는 측도로 가장 많이 사용되고 있으며, 모집단의 평균은 모평균(population mean), 표본의 평균은 표본평균(sample mean)이라 부른다. 모집단의 자료 개수를 N이라 하고, 표본의 자료 개수를 n이라 하면 모평균 μ와 표본 평균 $\overline{x}$는 다음과 같다. 여기서 x_i는 관측한 자료값이다.

$$\mu = \frac{1}{N}(x_1 + x_2 + \cdots + x_N) = \frac{1}{N}\sum_{i=1}^{N} x_i$$

$$\overline{x} = \frac{1}{n}(x_1 + x_2 + \cdots + x_n) = \frac{1}{n}\sum_{i=1}^{n} x_i$$

대부분의 자료들은 표본 자료를 말하므로 3장에서는 특별한 언급이 없는 한 자료는 표본 자료이고, 표본평균을 평균으로 한다.

예제 3-7

〈표 3-1〉의 통계자료에서 중간점수의 평균을 구하라.

풀이

① $\overline{x} = \frac{1}{40}(100 + 45 + 70 + \cdots + 96) = 74.475$

② 〈그림 3-1〉 엑셀 자료 이용시 평균을 입력할 셀에 =AVERAGE(A2:A41) 을 입력하고 enter키를 누르면 결과가 나오고, 함수마법사를 이용해도 된다. 함수마법사 사용시 '범주선택'을 '통계'로 하면 된다. 'A2:A41'은 직접 입력하지 않고 마우스로 A2 셀에서 A41 셀까지 선택해도 된다.

6, 4, 3, 8, 300, 7, 5의 평균은 47.571이다. 여기서 300을 뺀 평균은 5.5로, 300이 존재하는 경우와 존재하지 않은 경우의 평균 차가 많이 난다. 대부분의 자료값보다 아주 크거나 아주 작은 값을 이상점(outlier)이라 하는데 300 같은 값이다. 평균은 이 이상점에 영향을 크게 받음을 알 수 있다. 〈그림 3-5〉와 〈그림 3-6〉 줄기-잎 그림을 보면 중간점수에서 7과 같은 값이 이상점이 된다.

평균이 이상점에 민감한 단점을 보완하기 위해 절사평균(trimmed mean)을 사용한다. 크기순으로 나열된 자료에서 양쪽의 자료값 몇 %를 없앤 자료값들의 평균을 의미한다. 〈표 3-1〉의 중간점수 자료에서 10% 절사평균은 양쪽에 $[n \times 0.1] = [40 \times 0.1] = 4$개

씩 8개 7, 45, 50, 51, 98, 98, 100, 100을 제외한 32개 자료값 평균 75.938이다. 여기서 $[a]$는 가우스기호로 a이하의 가장 큰 정수이다.

(2) 중앙값

중앙값(median : m)은 자료를 크기순으로 배열할 때 가운데 놓이는 값이다. 자료를 크기 순으로 나타낸 것을 $x_{(1)}, x_{(2)}, \cdots, x_{(n)}$라 할 때, 중앙값은

$$m = \begin{cases} x_{\left(\frac{n+1}{2}\right)} & , n\text{이 홀수일 때} \\ \dfrac{\left\{x_{\left(\frac{n}{2}\right)} + x_{\left(\frac{n}{2}+1\right)}\right\}}{2} & , n\text{이 짝수일 때} \end{cases}$$

이다. 중앙값은 자료의 수 n이 홀수이면 $(n+1)/2$ 번째 자료값이고, n이 짝수이면 $n/2$번째 자료값과 $(n/2)+1$번째 자료값의 평균이다.

예제 3-8

6, 4, 3, 8, 300, 7, 5의 중앙값을 구하라.

풀이

먼저 자료를 크기순으로 배열하면 3, 4, 5, 6, 7, 8, 300 이고 자료수가 7개이므로 (7+1)/2=4번째 자료값 6이 중앙값이 된다.

(예제 3-8) 자료에서 300을 제외시킨 경우의 중앙값은 5.5가 된다. 평균과는 달리 이상점 300이 있는 경우와 없는 경우 값의 차이는 그렇게 크지 않다. 중앙값은 평균과 달리 이상점에 영향을 별로 받지 않는다. 일반적으로 자료의 분포상태가 극도로 비대칭인 경우와 이상점이 존재하는 경우에는 평균보다 중앙값을 대푯값으로 사용하는 것이 의미가 있다. 그러나 중앙값은 평균보다 수리적인 추론을 할 때 어렵기 때문에 매우 심각한 이상점이 존재하는 경우를 제외하고는 평균을 대푯값으로 많이 사용한다.

예제 3-9

6, 4, 3, 8, 300, 7의 중앙값을 구하라.

풀이

먼저 자료를 크기순으로 배열하면 3, 4, 6, 7, 8, 300 이고 자료수가 6개이므로 6/2=3번째 자료값 6과 (6/2)+1=4번째 자료값 7의 평균 6.5가 중앙값이 된다.

예제 3-10

〈표 3-1〉의 통계자료에서 중간점수의 중앙값을 구하라.

풀이

① 자료수가 40개이므로 크기순으로 나열했을 때 20번째 자료값과 21번째 자료값의 평균이 된다. 줄기-잎 그림은 자료가 크기순으로 배열되어 있으므로 〈그림 3-5〉 오른쪽 그림이나 〈그림 3-6〉을 이용하면 편리하다. 그 그림에 의하면 20번째 자료값은 76이고, 21번째 자료값은 78이므로 그 값의 평균인 77이 중간점수의 중앙값이 된다.

② 〈그림 3-1〉 엑셀 자료 이용시 중앙값을 입력할 셀에 =MEDIAN(A2:A41) 을 입력하고 enter키를 누르면 결과가 나오고, 함수마법사를 이용해도 된다.

(3) 최빈값

최빈값(mode : m_o)은 질적자료 양적자료 모두에 사용되는 측도로 가장 빈번하게 나오는 값이 된다. 〈표 3-1〉의 중간점수에서 최빈값은 60, 80이다. 양적자료에서 자료값 종류가 다양한 경우 최빈값을 구하는 것이 곤란한 경우가 있다. 이런 경우 몇 개의 계급으로 나눠 도수가 가장 많은 계급의 중간값을 최빈값으로 사용한다. 〈표 3-2〉에 있는 기말점수 도수분포표나 〈그림 3-2〉에 있는 기말점수 히스토그램을 살펴보면 가장 도수가 많은 계급은 81.5~93.5이다. 이 계급의 중간값 87.5가 최빈값이다. 계급구간과 계급개수에 따라 도수분포표와 히스토그램의 분포가 달라지는 것처럼 계급구간과 계급개수에 따라 최빈값이 달라질 수 있어 제한적이며, 중앙값과 마찬가지로 수치적인 추론을 할 때 어려워 양적자료인 경우 많이 사용되고 있지는 않으나 의류, 신발 같은 기성품을 제조하는 회사에서는 최빈값이 유용하게 사용되기도 한다. 〈그림 3-1〉 엑셀 자료 이용시 =MODE(A2:A41)을 이용하면 된다.

3-2-2 산포도

산포도는 대푯값을 중심으로 자료들이 산포되어 있는 정도를 나타내는 측도로 분산, 표준편차, 변동계수, 범위, 사분위범위 등이 있다.

(1) 분산과 표준편차

자료값 $x_1, x_2, \cdots, x_n$의 표본평균을 $\overline{x}$라 하자. 표본평균으로부터 자료값들이 얼마나 떨어져 있는지 그 정도를 알아보기 위해 자료값과 표본평균과의 차이인 편차$(x_i - \overline{x})$의 합을 고려할 수 있다. 그런데 편차의 합은 항상

$$\sum_{i=1}^{n}(x_i - \overline{x}) = \sum_{i=1}^{n}x_i - n\overline{x} = 0$$

이라 자료의 산포를 알아보는데 의미가 없으므로, 편차의 제곱합을 사용한 것이 분산(variance)이다. 자료가 모집단일 때의 분산은 모분산(population variance) σ^2이고 표본일 때의 분산은 표본분산(sample variance) s^2이라 한다.

$$\sigma^2 = \frac{1}{N}\sum_{i=1}^{N}(x_i - \mu)^2$$

$$s^2 = \frac{1}{n-1}\sum_{i=1}^{n}(x_i - \overline{x})^2$$

표본분산을 계산할 때 n대신 $n-1$을 사용하는 이유는 7장에서 자세히 언급하고 여기서는 n개의 편차의 합은 0이라 $n-1$개의 편차를 알면 나머지 1개의 편차는 자동적으로 알 수 있으므로 표본의 경우 $n-1$을 사용한 분산을 정의한다.

$$\begin{aligned} s^2 &= \frac{1}{n-1}\sum_{i=1}^{n}(x_i - \overline{x})^2 \\ &= \frac{1}{n-1}\sum_{i=1}^{n}(x_i^2 - 2x_i\overline{x} + \overline{x}^2) \\ &= \frac{1}{n-1}(\sum_{i=1}^{n}x_i^2 - n\overline{x}^2) \end{aligned}$$

표준편차(standard deviation)는 분산의 제곱근으로 모표준편차는 $\sigma = \sqrt{\sigma^2}$로, 표본표준편차는 $s = \sqrt{s^2}$로 표기한다. 3장에서는 표본평균처럼 표본분산과 표본표준편차를 분산, 표준편차라 한다.

6, 4, 3, 8, 300, 7, 5의 분산은 12392.95이고, 300을 뺀 자료의 분산은 3.5이다. 분산도 평균처럼 이상점에 매우 민감함을 알 수 있다.

예제 3-11

〈표 3-1〉의 통계점수에서 중간점수와 기말점수의 표준편차를 구하라.

풀이

① 중간점수의 자료값을 x_i, $i = 1, 2, \cdots, 40$라 하자.

$$\sum_{i=1}^{40}x_i^2 = 100^2 + 45^2 + 70^2 + \cdots + 96^2 = 235885$$

$$\bar{x}=\frac{1}{40}\sum_{i=1}^{40}x_i=\frac{1}{40}(100+45+70+\cdots+96)=74.475$$

분산 $s_x^2=\frac{1}{n-1}(\sum_{i=1}^{n}x_i^2-n\bar{x}^2)=\frac{1}{39}(235885-40\times 74.475^2)\risingdotseq 359.589$

중간점수의 표준편차 $s_x=\sqrt{359.589}\risingdotseq 18.963$

② 기말점수의 자료값을 $y_i,\quad i=1,2,\cdots,40$라 하자.

$$\sum_{i=1}^{40}y_i^2=89^2+30^2+40^2+\cdots+90^2=208995$$

$$\bar{y}=\frac{1}{40}\sum_{i=1}^{40}y_i=\frac{1}{40}(89+30+40+\cdots+90)=69.575$$

분산 $s_y^2=\frac{1}{n-1}(\sum_{i=1}^{n}y_i^2-n\bar{y}^2)=\frac{1}{39}(208995-40\times 69.575^2)\risingdotseq 394.046$

기말점수의 표준편차 $s_y=\sqrt{394.046}\risingdotseq 19.851$

③ 〈그림 3-1〉 엑셀 자료 이용시 중간점수 분산을 입력할 셀에 =VAR(A2:A41) 입력한 후 enter키를 누르고, 기말점수 분산을 입력할 셀에 =VAR(B2:B41) 입력한 후 enter키를 누르면 된다. 표준편차는 'VAR' 대신 'STDEV'로 한다. 함수마법사 이용도 가능하다.

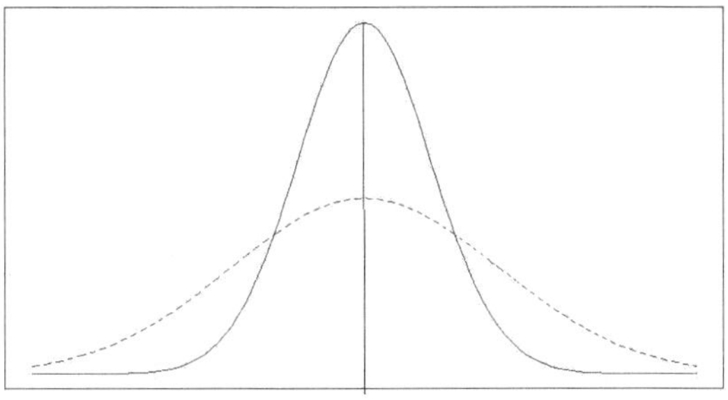

〈그림 3-10〉 표준편차의 변화에 따른 분포

〈그림 3-10〉의 점선은 표준편차가 큰 분포를, 실선은 표준편차가 작은 분포를 나타낸다. 표준편차가 큰 자료의 분포는 자료값이 평균을 중심으로 넓게 분포되어 있고, 표준편차가 작은 경우는 자료값이 평균 주위에 집중되어 존재한다.

(2) 변동계수

평균이 10, 표준편차가 20인 경우 A와 평균이 100, 표준편차가 50인 경우 B의 산포를 비교하자. 표준편차만 봤을 때는 경우 B의 산포가 더 크지만 두 자료의 평균 차이가 많이 나므로 적절한 비교가 되지 않는다. 자료의 측정 단위가 다른 경우나 측정 단위는 같지만 평균 차이가 클 때는 상대적인 산포도 측도인 변동계수(coefficient of variation : cv)가 유용하게 쓰인다. 변동계수는

$$cv = \frac{\text{표준편차}}{\text{평균}} = \frac{s}{\bar{x}}$$

이다. 경우 A와 경우 B의 변동계수는 각각 2와 0.5이므로 경우 A의 산포 정도가 더 크다.

(3) 범위와 사분위범위

범위(range : R)는 자료의 최대값과 최소값의 차이로, 구하기는 쉬워도 이상점에 매우 민감하다. 표준편차와 범위가 이상점에 민감한 단점을 보완하기 위해 사분위범위(interquartile range : IQR)를 고려한다. 사분위범위는 자료를 크기순으로 나열했을 때 75% 순위에 해당되는 자료값(제 3사분위수 : Q_3)에서 25% 순위에 해당되는 자료값(제 1사분위수 : Q_1)을 뺀 값

$$IQR = Q_3 - Q_1$$

을 의미한다. 중앙값 m은 50% 순위에 해당되는 자료값(제 2사분위수 : Q_2)이다. 중앙값과 마찬가지로 사분위범위는 이상점에 덜 민감하다.

사분위수(quartile)는 크기순으로 나열해 놓은 자료를 4 등분한 수이며, 백분위수(percentile)는 크기순으로 나열해 놓은 자료를 100 등분한 수이다. 제 1사분위수, 제 2사분위수(중앙값), 제 3사분위수는 각각 제 25백분위수, 제 50백분위수, 제 75백분위수이다.

예제 3-12

엑셀을 통해 6, 4, 3, 8, 300, 7, 5의 범위 R과 사분위범위 IQR을 구하라.

풀이

① 엑셀 워크시트에 〈그림 3-11〉처럼 입력한다. 첫 번째 A1 셀은 변수 이름을 입력한 것이다.

② 범위 R을 입력할 셀에 =MAX(A2:A8)-MIN(A2:A8) 을 입력하면 297이 출력된다. $R = 297$

③ 사분위범위 IQR을 입력할 셀에
=QUARTILE(A2:A8,3)-QUARTILE(A2:A8,1) 또는
=PERCENTILE(A2:A8,0.75)-PERCENTILE(A2:A8,0.25)를

	A
1	x
2	6
3	4
4	3
5	8
6	300
7	7
8	5

〈그림 3-11〉

입력하면 3이 출력된다. QUARTILE(A2:A8,3)와 QUARTILE(A2:A8,1)에서 3과 1은 각각 제 3사분위수, 제 1사분위수를 언급한 것이다. $IQR=3$

예제 3-13

11, 8, 7, 14, 13, 8, 9, 16의 대푯값(평균, 중앙값, 최빈값)과 산포도(분산, 표준편차, 변동계수, 범위, 사분위범위)를 구하라.

풀이

① 평균 $\overline{x}=\frac{1}{n}\sum_{i=1}^{n}x_i=\frac{1}{8}(11+8+7+\cdots+16)=10.75$

② 중앙값을 구하기 위해 자료를 크기순으로 나열하면 7, 8, 8, 9, 11, 13, 14, 16이다. 자료의 수가 8개이므로 8/2=4번째 자료값 9과 (8/2)+1=5번째 자료값 11의 평균 10이 중앙값이다. $m=10$

③ 최빈값 $m_o=8$

④ $\sum_{i=1}^{8}x_i^2=11^2+8^2+7^2+\cdots+16^2=1000$

분산 $s^2=\frac{1}{n-1}(\sum_{i=1}^{n}x_i^2-n\overline{x}^2)=\frac{1}{7}(1000-8\times10.75^2)\fallingdotseq10.786$

표준편차 $s=\sqrt{10.786}\fallingdotseq3.284$

⑤ 변동계수 $cv=\frac{s}{\overline{x}}=\frac{3.284}{10.75}\fallingdotseq0.31$

⑥ 범위 $R=16-7=9$

⑦ 사분위수 Q_1, Q_3을 구할 때 정의 방법에 따라 약간 차이를 보인다. 여기서는 엑셀과 R프로그램에서 사용하는 2 가지를 언급해 보자.

방법 1) Q_1 = 최소값과 중앙값 사이에 있는 자료값 중 중심에 있는 자료값

Q_3 = 중앙값과 최대값 사이에 있는 자료값 중 중심에 있는 자료값

중앙값이 존재하는 위치가 4번째와 5번째 사이이므로

7, 8, 8, 9, 11, 13, 14, 16 ⇒ (7, 8, 8, 9) (11, 13, 14, 16)로 분리한다.

제 1사분위수는 첫 번째 그룹의 2번째와 3번째의 평균 8이고, 제 3 사분위수는 두 번째 그룹의 2번째와 3번째의 평균 13.5이다. 즉,

$$IQR=13.5-8=5.5$$

이다.

방법 2) $Q_1 = 1 + 0.25 \times (n-1)$ 위치에 있는 값

$Q_3 = 1 + 0.75 \times (n-1)$ 위치에 있는 값

제 1사분위수는 1+0.25×7=2.75 위치에 있는 값으로 2번째와 3번째의 자료값의 가중평균(2번째와 3번째 자료값의 내분점)이고, 제 3사분위수는 1+0.75×7=6.25 위치에 있는 값으로 6번째와 7번째의 자료값의 가중평균(6번째와 7번째 자료값의 내분점)이다. 즉,

$$Q_1 = 0.25 \times 8 + 0.75 \times 8 = 8, \ Q_3 = 0.75 \times 13 + 0.25 \times 14 = 13.25$$

이므로 $IQR = 13.25 - 8 = 5.25$이다.

엑셀에서는 방법 2로 사분위수와 백분위수를 정의한다. (예제 3-12)의 사분위 범위 IQR은 엑셀을 이용해 구한 것이므로 방법2로 정의한 것이다. 방법 1로 구하면 중앙값이 6이므로,

$$3,\ 4,\ 5,\ 6,\ 7,\ 8,\ 300 \Rightarrow (3,\ 4,\ 5,\ 6)\ \ (6,\ 7,\ 8,\ 300)$$

첫 번째 그룹의 중앙값 4.5와 두 번째 그룹의 중앙값 7.5의 차가 사분위 범위 $IQR = 7.5 - 4.5 = 3$이다.

예제 3-14

엑셀을 통해 11, 8, 7, 14, 13, 8, 9, 16의 대푯값과 산포도를 구하는 방법을 정리하라.

풀이

방법 A. 엑셀 워크시트의 셀 A1 에 변수 이름을 입력하고, 셀 A2부터 셀 A9까지 자료를 입력한다. 〈표 3-4〉는 엑셀에서 대푯값과 산포도 계산을 위해 정리한 표이다.

〈표 3-4〉 엑셀에서 대푯값과 산포도 계산을 명령문

평균	=AVERAGE(A2:A9)
중앙값	=MEDIAN(A2:A9)
최빈값	=MODE(A2:A9)
분산	=VAR(A2:A9)
표준편차	=STDEV(A2:A9)
변동계수	=STDEV(A2:A9)/AVERAGE(A2:A9)
범위	=MAX(A2:A9)−MIN(A2:A9)
사분위범위	=QUARTILE(A2:A9,3)−QUARTILE(A2:A9,1)

방법 B. 대푯값과 산포도를 구할 때마다 방법 A처럼 필요한 함수를 입력하는 것이 아니라 한꺼번에 처리할 수 있는 방법이 있다.
[데이터] 탭-[분석]그룹 -[데이터 분석]을 선택하면 통계 데이터분석 대화상자 (〈그림 3-12〉)가 나타난다.

분석 도구 [기술 통계법]을 선택하면 기술통계법 대화상자가 나타나고 〈그림 3-13〉처럼 입력범위에 자료를 선택해주고 출력범위에 결과가 출력될 부분의 위치를 선정해주고 필요한 부분은 체크(∨)하여 [확인]을 누르면 H열과 I열에 결과가 출력된다. 출력될 셀의 수를 짐작할 수 없을 때는 '새로운 워크시트'에 체크하고 출력하기를 원하는 시트가 있다면 시트이름을 입력하면 된다.

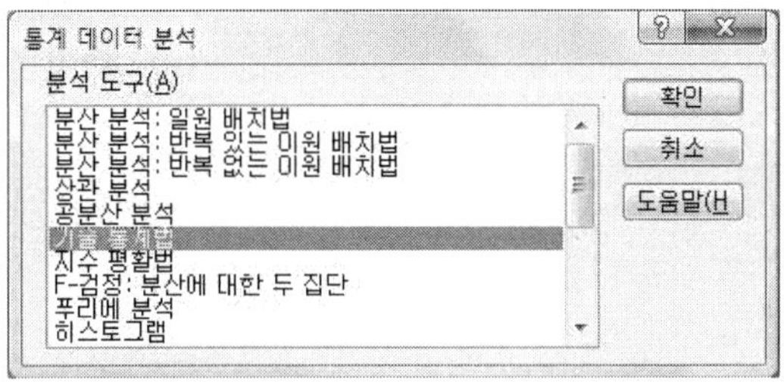

〈그림 3-12〉 통계 데이터분석 대화상자

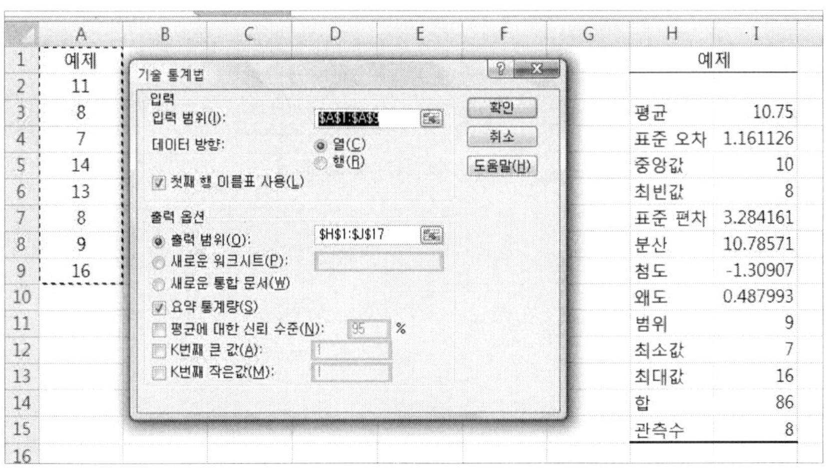

〈그림 3-13〉 기술통계법 대화상자와 그 결과

〈그림 3-13〉의 결과에서 표준오차는 7장에서 언급할 수치로 $\frac{\text{표준편차}}{\sqrt{\text{관측수}}} = \frac{s}{\sqrt{n}}$ 이다. 왜도(skewness)는 대칭 정도를 첨도(kurtosis)는 대칭인 자료에서 꼬리가 두터운

정도를 나타낸다.

$$\text{왜도} = \frac{n}{(n-1)(n-2)} \sum_{i=1}^{n} \left(\frac{x_i - \overline{x}}{s}\right)^3$$

$$\text{첨도} = \frac{n(n+1)}{(n-1)(n-2)(n-3)} \sum_{i=1}^{n} \left(\frac{x_i - \overline{x}}{s}\right)^4 - 3\frac{(n-1)^2}{(n-2)(n-3)}$$

왜도가 0인 자료의 분포형태는 대칭이고, 값이 양이면 오른 쪽으로 꼬리가 긴 모양의 분포(왼쪽으로 치우친 비대칭분포) 형태이며 값이 음이면 왼쪽으로 꼬리가 긴 모양의 분포(오른쪽으로 치우친 비대칭분포) 형태이다.

(예제 3-2)의 엑셀 자료를 이용하여 중간점수와 기말점수 각각의 대푯값과 산포도를 한꺼번에 출력하려면 기술 통계법 대화상자 입력범위에 중간점수가 있는 셀과 기말점수가 있는 셀을 모두 선택하면 〈그림 3-14〉 결과가 동시에 출력된다.

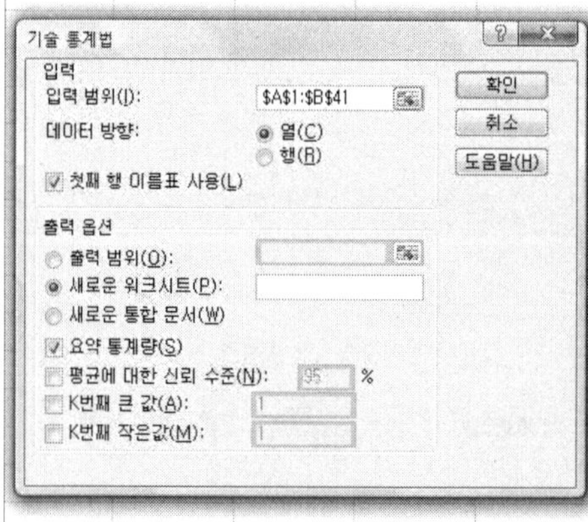

중간점수		기말점수	
평균	74.475	평균	69.575
표준 오차	2.99829	표준 오차	3.13865
중앙값	77	중앙값	74
최빈값	80	최빈값	92
표준 편차	18.9628	표준 편차	19.8506
분산	359.589	분산	394.046
첨도	2.56464	첨도	-0.57629
왜도	-1.12511	왜도	-0.66031
범위	93	범위	71
최소값	7	최소값	22
최대값	100	최대값	93
합	2979	합	2783
관측수	40	관측수	40

〈그림 3-14〉 중간점수와 기말점수의 대푯값과 산포도

예제 3-15

R 프로그램을 통해 11, 8, 7, 14, 13, 8, 9, 16의 평균, 중앙값, 분산, 표준편차, Q_1, Q_3, IQR을 구하라.

풀이

① c 함수를 사용하여 R 프로그램에서 직접 자료를 입력한다.

② 〈그림 3-15〉에 원하는 값들이 출력되어 있다. 여기서 quantile 명령어를 통한 제 1사분위수와 제 3사분위수는 (예제 3-13)의 방법 2를 이용한 것이다.

```
> x=c(11,8,7,14,13,8,9,16)
> mean(x)
[1] 10.75
> median(x)
[1] 10
> var(x)
[1] 10.78571
> sd(x)
[1] 3.284161
> quantile(x,0.25)
25%
  8
> quantile(x,0.75)
  75%
13.25
> IQR(x)
[1] 5.25
```

〈그림 3-15〉 R을 이용한 기술통계량

〈그림 3-16〉에서 fivenum 함수는 최소값(7), 제 1사분위수(8), 중앙값(10), 제 3사분위수(13.5), 최대값(16)을 차례로 출력한다. fivenum의 제 1사분위수와 제 3사분위수는 (예제 3-13)의 방법 1을 사용한 것이다. summary 함수는 평균(10.75)이 추가되고, 제 1사분위수와 제 3사분위수는 방법 2를 사용한 것이다.

```
> x=c(11,8,7,14,13,8,9,16)
> fivenum(x)
[1]  7.0  8.0 10.0 13.5 16.0
> summary(x)
   Min. 1st Qu.  Median    Mean 3rd Qu.    Max.
   7.00    8.00   10.00   10.75   13.25   16.00
```

〈그림 3-16〉 R에서 fivenum과 summary 비교

3-2-3 상자 그림

상자그림(box plot)은 자료의 5가지 수치 최소값, 제 1사분위수, 중앙값, 제 3사분위수, 최대값을 그림으로 표현한다. 자료의 대칭성 여부, 이상점 존재 여부 등 자료의 분포 상태를 쉽게 알 수 있다. 일반적으로 〈그림 3-17〉처럼 5가지 수치를 표현할 때 아랫수염에 최소값을 윗 수염에 최대값을 나타낸다. 그러나 이상점이 있는 경우는 〈그림 3-18〉처럼 표현하는데. 아랫수염은 $Q_1 - 1.5 \times IQR$을 윗수염은 $Q_3 + 1.5 \times IQR$을 표현하고 그 범위를 벗어난 값(이상점)은 '○' 표로 나타낸다. 상자그림은 여러 집단의 분포 형태를 한 눈에 비교할 수 있다.

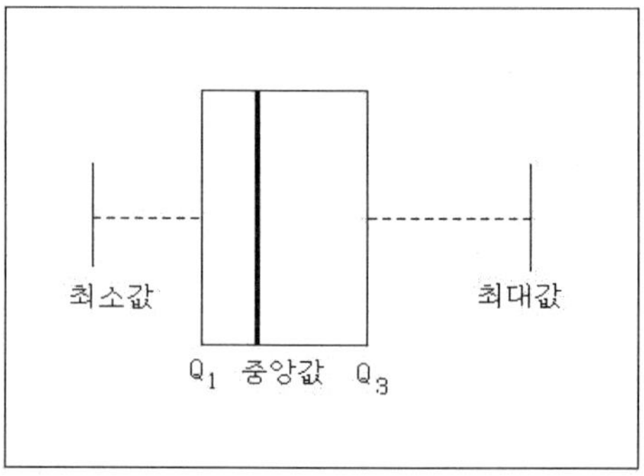

〈그림 3-17〉 상자그림

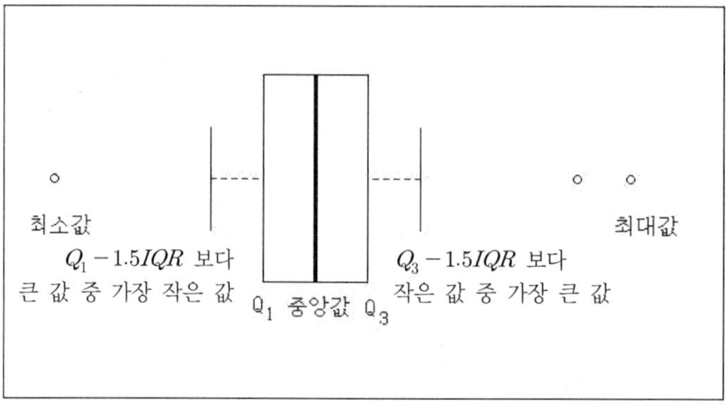

〈그림 3-18〉 이상점이 존재하는 상자그림

예제 3-16

〈표 3-1〉의 중간점수와 기말점수의 자료로 R에서 상자그림을 그려 분포상태를 비교하라.

풀이

① (예제 3-3)처럼 엑셀에서 '3장.csv'로 저장된 외부 파일을 이용한다.

② 자료 파일 '3장.csv'를 R에서 '점수'라는 이름으로 저장한다.

③ boxplot 함수를 사용하여 상자그림을 그린다.

④ 〈그림 3-19〉는 그 결과로 중간점수는 이상점이 존재하고, 기말점수의 상자 두께가 중간고사보다 더 두터우므로 기말고사 IQR이 더 크고, 중간점수에서 이상점을 제외한다면 기말점수의 범위(R)가 더 넓고, 이상점을 그대로 두면 중간점수의 범위가 더 넓음을 알 수 있다. 중앙값은 중간점수가 약간 크고, 최대값도 중간점수가 크다. 중간점수는 최소값이 이상점으로 기말고사의 최소값보다 작다. 기말점수는 오른쪽으로 치우친(왼쪽으로 꼬리가 긴)분포 형태를 보이고 중간점수는 이상점을 제외해도 약간 오른쪽으로 치우쳐 있음을 알 수 있다.

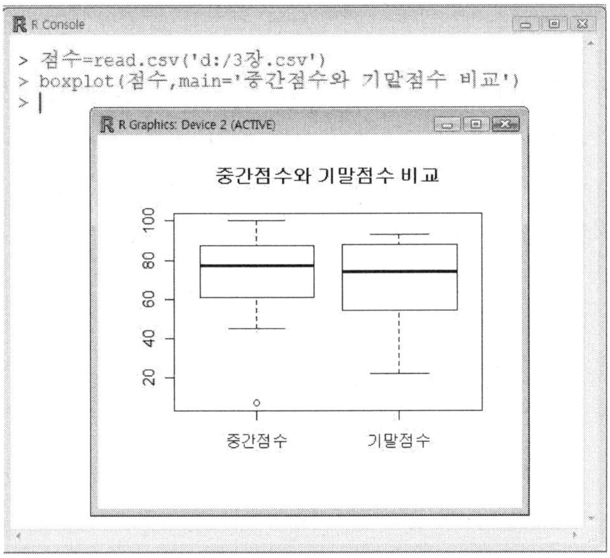

〈그림 3-19〉 R에서의 상자그림

R 프로그램에서 상자그림을 그릴 때 〈그림 3-19〉처럼 '점수'에는 중간점수와 기말점수 2개 변수가 있는 40×2 행렬이므로 다음 3가지 명령문이 동일하다.

```
> boxplot(점수)
> boxplot(점수$중간점수, 점수$기말점수)
> boxplot(점수[,1], 점수[,2])
```

중간점수만의 상자그림을 원하면 다음 둘 중 하나의 명령문을 사용한다.

```
> boxplot(점수$중간점수)
> boxplot(점수[,1])
```

상자그림이 가로로 누운 형태를 원하면 horizontal=T를, 제목 출력을 원하면 main='제목'을, 상자 안에 어떤 색깔이 채워지길 원하면 col='색깔'을 사용한다. 즉,

```
> boxplot(점수[,1], horizontal=T, main='중간점수 상자그림', col='yellow')
```

이다. R 프로그램에서 그림을 출력하는 명령어 내에 main=, col=을 유사하게 사용할 수 있다.

```
> boxplot(점수, col=c('yellow', 'pink'))
```

를 사용하면 중간점수와 기말점수의 상자 안에 노랑과 분홍으로 각각 채워진다. 값이 2개 이상이면 c 함수를 꼭 사용해야 한다.

3-2-4 상관계수

두 개 양적자료의 관계를 시각적으로 파악하기 위해 좌표평면 위에 x와 y의 순서쌍 $(x_i,\ y_i), i=1,2,\cdots,n$을 점으로 찍어 나타낸 그림이 산점도라면, 그 관계를 수치적인 측도로 표현한 것이 상관계수(correlation coefficient)이다. 일반적으로 자료의 상관계수라 하면 피어슨(Pearson)의 표본상관계수(sample correlation coefficient)를 말하며 다음과 같이 정의한다.

$$r = \frac{1}{n-1}\sum_{i=1}^{n}\left(\frac{x_i-\overline{x}}{s_x}\right)\left(\frac{y_i-\overline{y}}{s_y}\right)$$

r은 x와 y의 직선관계(선형관계)의 정도를 나타내는 측도로 $-1 \le r \le 1$값을 가진다. r이 양의 값을 가지면 양의 상관관계가 존재하고 음의 값을 가지면 음의 상관관계가 존재한다.

〈그림 3-20〉 산점도의 영역 (1)은 x값이 $\overline{x}$보다 클 때 y값도 $\overline{y}$보다 크고, 영역 (3)은 x값이 $\overline{x}$보다 작을 때 y값도 $\overline{y}$보다 작으므로 이 두 영역의 $(x-\overline{x})(y-\overline{y})$값은 양이다. 영역 (2)는 x값이 $\overline{x}$보다 작을 때 y값은 $\overline{y}$보다 크고, 영역 (4)은 x값이 $\overline{x}$보다 클 때 y값은 $\overline{y}$보다 작으므로 이 두 영역의 $(x-\overline{x})(y-\overline{y})$값은 음이다. 따라서 모든 순서쌍의 $(x_i-\overline{x})(y_i-\overline{y}),\ i=1,2,\cdots,n$을 고려하면 되나 이 값은 단위에 의존하므로 표준화시킨 것의 곱 $\left(\frac{x_i-\overline{x}}{s_x}\right)\left(\frac{y_i-\overline{y}}{s_y}\right), i=1,2,\cdots,n$을 고려하면 단위에 무관한 측도가 된다. r을 구할 때 분모에 $n-1$을 사용하는 것은 분산을 구할 때와 같은 이유이다.

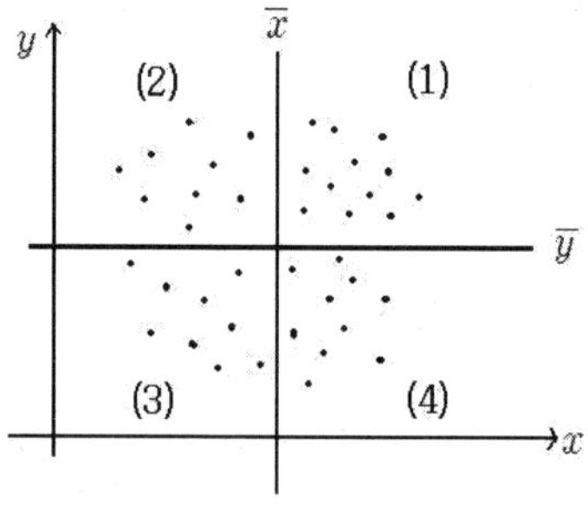

〈그림 3-20〉 산점도

$$r = \frac{1}{n-1}\sum_{i=1}^{n}\left(\frac{x_i-\overline{x}}{s_x}\right)\left(\frac{y_i-\overline{y}}{s_y}\right)$$

$$= \frac{\sum_{i=1}^{n}(x_i - \bar{x})(y_i - \bar{y})}{\sqrt{\sum_{i=1}^{n}(x_i - \bar{x})^2}\sqrt{\sum_{i=1}^{n}(y_i - \bar{y})^2}}$$

$$= \frac{\sum_{i=1}^{n}x_i y_i - n\bar{x}\bar{y}}{\sqrt{\sum_{i=1}^{n}x_i^2 - n\bar{x}^2}\sqrt{\sum_{i=1}^{n}y_i^2 - n\bar{y}^2}}$$

단, $\bar{x}= \frac{1}{n}\sum_{i=1}^{n}x_i$, $\bar{y}= \frac{1}{n}\sum_{i=1}^{n}y_i$, $s_x^2 = \frac{1}{n-1}\sum_{i=1}^{n}(x_i - \bar{x})^2$, $s_y^2 = \frac{1}{n-1}\sum_{i=1}^{n}(y_i - \bar{y})^2$ 이다.

〈그림 3-21〉은 여러 산점도와 표본상관계수 r을 나타내고 있다. 2차 형태를 보이는 산점도의 r이 0인 것을 보면 r은 선형관계만을 나타내는 측도라는 것을 알 수 있다. r이 0에 가까울수록 선형관계가 거의 없으며, r이 1에 가까울수록 양의 선형관계가 강하며, −1에 가까울수록 음의 선형관계가 강하다고 할 수 있다.

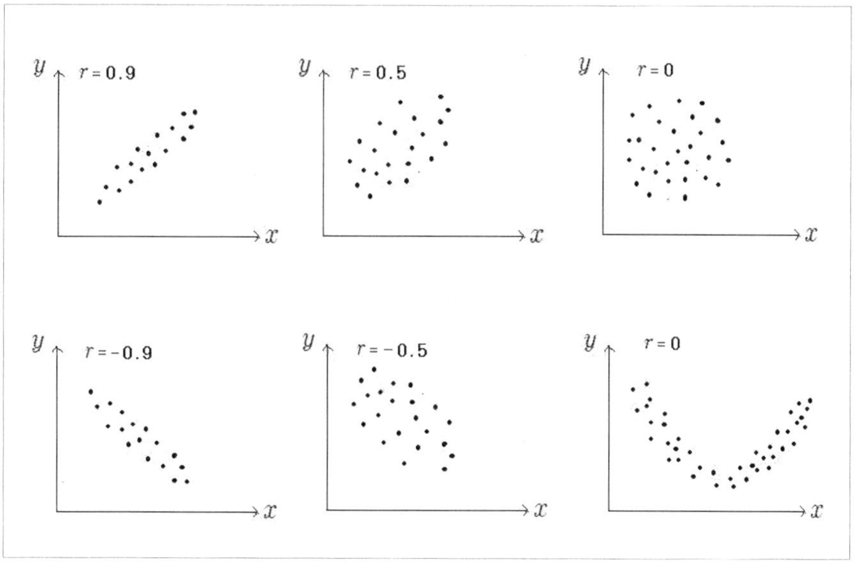

〈그림 3-21〉 여러 산점도와 표본상관계수 r

선형관계를 알기 위해 구한 측도인 r값만 너무 의존하면 안된다. 〈그림 3-22〉의 (a)를 보면 순서쌍들이 두 그룹으로 나눠져 있는 그림처럼 되어있다. 각 그룹만의 표본상관계수 r을 구한다면 거의 0에 가까운 값이 나왔을 것이다. (b)를 보면 두 개의 자료값은 나머지 자료값과 멀리 떨어져 있음을 알 수 있다. 만일 이 두 개의 자료값이 없다면 〈그림 3-21〉의 첫 번째 그림과 비슷하여 r이 거의 0.9에 가까울 것이다. 단지 상관계수를 통한 수치만으로 두 변수의 상관관계를 파악한다면 그릇된 결과가 도출될 수도 있으므로 상관관계를 알기 위해서는 산점도 그림과 수치 측도인 표본상관계수를 병행하여 분석하는 것을 권한다.

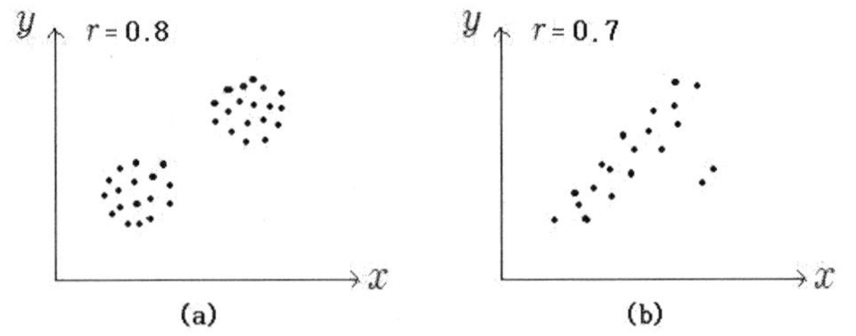

(a) (b)

〈그림 3-22〉

예제 3-17

두 변수에 대한 자료가 다음과 같이 쌍으로 얻어졌을 때 상관계수를 구하라.

x	1	4	2	5
y	3	7	2	6

풀이

상관계수를 구하기 위해 다음과 같은 표를 이용하면 편리하다.

번호	x	y	x^2	y^2	xy
1	1	3	1	9	3
2	4	7	16	49	28
3	2	2	4	4	4
4	5	6	25	36	30
합	12	18	46	98	65

$$s_{xy}=\sum_{i=1}^{n}x_iy_i-n\overline{x}\overline{y}=\sum_{i=1}^{n}x_iy_i-\frac{\sum_{i=1}^{n}x_i\sum_{i=1}^{n}y_i}{n}=65-\frac{12\times18}{4}=11$$

$$s_{xx}=\sum_{i=1}^{n}x_i^{\,2}-n\overline{x}^{\,2}=\sum_{i=1}^{n}x_i^{\,2}-\frac{(\sum_{i=1}^{n}x_i)^2}{n}=46-\frac{12^2}{4}=10$$

$$s_{yy}=\sum_{i=1}^{n}y_i^{\,2}-n\overline{y}^{\,2}=\sum_{i=1}^{n}y_i^{\,2}-\frac{(\sum_{i=1}^{n}y_i)^2}{n}=98-\frac{18^2}{4}=17$$

$$r=\frac{s_{xy}}{\sqrt{s_{xx}}\sqrt{s_{yy}}}=\frac{11}{\sqrt{10}\sqrt{17}}\fallingdotseq 0.8437$$

예제 3-18

〈표 3-1〉의 중간점수와 기말점수의 자료로 엑셀과 R 프로그램을 통해 상관계수를 구하라.

풀이

중간점수와 기말점수의 자료에 대한 산점도는 〈그림 3-9〉이다.

① [데이터] 탭-[분석] 그룹-[데이터 분석]을 클릭하여 통계 데이터 분석 대화상자를 열고 상관분석을 선택하여 확인을 클릭한다.

② 상관분석 대화상자가 열리면 [입력범위]에 자료를 선택하고 첫째 행 변수명부터 선택했다면 [첫째 행 이름표 사용]에 체크를 한다(〈그림 3-23〉).

③ 다음과 같은 결과가 출력되는데 중간점수와 기말점수의 상관계수는 $r \fallingdotseq 0.476$으로 선형관계 정도가 약함을 알 수 있다.

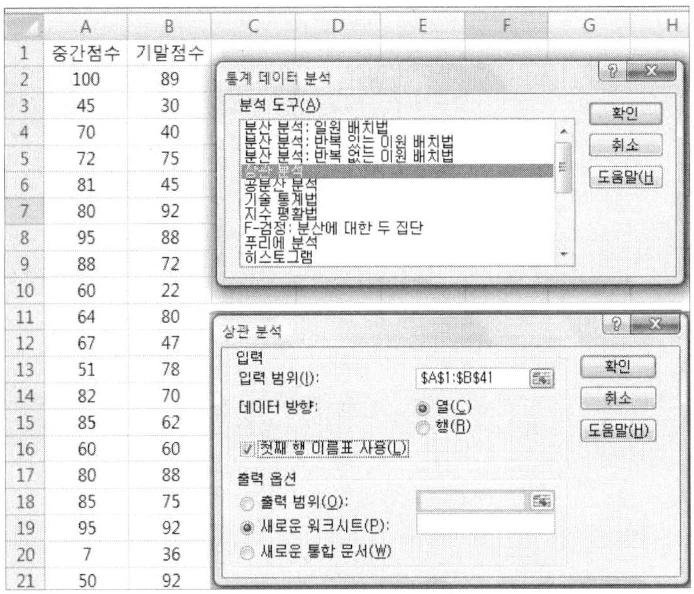

〈그림 3-23〉 엑셀에서의 상관분석

	중간점수	기말점수
중간점수	1	
기말점수	0.476487	1

④ R 프로그램에서 상관계수를 구하기 위해 (예제 3-16)에서 '점수'라는 이름으로 저장된 중간점수와 기말점수를 이용하여 다음과 같은 명령문을 입력하면 결과가 출력된다.

```
>cor(점수[,1], 점수[,2])
```

〈표 3-5〉는 R 프로그램에서 양적자료를 정리하고 요약하는 명령어들이다. 프롬프트 ‘>’ 다음에 명령문을 입력하면 된다.

〈표 3-5〉 R 프로그램에서 사용하는 명령어들

	함수
평균	mean(변수명)
중앙값	median(변수명)
최소값	min(변수명)
최대값	max(변수명)
합	sum(변수명)
분산	var(변수명)
표준편차	sd(변수명)
표본크기	length(변수명)
제 1사분위수	quantile(변수명, 0.25)
제 3사분위수	quantile(변수명, 0.75)
사분위범위	IQR(변수명)
수치 요약	fivenum(변수명)
	summary(변수명)
줄기-잎 그림	stem(변수명)
상자그림	boxplot(변수명)
히스토그램	hist(변수명)
상관계수	cor(변수1, 변수2)

연습문제

3.1 다음은 세 지역 중학교 3학년의 영어 성적을 조사한 자료이다.

지역 A	90	70	85	60	55	65	75	45	40	50	70	30	95	45
	55	60	75	80	50									
지역 B	70	90	75	65	60	65	80	75	35	50	70	75	65	55
	75	80	70	80	65	75								
지역 C	60	50	65	55	70	55	50	75	45	40	40	45	55	50

(1) R을 이용하여 세 도시의 상자그림을 동시에 그리고 비교 설명하라.

(2) 지역 C의 평균과 표준편차를 구하라.

(3) 지역 A를 이용하여 도수분포표를 작성하라.

(4) R을 이용하여 지역 B의 줄기-잎 그림을 그리고 분포의 형태를 설명하라.

4장

확률변수와 확률분포

4-1 확률변수와 확률분포

통계조사에서 가능한 모든 실험 결과의 집합을 표본공간(sample space : S)이라 한다. 예를 들면

A. 동전 2개를 던지는 실험에서 나타나는 앞면의 수 관찰 : $S=\{0,1,2\}$
B. 주사위 1개를 던지는 실험에서 윗면에 나타난 눈의 수 관찰 :
$S=\{1,2,3,4,5,6\}$
C. 빨간 구슬 5개, 노란 구슬 3개가 들어 있는 주머니에서 구슬 3개를 꺼낼 때 빨간 구슬 수 관찰 : $S=\{0,1,2,3\}$
D. 어떤 공장에서 생산되는 전구의 수명시간 관찰 : $S=\{t \mid t \geq 0\}$
E. 대학교 신입생의 신장 관찰 : $S=\{x \mid x\text{는 실수}\}$

여기서 A~C 표본공간을 이산표본공간이라 하고, D, E 표본공간을 연속표본공간이라 한다. 표본공간의 부분집합을 사상(event)이라 하고 원소가 하나인 사상을 단순사상이라 한다.

확률(probability)은 어떤 사상이 일어날 가능성에 대한 수치 측도이다. 표본공간 S의 부분집합 사상 A가 일어날 확률은

$$P(A)=\frac{\text{사상 } A\text{에 속하는 원소의 수}}{\text{표본공간에 속하는 원소의 수}}$$

이고, 일반적으로 확률은 다음과 같은 성질을 갖는다.

> ① 표본공간 S의 임의의 사상 A에 대하여, $0 \leq P(A) \leq 1$
> ② 표본공간 S에 대하여, $P(S)=1$
> ③ 서로 배반인 사상 $A_1, A_2, \cdots$ 에 대하여,
>
> $$P(A_1 \cup A_2 \cup \cdots)=P(A_1)+P(A_2)+\cdots$$

사상 A와 사상 B가 독립인 독립사상(independent events)이면

$$P(A \cap B)=P(A)P(B)$$

이다.

A~E 표본공간의 원소들은 수로 표현되어 있지만, 표본공간은 실험 결과의 집합이므로 수로 표현되지 않은 경우도 있다. 이런 표본공간의 경우 각 원소를 하나의 실수 값

으로 대응시켜주는 함수를 사용하는 데 이것이 확률변수이다. 즉, 표본공간에서 정의된 실수값 함수를 확률변수(random variable)라 한다. 이산표본공간에서 정의된 확률변수는 이산확률변수(discrete random variable)라 하고, 연속표본공간에서 정의된 확률변수는 연속확률변수(continuous random variable)라 한다.

예제 4-1

동전 2개를 던지는 실험의 표본공간은 $S=\{(H,H),(H,T),(T,H),(T,T)\}$이다. 각 단위사상이 일어날 확률은 1/4이다. 여기서 앞면의 수를 확률변수 X라 할 때 X의 값 x와 대응되는 확률을 구하라.

풀이

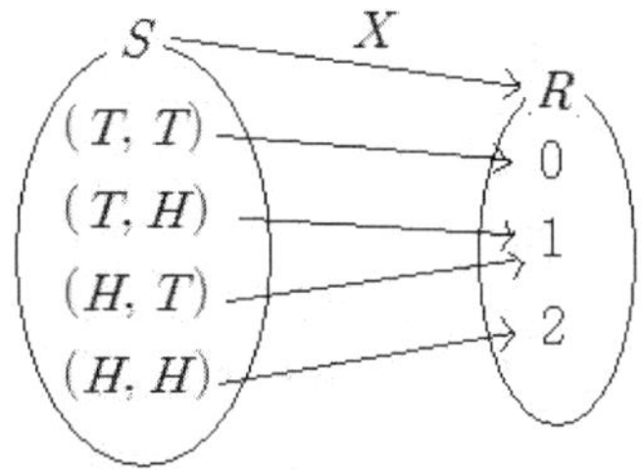

확률변수 X는 표본공간 S의 원소를 실수공간 R의 값으로 대응시켜주는 함수이다. 이 확률변수는 이산확률변수이고 가능한 값 x에 대응되는 확률은 다음과 같다.

x	0	1	2	합
$P(X=x)$	1/4	2/4	1/4	1

확률분포는 확률변수 X가 값 x를 가질 확률을 대응시켜주는 관계이다. (예 4-1)에서 확률을 나타낸 표는 확률변수의 확률분포(probability distribution)를 나타낸 표로 확률분포표라고 한다. 이산확률변수가 가질 수 있는 모든 값은 셀 수 있으며, 그 개수는 유한개 또는 가산 무한개이다. 이산확률변수 X의 모든 가능한 값을 x_1, x_2, x_3, $\cdots$ 하면, 이산확률변수의 확률함수는

$$p(x_i)=P(X=x_i)$$

로 표현된다. 이산확률함수를 확률질량함수(probability mass function)라고 하는데 그 성질은 다음과 같다.

① $p(x_i) \geq 0, \quad i = 1, 2, \cdots$

② $\sum_{i=1}^{\infty} p(x_i) = 1$

③ $P(a < X \leq b) = \sum_{a < x \leq b} p(x)$

(예 4-1)의 확률분포를 그림으로 표현하면 〈그림 4-1〉과 같다. 세로축은 $p(x)$를 나타내므로 확률이 클수록 직사각형의 높이가 높다. 즉, 확률질량함수 $p(x)$는 확률변수 X가 x값을 가질 확률을 의미한다.

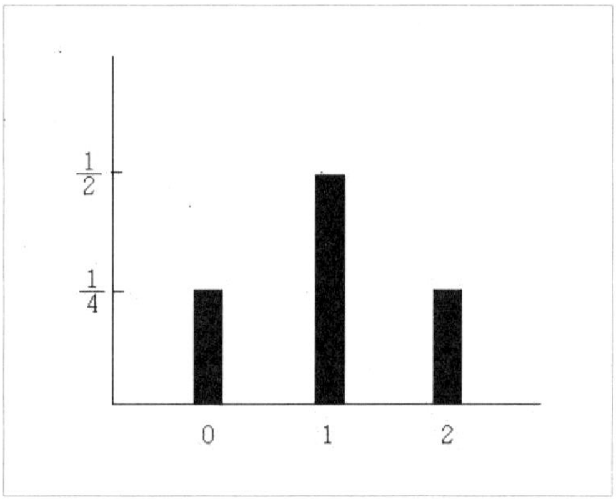

〈그림 4-1〉 확률질량함수의 그래프

대학교 신입생의 신장과 체중 등은 어떤 범위 내의 값을 취한다. 이처럼 연속확률변수가 가질 수 있는 값은 어떤 구간 $[l, u]$ 내의 모든 값이다. 연속확률변수의 확률분포를 확률밀도함수(probability density function) $f(x)$라 하고, 그 성질은 다음과 같다.

① $f(x) \geq 0, \quad x \in [l, u]$

② $\int_l^u f(x)dx = 1$

③ $P(a \leq X \leq b) = \int_a^b f(x)dx, \qquad l \leq a < b \leq u$

확률밀도함수는 $f(x) \neq P(X = x)$로 $f(x)$는 확률변수 X가 x값을 가질 확률을 의미하는 것이 아니라, x값을 중심으로 확률이 어느 정도 밀집되어 있는지를 나타낸다. 확률밀도함수를 〈그림 4-2〉와 같은 형태의 그림으로 나타낸다면, a점 주변의 확률이 b점 주변의 확률보다 더 밀집되어있어 $f(a) > f(b)$이다.

X가 연속확률변수이면

① 임의의 x에 대해 $P(X=x)=0$

② $P(a \le X \le b) = P(a < X \le b) = P(a \le X < b) = P(a < X < b)$

이다.

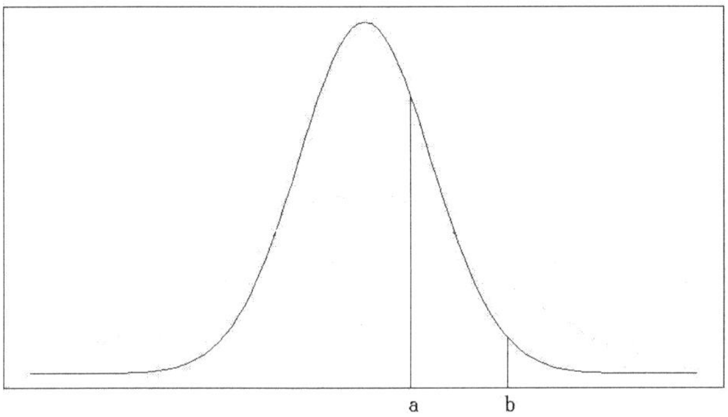

〈그림 4-2〉 확률밀도함수의 그래프

누적분포함수는 $F(x)=P(X \le x)$이다. 이 절에서는 주로 이산확률변수에 관련된 문제만 다루고 연속확률변수에 관련된 문제들은 5장에서 다루기로 한다.

예제 4-2

빨간 구슬 5개, 노란 구슬 3개가 들어 있는 주머니에서 구슬 3개를 꺼낼 때 빨간 구슬 수를 관찰한다. 이 경우 다음 물음에 답하라.

(1) 이산확률변수의 확률분포표를 완성하라.
(2) $P(1 < X \le 3)$을 구하라.
(3) $F(2)$를 구하라.

풀이

(1) 이산확률변수 X는 빨간 구슬 5개, 노란 구슬 3개가 들어 있는 주머니에서 구슬 3개를 꺼낼 때 빨간 구슬수이다.

$$P(X=0)=p(0)=\frac{\binom{5}{0}\binom{3}{3}}{\binom{8}{3}}=\frac{1}{56} \qquad P(X=1)=p(1)=\frac{\binom{5}{1}\binom{3}{2}}{\binom{8}{3}}=\frac{15}{56}$$

$$P(X=2)=p(2)=\frac{\binom{5}{2}\binom{3}{1}}{\binom{8}{3}}=\frac{30}{56} \qquad P(X=3)=p(3)=\frac{\binom{5}{3}\binom{3}{0}}{\binom{8}{3}}=\frac{10}{56}$$

x	0	1	2	3	합계
$P(X=x)$	$\frac{1}{56}$	$\frac{15}{56}$	$\frac{30}{56}$	$\frac{10}{56}$	1

(2) $P(1 < X \leq 3) = p(2) + p(3) = \frac{30}{56} + \frac{10}{56} = \frac{40}{56} = \frac{5}{7}$

(3) $F(2) = P(X \leq 2) = p(0) + p(1) + p(2) = 1 - p(3) = 1 - \frac{10}{56} = \frac{46}{56} = \frac{23}{28}$

4-2 확률변수의 평균과 분산

3장에서 자료의 중심위치에 대한 측도로 대푯값을, 산포 정도에 대한 측도로 산포도를 다루었다. 그 중에서도 평균과 분산이 널리 사용하고 있다. 여기서는 확률변수의 특성을 나타내는 측도를 고려해 보자.

확률변수의 평균을 기댓값(expected value)이라고도 하고, 기호로는 μ 또는 $E(X)$로 나타낸다.

$$\mu = E(X) = \begin{cases} \sum_{i=1}^{\infty} x_i p(x_i) & : \text{이산확률변수일 때} \\ \int_l^u x f(x) dx, \quad x \in [l, u] & : \text{연속확률변수일 때} \end{cases}$$

X의 분포가 중심위치 측도인 μ로부터 얼마나 떨어져 있는지 그 정도를 나타내는 측도로 X의 분산(variance)을 사용하고, 기호로 σ^2 또는 $Var(X)$로 나타낸다.

$$\begin{aligned} \sigma^2 &= E[(X-\mu)^2] \\ &= \begin{cases} \sum_{i=1}^{\infty} (x_i - \mu)^2 p(x_i) & : \text{이산확률변수일 때} \\ \int_l^u (x-\mu)^2 f(x) dx, \quad x \in [l, u] & : \text{연속확률변수일 때} \end{cases} \end{aligned}$$

X의 표준편차는 $sd(X) = \sqrt{Var(X)} = \sqrt{E(X-\mu)^2}$ 이다.

X의 확률분포가 통계조사 대상인 모집단의 분포에 대한 것으로 언급될 때는 X의 평균을 모평균(population mean)이라 하고, X의 분산을 모분산(population variance)이라고 한다.

예제 4-3

이산확률변수의 확률분포를 사용하여 기댓값과 분산의 성질을 확인하라.

풀이

① $E(aX+b) = \sum_{i=1}^{\infty}(ax_i+b)p(x_i)$
$= \sum_{i=1}^{\infty}ax_i p(x_i) + \sum_{i=1}^{\infty}bp(x_i)$
$= a\sum_{i=1}^{\infty}x_i p(x_i) + b\sum_{i=1}^{\infty}p(x_i) = aE(X)+b$

② $Var(aX+b) = E\{[aX+b-E(aX+b)]^2\}$
$= E[(aX+b-aE(X)-b)^2]$
$= E[(aX-a\mu)^2] = a^2E[(X-\mu)^2]$
$= a^2\,Var(X)$

> **기댓값, 분산과 표준편차의 성질(a, b는 상수)**
> ① $E(aX+b) = aE(X)+b$
> ② $Var(aX+b) = a^2\,Var(X)$
> ③ $sd(aX+b) = |a|sd(X)$

이산확률변수만 언급했지만 연속확률변수 경우도 성립한다. 기댓값의 성질을 이용하여 X의 분산 $Var(X)$를 간단히 할 수 있다.

$$
\begin{aligned}
Var(X) &= E[(X-\mu)^2] = E(X^2-2\mu X+\mu^2) \\
&= E(X^2)-2\mu E(X)+\mu^2 \\
&= E(X^2)-\mu^2
\end{aligned}
$$

예제 4-4

(예제 4-2)의 확률변수 X에 대하여 다음을 구하라.

(1) X의 평균, 분산과 표준편차를 구하라.
(2) $-8X+3$의 평균, 분산과 표준편차를 구하라.

풀이

(1) $\mu = E(X) = \sum_{all\ x} xp(x) = 0\times\frac{1}{56}+1\times\frac{15}{56}+2\times\frac{30}{56}+3\times\frac{10}{56} = \frac{105}{56} = \frac{15}{8}$

$$E(X^2) = \sum_{all\ x} x^2 p(x) = 0^2 \times \frac{1}{56} + 1^2 \times \frac{15}{56} + 2^2 \times \frac{30}{56} + 3^2 \times \frac{10}{56} = \frac{225}{56}$$

$$Var(X) = E(X^2) - \mu^2 = \frac{225}{56} - \left(\frac{15}{8}\right)^2 = \frac{225}{448}$$

$$sd(X) = \sqrt{Var(X)} = \sqrt{\frac{225}{448}} = \frac{15}{8\sqrt{7}} = \frac{15}{56}\sqrt{7}$$

(2) $E(-8X+3) = -8E(X)+3 = -8 \times \frac{15}{8} + 3 = -12$

$$Var(-8X+3) = (-8)^2 Var(X) = 64 \times \frac{225}{448} = \frac{225}{7}$$

$$sd(-8X+3) = \sqrt{Var(-8X+3)} = |-8|\, sd(X) = 8sd(X) = \frac{15}{\sqrt{7}} = \frac{15}{7}\sqrt{7}$$

4-3 두 확률변수의 결합분포

두 개의 확률변수 X, Y에 대하여 여러 성질을 알아보자. 편의상 이산확률변수인 경우만 언급한다. 이산확률변수 X, Y가 동시에 여러 값들을 가질 확률을 대응시켜주는 관계를 결합확률(joint probability)이라고 한다. 이산확률함수 X, Y의 결합확률질량함수는

$$p(x, y) = P(X = x,\ Y = y)$$

이고, 그 성질은 다음과 같다.

① $0 \le p(x, y) \le 1$

② $\sum_{all\ x} \sum_{all\ y} p(x,y) = 1$

③ $P(a < X \le b,\ c < Y \le d) = \sum_{a < x \le b} \sum_{c < y \le d} p(x,y)$

두 확률변수의 결합분포로부터 얻어진 한 확률변수의 분포를 주변확률분포(marginal probability distribution)라 하는데 X의 주변확률질량함수 $p_x(x)$와 Y의 주변확률질량함수 $p_y(y)$는 다음처럼 정의된다.

$$p_x(x) = \sum_{all\ y} p(x,y), \quad p_y(y) = \sum_{all\ x} p(x,y)$$

예제 4-5

X와 Y의 결합확률분포가 다음과 같을 때 X와 Y의 주변확률분포표를 작성하라.

x \ y	1	2	3	합
0	$\frac{1}{8}$	0	$\frac{1}{8}$	$\frac{1}{4}$
1	0	$\frac{2}{8}$	0	$\frac{1}{4}$
2	$\frac{1}{8}$	$\frac{1}{8}$	0	$\frac{1}{4}$
3	0	$\frac{1}{8}$	$\frac{1}{8}$	$\frac{1}{4}$
합	$\frac{1}{4}$	$\frac{1}{2}$	$\frac{1}{4}$	1

풀이

X의 주변확률분포표

x	0	1	2	3	합
$p_x(x)$	$\frac{1}{4}$	$\frac{1}{4}$	$\frac{1}{4}$	$\frac{1}{4}$	1

Y의 주변확률분포표

y	1	2	3	합
$p_y(y)$	$\frac{1}{4}$	$\frac{1}{2}$	$\frac{1}{4}$	1

4-4 공분산과 상관계수

확률변수 X의 증감에 따른 확률변수 Y의 증감 경향에 대한 측도를 X와 Y의 공분산(covariance)이라 하고, 기호로 $Cov(X, Y)$로 나타낸다.

$$E(XY) = \sum_{all\ x} \sum_{all\ y} xy\,p(x,y)$$

〈그림 4-3〉은 X와 Y의 값을 순서쌍으로 한 산점도이다. 영역 (1)은 X의 값이 μ_x보다 클 때 Y의 값도 μ_y보다 크고, 영역 (3)은 X의 값이 μ_x보다 작을 때 Y의 값도

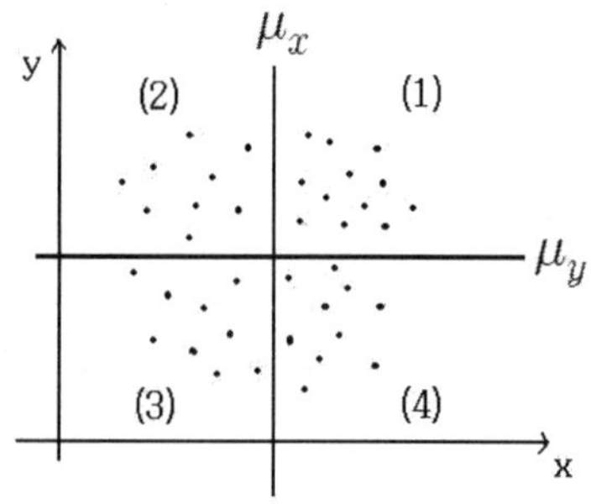

〈그림 4-3〉

μ_y보다 작으므로 이 두 영역의 $(X-\mu_x)(Y-\mu_y)$값은 양이다. 영역 (2)는 X의 값이 μ_x보다 작을 때 Y의 값은 μ_y보다 크고, 영역 (4)는 X의 값이 μ_x보다 클 때 Y의 값은 μ_y보다 작으므로 이 두 영역의 $(X-\mu_x)(Y-\mu_y)$값은 음이다. $(X-\mu_x)$과 $(Y-\mu_y)$의 곱의 기댓값을 평가함으로써 X의 값과 Y의 값의 증감 경향을 유추한다. 기댓값 성질을 이용하여 공분산을 간단히 하면

$$\begin{aligned} Cov(X, Y) &= E[(X-\mu_x)(Y-\mu_y)] \\ &= E(XY-\mu_x Y - X\mu_y + \mu_x\mu_y) \\ &= E(XY) - \mu_x E(Y) - \mu_y E(X) + \mu_x\mu_y \\ &= E(XY) - \mu_x \mu_y \end{aligned}$$

이고, 여기서 $E(XY)$ss

$$E(XY) = \sum_{all\ x}\sum_{all\ y} xy\,p(x,y)$$

이다.

공분산은 X와 Y의 단위에 의존하는 측도이나 공분산을 X의 표준편차와 Y의 표준편차로 나누면 단위에 무관한 측도인 상관계수(correlation coefficient)가 얻어진다. 상관계수는 선형관계의 정도를 나타내는 측도로 $Corr(X, Y)$로 나타낸다.

$$Corr(X, Y) = \frac{Cov(X, Y)}{sd(X)\ sd(Y)}$$

예제 4-6

X와 Y의 결합확률분포가 다음과 같을 때 물음에 답하라.

x \ y	0	2	5
1	0.15	0.3	0
2	0.01	0.1	0.04
4	0.1	0.05	0.25

(1) X와 Y의 주변확률분포표를 작성하라.

(2) X의 평균, 분산, 표준편차를 구하라.

(3) Y의 평균, 분산, 표준편차를 구하라

(4) X와 Y의 공분산, 상관계수를 구하라.

풀이

(1) X의 주변확률분포표

x	1	2	4	합
$p_x(x)$	0.45	0.15	0.4	1

Y의 주변확률분포표

y	0	2	5	합
$p_y(y)$	0.26	0.45	0.29	1

(2) $\mu_x = E(X) = \sum_{all\ x} x p_x(x) = 1\times0.45 + 2\times0.15 + 4\times0.4 = 2.35$

$E(X^2) = \sum_{all\ x} x^2 p_x(x) = 1^2\times0.45 + 2^2\times0.15 + 4^2\times0.4 = 7.45$

$Var(X) = E(X^2) - \mu_x^2 = 7.45 - 2.35^2 = 1.9275$

$sd(X) = \sqrt{Var(X)} = \sqrt{1.9275} \fallingdotseq 1.3883$

(3) $\mu_y = E(Y) = \sum_{all\ y} y p_y(y) = 0\times0.26 + 2\times0.45 + 5\times0.29 = 2.35$

$E(Y^2) = \sum_{all\ y} y^2 p_y(y) = 0^2\times0.26 + 2^2\times0.45 + 5^2\times0.29 = 9.05$

$Var(Y) = E(Y^2) - \mu_y^2 = 9.05 - 2.35^2 = 3.5275$

$sd(Y) = \sqrt{Var(Y)} \fallingdotseq \sqrt{3.5275} \fallingdotseq 1.8782$

(4) $$\begin{aligned} E(XY) = \sum_{all\,x}\sum_{all\,y} x\,y\;p(x,y) &= 1\times0\times0.15 + 1\times2\times0.3 + 1\times5\times0 \\ &\quad + 2\times0\times0.01 + 2\times2\times0.1 + 2\times5\times0.04 \\ &\quad + 4\times0\times0.1 + 4\times2\times0.05 + 4\times5\times0.25 \\ &= 6.8 \end{aligned}$$

$$Cov(X,Y) = E(XY) - \mu_x \mu_y = 6.8 - 2.35 \times 2.35 = 1.2775$$

$$Corr(X,Y) = \frac{Cov(X,Y)}{sd(X)\ sd(Y)} \fallingdotseq \frac{1.2775}{1.3883 \times 1.8782} \fallingdotseq 0.4899$$

공분산과 상관계수의 성질(a, b는 상수)

① $Cov(aX+b, cY+d) = acCov(X,Y)$

② $Corr(aX+b, cY+d) = \begin{cases} Corr(X,Y), & ac>0 \text{ 인 경우} \\ -Corr(X,Y), & ac<0 \text{ 인 경우} \end{cases}$

③ $-1 \le Corr(X,Y) \le 1$

예제 4-7

(예제 4-6)의 결합확률분포를 보고 다음을 답하라.

(1) $-5X+3$과 $2Y-7$의 공분산을 구하라.

(2) $-5X+3$과 $2Y-7$의 상관계수를 구하라.

풀이

(1) $Cov(-5X+3,\ 2Y-7) = -5 \times 2\ Cov(X,Y) = -10 \times 1.2775 = -12.775$

(2) -5와 2의 곱이 음수이므로 $Corr(-5X+3,\ 2Y-7) = -corr(X,Y) \fallingdotseq -0.4899$

두 확률변수 X와 Y가 서로 독립인 경우, 모든 (x,y)에 대해 결합확률함수가 두 주변확률함수의 곱으로 표현된다.

$$\begin{cases} p(x,y) = p_x(x)p_y(y), & X, Y\text{는 이산확률변수} \\ f(x,y) = f_x(x)f_y(y), & X, Y\text{는 연속확률변수} \end{cases}$$

예제 4-8

두 확률변수 X와 Y의 결합확률분포가 다음과 같을 때 서로 독립인지 알아보아라.

x \ y	0	1
0	1/8	1/8
1	1/4	1/4
2	1/8	1/8

풀이

X의 주변확률분포표

x	0	1	2	합
$p_x(x)$	1/4	1/2	1/4	1

Y의 주변확률분포표

y	0	1	합
$p_y(x)$	1/2	1/2	1

$$p_x(0)p_y(0) = \frac{1}{4}\times\frac{1}{2} = \frac{1}{8} = p(0,0), \qquad p_x(0)p_y(1) = \frac{1}{4}\times\frac{1}{2} = \frac{1}{8} = p(0,1)$$

$$p_x(1)p_y(0) = \frac{1}{2}\times\frac{1}{2} = \frac{1}{4} = p(1,0), \qquad p_x(1)p_y(1) = \frac{1}{2}\times\frac{1}{2} = \frac{1}{4} = p(1,1)$$

$$p_x(2)p_y(0) = \frac{1}{4}\times\frac{1}{2} = \frac{1}{8} = p(2,0), \qquad p_x(2)p_y(1) = \frac{1}{4}\times\frac{1}{2} = \frac{1}{8} = p(2,1)$$

로 모든 (x,y)에 대해 $p(x,y) = p_x(x)p_y(y)$ 이므로 X와 Y는 서로 독립이다.

(예제 4-6)에서는 $p_x(1)p_y(0) = 0.45\times 0.26 = 0.117 \neq 0.15 = p(1,0)$이므로 X와 Y는 서로 독립이 아니다.

두 확률변수의 합과 차의 분산은

$$Var(X\pm Y) = Var(X) + Var(Y) \pm 2Cov(X, Y)$$

이다. 만일 X와 Y가 서로 독립인 경우,

$$\begin{aligned} E(XY) &= \sum_{all\,x}\sum_{all\,y} xyp(x,y) \\ &= \sum_{all\,x}\sum_{all\,y} xyp_x(x)p_y(y) \\ &= \sum_{all\,x} xp_x(x) \sum_{all\,y} yp_y(y) = E(X)E(Y) \end{aligned}$$

가 성립하므로

$$Cov(X, Y) = E(XY) - E(X)E(Y) = 0$$

이고, $Corr(X, Y) = 0$ 이며, $Var(X\pm Y) = Var(X) + Var(Y)$ 이다.

두 확률변수 X, Y가 독립이면 $Cov(X, Y) = 0$이지만, $Cov(X, Y) = 0$이라고 해서 X, Y가 항상 독립인 것은 아니다.

예제 4-9

X와 Y의 결합확률분포가 다음과 같을 때 물음에 답하라.

x \ y	0	2
−2	0	1/3
0	1/3	0
2	0	1/3

(1) X와 Y는 독립인가?

(2) X와 Y의 공분산을 구하라.

풀이

(1) X의 주변확률분포표

x	−2	0	2	합
$p_x(x)$	1/3	1/3	1/3	1

Y의 주변확률분포표

y	0	2	합
$p_y(y)$	1/3	2/3	1

$p_x(-2)p_y(0)=\frac{1}{3}\times\frac{1}{3}=\frac{1}{9}\neq 0=p(-2,0)$이므로 X와 Y는 서로 독립이 아니다.

(2) $E(XY)=\sum_{all\,x}\sum_{all\,y}x\,y\,p(x,y)$

$$=(-2)\times0\times0+(-2)\times2\times\frac{1}{3}+0\times0\times\frac{1}{3}+0\times2\times0+2\times0\times0+2\times2\times\frac{1}{3}$$

$$=0$$

$$E(X)=\sum_{all\,x}x\,p_x(x)=(-2)\times\frac{1}{3}+0\times\frac{1}{3}+2\times\frac{1}{3}=0$$

$$E(Y)=\sum_{all\,y}y\,p_y(y)=0\times\frac{1}{3}+2\times\frac{2}{3}=\frac{4}{3}$$

이므로

$$Cov(X,\ Y)=E(XY)-E(X)E(Y)=0-0\times\frac{4}{3}=0$$

이다. X와 Y가 서로 독립이 아니어도 $Cov(X,\ Y)=0$ 또는 $Corr(X,\ Y)=0$가 될 수 있으므로 $Cov(X,\ Y)=0$이라고 해서 무조건 X, Y가 독립이라고 하면 안 된다.

연습문제

4.1 공분산과 상관계수의 성질을 증명하라(단, a, b는 상수).

(1) $Cov(aX+b, cY+d) = ac\,Cov(X, Y)$

(2) $Corr(aX+b, cY+d) = \begin{cases} Corr(X, Y), & ac > 0 \text{ 인 경우} \\ -Corr(X, Y), & ac < 0 \text{ 인 경우} \end{cases}$

4.2 $Var(X \pm Y) = Var(X) + Var(Y) \pm 2Cov(X, Y)$를 증명하라.

4.3 $E(X) = 10$, $Var(X) = 25$, $E(Y) = 8$, $Var(Y) = 16$이며, X와 Y는 서로 독립이다. $E(XY)$, $E(2X - 7Y)$, $Var(2X - 7Y)$을 구하라.

5장

이항분포와 정규분포

이산확률분포와 연속확률분포 중에서 가장 기본적이고 중요한 분포는 각각 이항분포와 정규분포이다. 5장에서는 이항분포와 정규분포의 정의와 성질을 언급하고, 이항분포를 정규분포로 근사시켜 편리한 계산이 가능한 경우를 언급할 것이다.

5-1 이항분포

5-1-1 베르누이분포

어떤 실험의 결과가 단지 두 가지 중 하나가 나오는 경우를 많이 볼 수 있다. '어떤 학생이 착용한 상의 색깔이 흰색 아니면 다른 색?', '어떤 건물의 형광등을 조사하면 양품 아니면 불량품?', '동전 한 개를 던지면 앞면(H) 아니면 뒷면(T)?' 이 예처럼 오직 두 가지로 분류할 수 있는 경우가 있다. 이와 같이 실험의 결과가 오직 성공 아니면 실패 두 가지 중 하나가 나오는 실험을 베르누이시행(Bernoulli trial)이라고 한다. 이 시행의 표본공간은

$$S = \{성공,\ 실패\}$$

으로 베르누이확률변수 X는 $X(성공) = 1$, $X(실패) = 0$이고, 확률은 $P(성공) = p$, $P(실패) = 1 - p$이다. 이를 확률분포로 나타낸 것을 베르누이분포라 하고 확률분포표와 베르누이분포의 확률질량함수는 다음과 같다.

x	0	1	합
$P(X=x)$	$1-p$	p	1

$$p(x) = p^x(1-p)^{(1-x)}, \quad x = 0, 1$$

기댓값과 분산은

$$\mu = E(X) = \sum_{all\ x} x\,p(x) = 0 \times (1-p) + 1 \times p = p$$

$$E(X^2) = \sum_{all\ x} x^2\,p(x) = 0^2 \times (1-p) + 1^2 \times p = p$$

$$Var(X) = E(X^2) - \mu^2 = p - p^2 = p(1-p)$$

5-1-2 이항분포

성공률이 p인 베르누이시행을 독립적으로 n번 시행했을 때 성공의 횟수 X에 대한 분포를 이항분포(binomial distribution)라 하고, $X \sim B(n, p)$로 표현한다. n번의 시행 중 성공은 x번이고 실패는 $(n-x)$번이다. 이항분포의 확률질량함수는

$$p(x\,;n,p) = P(X = x) = \binom{n}{x} p^x (1-p)^{n-x}, \quad x = 0, 1, \cdots, n$$

이다. 이항확률변수 X는 n번의 베르누이시행을 독립적으로 시행한 결과이므로, X를

$$X = X_1 + X_2 + \cdots + X_n, \quad X_i \text{는 베르누이확률변수}$$

로 표현된다. 이항확률변수 X를 구성하고 있는 베르누이확률변수 X_i들은 서로 독립이므로 이항확률변수 X의 분산 $Var(X)$는

$$\begin{aligned} Var(X) &= Var(X_1 + X_2 + \cdots + X_n) \\ &= Var(X_1) + Var(X_2) + \cdots + Var(X_n) \\ &= p(1-p) + p(1-p) + \cdots + p(1-p) \\ &= np(1-p) \end{aligned}$$

이고, X의 기대값 $E(X)$는

$$\begin{aligned} E(X) &= E(X_1 + X_2 + \cdots + X_n) \\ &= E(X_1) + E(X_2) + \cdots + E(X_n) \\ &= p + p + \cdots + p \\ &= np \end{aligned}$$

이다.

이항분포표에 대한 여러 가지 확률을 알고자 할 때는 부록 〈표 1〉에 있는 이항분포표의 누적확률분포표를 이용하면 된다. 이 부록 표에는 여러 가지의 n, p, c 값들에 대한 누적확률값 $P(X \le c) = \sum_{x=0}^{c} p(x\,;n,p)$가 주어져 있다.

예를 들어 성공률이 0.4인 베르누이시행을 독립적으로 5번 시행했을 때 성공의 횟수 X에 대한 분포는 이항분포로 $X \sim B(5, 0.4)$로 표현된다. 이 때, 많아도 1번 성공할 확률은 $P(X \le 1)$로 부록 〈표 1〉에서 $n = 5$, $p = 0.4$, $c = 1$에 해당되는 값 0.337이다. 정확히 3번 성공할 확률은 $P(X = 3)$이므로 부록 표 1을 이용하면

$$P(X = 3) = P(X \le 3) - P(X \le 2) = 0.913 - 0.683 = 0.230$$

이다. 부록을 사용하지 않고 직접 구한다면 다음과 같다.

$$p(3\,;5,0.4) = P(X=3) = \binom{5}{3} 0.4^3 (1-0.4)^{5-3}$$

〈그림 5-1〉은 시행횟수 5, 성공률 p인 이항분포를 나타낸 것으로 엑셀을 통해 구한 개별확률을 이용하여 그림을 그린 것이다. 반올림 처리 때문에 부록 〈표 1〉 누적이항분포표를 이용한 결과와 차이를 보인다.

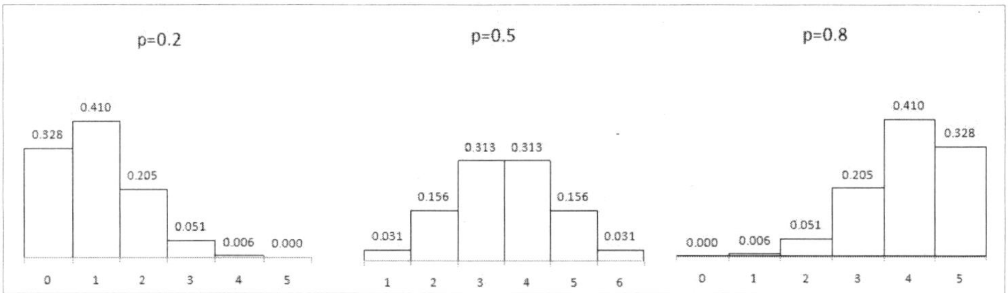

〈그림 5-1〉 시행횟수 5, 성공률 p인 이항분포 : $B(5, p)$

예제 5-1

5개중 하나를 택하는 선다형문제 10문항이 있다. 다음 물음에 답하라.

(1) 하나도 못 맞출 확률은?
(2) 4개 이상 8개 미만 맞출 확률은?
(3) 6개 이상 맞출 확률은?
(4) 4개를 맞출 확률은?
(5) X의 기댓값과 표준편차를 구하라.

풀이

정답률 모두 0.2인 10문항 중 맞춘 문항 수의 분포는 이항확률분포로 $X \sim B(10, 0.2)$를 갖는다. 부록 〈표 1〉을 이용하면 다음과 같다.

(1) $P(X=0) = 0.107$
(2) $P(4 \le X < 8) = P(X \le 7) - P(X \le 3) = 1.000 - 0.879 = 0.121$
(3) $P(X \ge 6) = 1 - P(X \le 5) = 1 - 0.994 = 0.006$
(4) $P(X=4) = P(X \le 4) - P(X \le 3) = 0.967 - 0.879 = 0.088$
(5) $E(X) = np = 10 \times 0.2 = 2$
$sd(X) = \sqrt{Var(X)} = \sqrt{np(1-p)} = \sqrt{10 \times 0.2 \times 0.8} = \sqrt{1.6}$

예제 5-2

엑셀을 이용하여 $n=5$, $p=0.45$인 이항분포를 따르는 확률변수 X의 확률을 구하라.

풀이

① $n=5$이므로 X는 0에서 5까지 수를 가질 수 있다. 엑셀 워크시트 A1, B1, C1에 제목을 붙이고 A2부터 0에서 5까지 수를 입력한다.

② 셀포인트를 B2에 가져다 놓고 함수마법사 아이콘(*fx*)을 클릭하면 〈그림 5-2〉처럼 함수마법사 대화창이 나타난다. 범주 선택은 [통계]로 하고 함수로 'BINOMDIST'를 선택하고 [확인]을 클릭한다.

③ 〈그림 5-3〉처럼 함수 인자 대화상자가 나타나면 'Number_s'에 A2를 지정하고 'Trials'에 n값인 5를 'Probability_s'에 p값인 0.45를 입력한다. 'Cumulative'에 누적확률을 구하는지 여부를 지정하는 논리값을 입력한다. 0(또는 FALSE)은 개별 확률값(확률질량함수의 값)을 구할 때 사용하고, 1(또는 TRUE)은 누적확률값(누적 분포함수의 값)을 구할 때 사용한다. B열은 개별확률을 구하므로 'Cumulative'에 0을 입력하고 확인을 누르면 B2에 $P(X=0)$값이 나타난다.

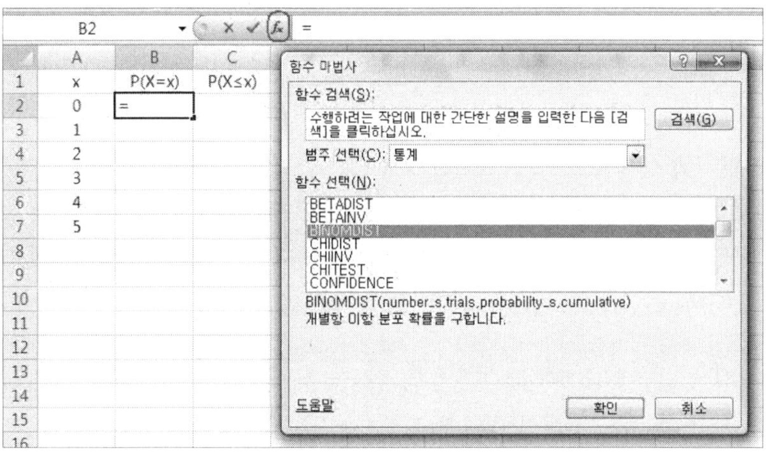

〈그림 5-2〉 엑셀의 함수 마법사

④ 자동채우기 기능을 이용하여 B3부터 B7까지 채운다. B2셀의 오른쪽 아래 모서리에 커서를 옮겨 셀포인터가 +모양이 될 때 더블 클릭하면 B3부터 B7까지 값이 채워진다.

⑤ 누적확률을 구하기 위해 셀포인터를 C2에 옮겨놓고 ②, ③ 과정을 거친다. 'Cumulative'에는 1을 입력하고, 자동채우기 기능을 통해 C열을 완성하면 〈그림 5-4〉와 같다.

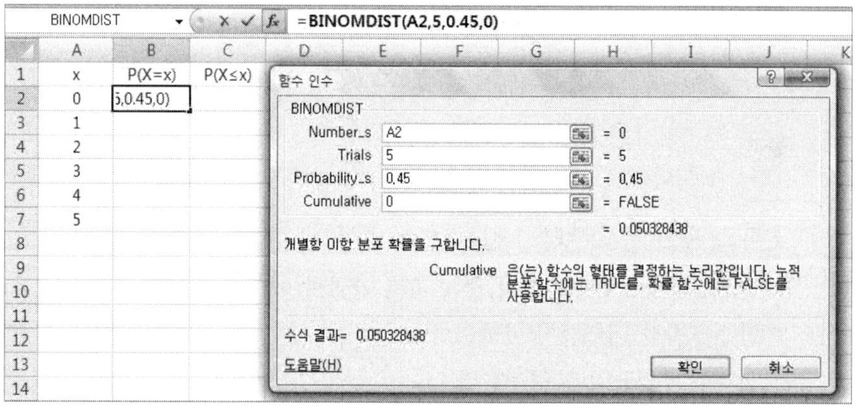

〈그림 5-3〉 엑셀에서 이항분포의 확률 계산

	A	B	C
1	x	P(X=x)	P(X≤x)
2	0	0.050328	0.050328
3	1	0.205889	0.256218
4	2	0.336909	0.593127
5	3	0.275653	0.86878
6	4	0.112767	0.981547
7	5	0.018453	1

〈그림 5-4〉 엑셀을 이용한 이항분포의 확률값 결과

〈그림 5-3〉의 수식 입력줄에 존재하는 함수 '=BINOMDIST(A2,5,0.45,0)'를 통해 엑셀에서 이항분포의 확률값을 구하는 함수의 쓰임을 알 수 있다. 이항분포 확률값을 구할 때 함수인자 대화상자를 사용하지 않고 임의의 셀에 '=BINOMDIST(성공횟수, 독립시행횟수, 성공확률, 논리값)'을 입력하면 된다. (예제 5-1)을 예로 들면

(1)번은 =BINOMDIST(0,10,0.2,0)을

(2)번은 =BINOMDIST(7,10,0.2,1)−BINOMDIST(3,10,0.2,1)을

(3)번은 =1−BINOMDIST(5,10,0.2,1)을 사용하고 클릭하면 된다.

예제 5-3

(예제 5-1)의 확률을 R을 이용하여 구하라.

풀이

R에서 이항분포의 확률값을 계산하기 위해서 'dbinom'과 'pbinom'을 이용한다. 확률질량함수의 값을 구할 때는 'dbinom(성공횟수, 독립시행횟수, 성공확률)'을 이용하고, 누적확률함수의 값을 구할 때는 'pbinom(성공횟수, 독립시행횟수, 성공확률)'을 이용한

다. 〈그림 5-5〉는 (예제 5-1)의 (1)에서 (4)까지 확률값을 구하는 과정을 나타내고 있다.

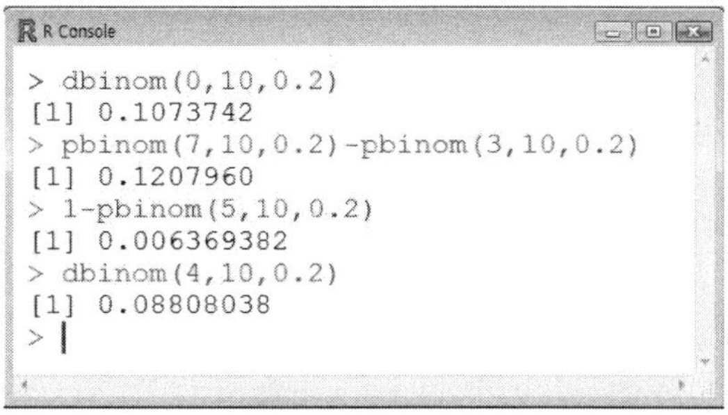

〈그림 5-5〉 R에서 이항분포의 확률 계산

5-2 정규분포

연속확률변수의 확률분포를 살펴보자. 연속확률변수는 연속적인 값들을 가지는 변수로 키, 몸무게, IQ, 가전제품의 수명, 비행기 탑승객의 짐 무게 등과 관련된다.

연속확률변수의 분포에 대한 정보를 얻기 위해 히스토그램을 이용하자. 〈그림 5-6〉의 (나)는 (가)보다 계급간격을 세분화한 히스토그램이다. (나)보다 계급간격을 더 세분화하여 줄이면 (다)처럼 부드러운 곡선에 가까워진다. 이처럼 연속확률변수의 확률분포는 (다)와 같은 부드러운 곡선의 형태가 된다.

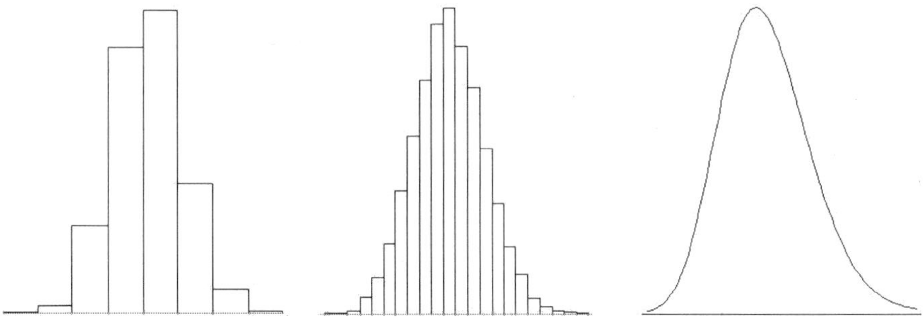

(가) (나) (다)

〈그림 5-6〉 상대도수의 히스토그램

4장에서 연속확률변수의 확률분포에 대해 잠시 언급한 것을 다시 정리하자. 연속확률변수 X가 a와 b 사이에 있을 확률 $P(a \le X \le b)$은 〈그림 5-7〉에서 빗금친 부분의 넓이와 같다. 만일 $a = b$라면 넓이는 0이 된다. 즉, 연속확률변수 X가 a를 취할 확률 $P(X = a)$은 0이다. 따라서 연속확률분포 그래프의 높이는 $P(X = x)$를 의미하는 것이 아니라 x점을 중심으로 확률이 어느 정도 밀집되어 있는지를 나타낸다. a점에서 그래프의 높이가 b점에서보다 큰데 이는 a점 주위의 값을 취할 확률이 b점 주위의 값을 취할 확률보다는 크다는 의미이다. 이러한 의미에서 연속확률변수의 확률함수를 확률밀도함수(probability density function) $f(x)$라 한다.

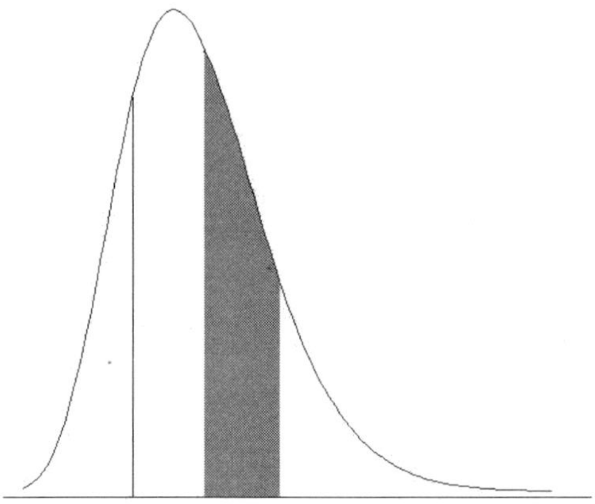

〈그림 5-7〉 확률밀도 곡선

X가 연속확률변수이면

① 임의의 x에 대해 $P(X=x)=0$
② $P(a \le X \le b) = P(a < X \le b) = P(a \le X < b) = P(a < X < b)$

이다.

정규분포(normal distribution)는 연속확률분포 중 가장 널리 사용되는 중요한 분포로 프랑스 수학자 De Moivre에 의해 발견되었고, Laplace에 의해 천문학 등에 이용되었으며, 19세기 Gauss에 의해 물리학과 천문학 등에 널리 이용되었다. 따라서 정규분포를 가우스 분포라 부르기도 한다. 대부분의 통계 이론에서 자료의 분포는 정규분포를 따른다는 가정 하에서 이루어지며, 6장에서 언급하겠지만 모집단의 분포가 정규분포를 따르지 않아도 자료의 수가 커지면 표본평균의 분포가 정규분포에 근사한다는 정리가 존재하는 것처럼 정규분포는 매우 중요한 분포이다.

확률변수 X가 평균이 μ이고, 표준편차가 σ인 정규분포를 따를 때 $X \sim N(\mu, \sigma^2)$로 표현하고, 그 확률밀도함수는

$$f(x) = \frac{1}{\sqrt{2\pi\sigma^2}} e^{-\frac{(x-\mu)^2}{2\sigma^2}}, \quad -\infty < x < \infty$$

이다. 단 $\pi = 3.14159\cdots$, $e = 2.71828\cdots$

정규분포의 확률밀도 곡선은 〈그림 5-8〉과 같다. 정규분포는 평균 μ에 대하여 대칭인 종모양이며 평균 주위의 값을 가장 많이 취하고, 좌우로 표준편차의 3배 이상 떨어진 값은 거의 취하지 않는다.

〈그림 5-9〉는 평균과 표준편차가 서로 다른 정규분포를 나타내고 있다. (가)와 (나)의 평균은 같으나 표준편차는 (나)가 (가)보다 크다. 표준편차가 작을수록 자료가 평균 주위의 값을 더 많이 취한다. (나)와 (다)의 표준편차는 같으나 평균이 (다)가 (나)보다 크다.

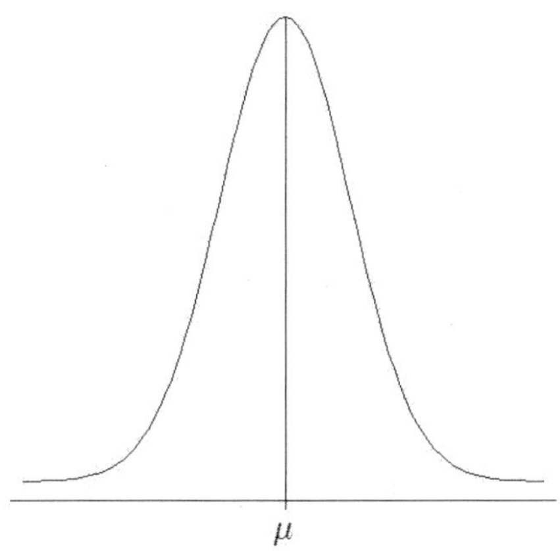

〈그림 5-8〉 정규분포의 확률밀도 곡선

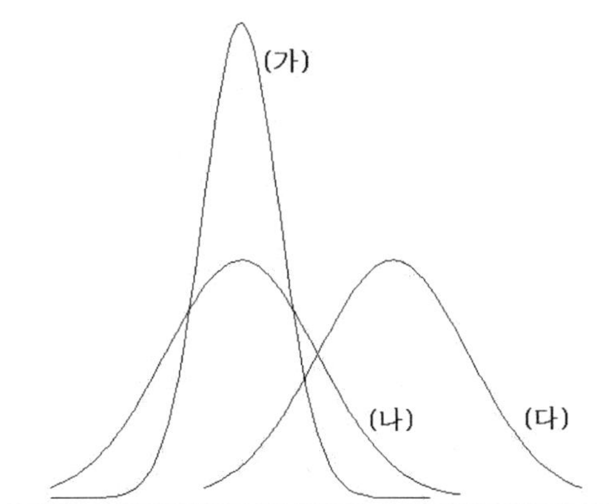

〈그림 5-9〉 평균과 표준편차의 변화에 따른 정규분포의 변화

예제 5-4

엑셀과 R을 이용하여 평균이 10이고 표준편차가 5인 정규분포에서 다음 각 확률을 구하라.

(1) $P(X < 12)$

(2) $P(X > 9)$

(3) $P(7 \leq X \leq 13)$

풀이

A. 엑셀을 이용한 과정은 다음과 같다.

(1) ① 결과를 입력시킬 워크시트의 한 셀에 셀포인트를 가져다 놓고 함수마법사 아이콘을 클릭하면 〈그림 5-10〉의 함수마법사 대화상자가 나타난다. 범주 선택은 [통계]로 하고 함수로 'NORMDIST'를 선택하고 [확인]을 클릭한다.

② 함수 인자 대화상자가 나타나면 'X'에 12, 'Mean'에 10, 'Standard_dev'에 5를 입력하고, 'Cumulative'에 1을 입력하고 [확인]을 누르면 $P(X < 12) \fallingdotseq 0.6554$값이 나타난다.

③ 함수 'NORMDIST(X, Mean, Standard_dev, Cumulative)'을 이용하면 대화상자를 거치지 않고 해결된다. 즉, 워크시트의 한 셀에 =NORMDIST(12,10,5,1)을 입력하면 ②와 같은 결과가 나온다.

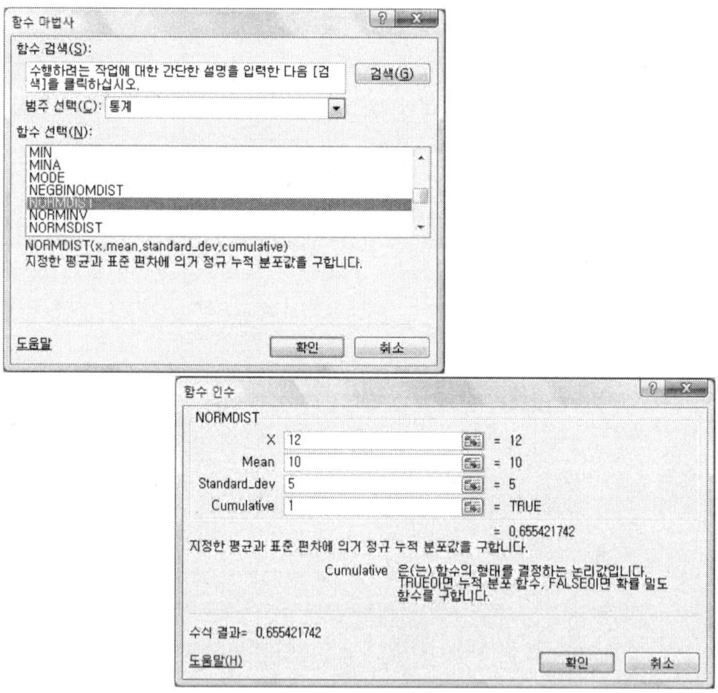

〈그림 5-10〉 엑셀에서 정규분포의 확률 계산

(2) $P(X > 9) = 1 - P(X \leq 9)$이므로 임의의 셀에 =1-NORMDIST(9,10,5,1)을 입력하면 약 0.5793이 출력된다.

(3) $P(7 \le X \le 13) = P(X \le 13) - P(X < 7)$이므로

임의의 셀에 =NORMDIST(13,10,5,1)−NORMDIST(7,10,5,1)을 입력하면 약 0.4515가 출력된다.

B. R을 이용한 과정은 다음과 같다.

R을 통해 정규분포의 누적확률 $P(X \le x)$를 구하기 위해서는 프롬프트 '〉' 다음에 명령문 '$pnorm(x, \mu, \sigma)$'를 입력하면 된다. (1)~(3)까지의 결과는 〈그림 5-11〉에 있다.

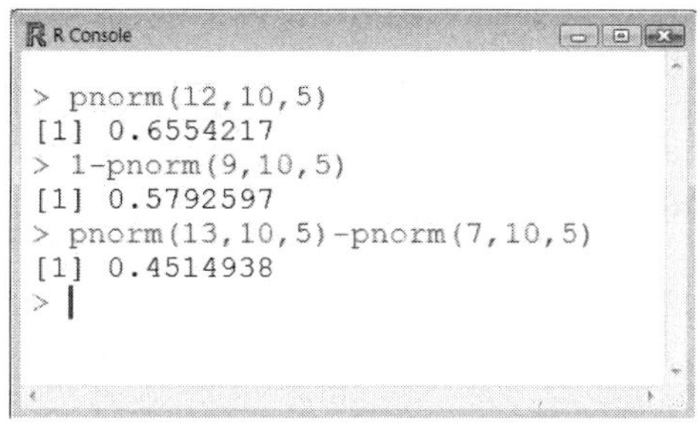

〈그림 5-11〉 R에서 정규분포의 확률 계산

서로 다른 평균과 표준편차를 가지는 무수한 정규분포 $N(\mu, \sigma^2)$에 대해 변환

$$Z = \frac{X - \mu}{\sigma}$$

을 취하면 평균이 0이고 표준편차가 1인 표준정규분포 $N(0,1)$이 된다. 즉, 표준확률변수 Z의 평균과 분산은 다음과 같다. 〈그림 5-12〉는 표준정규분포의 확률밀도 곡선을 나타낸다. 0을 기점으로 좌우 대칭인 분포 형태를 가진다.

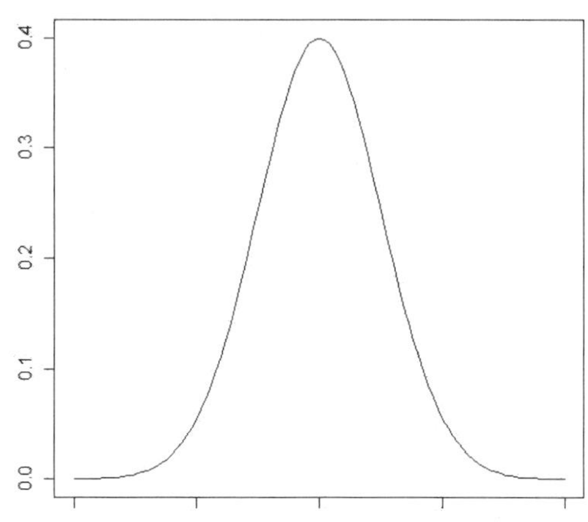

〈그림 5-12〉 표준정규분포의 확률밀도 곡선

$$E(Z) = E(\frac{X-\mu}{\sigma}) = \frac{E(X)-\mu}{\sigma} = \frac{\mu-\mu}{\sigma} = 0$$

$$Var(Z) = Var(\frac{X-\mu}{\sigma}) = \frac{Var(X)}{\sigma^2} = \frac{\sigma^2}{\sigma^2} = 1$$

부록 〈표 2〉에는 표준정규분포에 대하여 각 z값의 왼쪽부분의 넓이인 $P(Z \le z)$가 수록되어 있으므로 모든 정규분포에 대한 확률을 계산할 수 있다.

예제 5-5

(예제 5-4)의 평균이 10이고 표준편차가 5인 정규분포에서 다음 각 확률을 부록 〈표 2〉를 이용하여 구하라.

(1) $P(X < 12)$
(2) $P(X > 9)$
(3) $P(7 \le X \le 13)$

풀이

(1) $P(X < 12) = P(\frac{X-\mu}{\sigma} < \frac{12-\mu}{\sigma}) = P(\frac{X-10}{5} < \frac{12-10}{5})$

$= P(Z < 0.4) = 0.6554$

(2) $P(X > 9) = P(\frac{X-10}{5} > \frac{9-10}{5}) = P(Z > -0.2)$

$= P(Z < 0.2) = 0.5793$

(3) $P(7 \le X \le 13) = P(\frac{7-10}{5} \le Z \le \frac{13-10}{5}) = P(-0.6 \le Z \le 0.6)$

$= 2 \times \{P(Z \le 0.6) - 0.5\} = 2 \times (0.7257 - 0.5)$

$= 0.4514$

예제 5-6

$X \sim N(\mu, \sigma^2)$에서 다음 확률을 구하라.

(1) $P(\mu - \sigma \le X \le \mu + \sigma)$
(2) $P(\mu - 2\sigma \le X \le \mu + 2\sigma)$
(3) $P(\mu - 3\sigma \le X \le \mu + 3\sigma)$

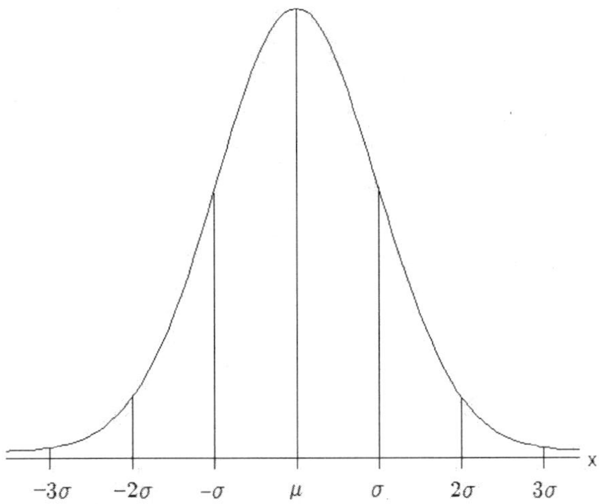

〈그림 5-13〉 정규분포의 확률밀도 곡선

풀이

〈그림 5-13〉은 정규분포가 평균을 기점으로 표준편차의 1배, 2배, 3배만큼 떨어진 영역에 속하는 넓이를 나타내고 있다. 부록 〈표 2〉를 이용하여 다음 확률을 구할 수 있다.

(1) $P(\mu-\sigma \le X \le \mu+\sigma) = P(\frac{\mu-\sigma-\mu}{\sigma} \le Z \le \frac{\mu+\sigma-\mu}{\sigma})$

$= P(-1 \le Z \le 1) = 2\times\{P(Z \le 1) - 0.5\}$

$= 2\times(0.8413 - 0.5) = 0.6826$

(2) $P(\mu-2\sigma \le X \le \mu+2\sigma) = P(-2 \le Z \le 2) = 0.9544$

(3) $P(\mu-3\sigma \le X \le \mu+3\sigma) = P(-3 \le Z \le 3) = 0.9974$

정규분포의 값은 평균을 기점으로 표준편차의 3배 이내에 있을 확률이 0.9974이므로 그 범위를 벗어나는 값은 거의 없다는 것을 알 수 있다.

예제 5-7

(1) $P(Z < z_1) = 0.9474$

(2) $P(Z > z_2) = 0.9906$ 인 z_2을 구하라.

(3) $P(Z < z_3) = 0.0869$ 인 z_3를 구하라.

풀이

부록 〈표 2〉를 이용하여 다음 확률을 구할 수 있다.

(1) $P(Z < z_1) = 0.9474$에서 z_1은 1.62이다.

(2) $P(Z > z_2) = 0.9906$이므로 z_2는 평균 0보다 왼쪽에 있는 값이다.

$P(Z < 2.35) = 0.9906$이므로 z_2는 -2.35이다.

(3) $P(Z < z_3) = 0.0869$이므로 z_3는 평균 0보다 왼쪽에 있는 값이다.

$0.0869 = P(Z < z_3) = P(Z > -z_3) = 1 - P(Z \le -z_3)$이므로

$P(Z \le -z_3) = 0.9131$이다.

따라서 $-z_3$은 1.36이므로 z_3은 -1.36이다.

예제 5-8

A학과 통계학 기말시험의 성적이 평균 75, 분산이 81인 정규분포를 따른다고 한다. 다음 물음에 답하라.

(1) 80점 이상인 학생은 몇 %인가?

(2) 상위 4%의 학생은 최소 몇 점 이상인가?

(3) 하위 10%의 학생은 재시험에 응하도록 할 것이다. 최대 몇 점 이하인가?

풀이

기말시험의 점수를 X라하면 $X \sim N(75, 81)$이고 $Z = \dfrac{X-75}{9} \sim N(0,1)$이다.

(1) $P(X \ge 80) = P(Z \ge \dfrac{80-75}{9}) \fallingdotseq P(Z \ge 0.56) = 1 - P(Z < 0.56) = 1 - 0.7123$
$= 0.2877$

이므로 80점 이상인 학생은 약 28.77%이다. 여기서 $z = \dfrac{80-75}{9} = 0.555\cdots$이므로 부록 〈표 2〉를 편리하게 이용하기 위해 소수점 셋째자리에서 반올림하였다.

(2) $P(X \ge x) = 0.04$이다.

$P(X < x) = P(Z < \dfrac{x-75}{9}) = 0.96$이므로 확률 0.96에 해당하는 $z(= \dfrac{x-75}{9})$ 값을 부록 〈표2〉에서 찾으면 된다. 그러나 확률 0.96은 없으므로 가장 가까운 확률 0.9599에 해당하는 z값을 찾으면 $P(Z < 1.75) = 0.9599$로 1.75임을 알 수 있다. 따라서 $\dfrac{x-75}{9} = 1.75$이므로 $x = 75 + 1.75 \times 9 = 90.75$이다. 최소한 90.75점을 받아야 상위 4%에 해당한다.

(3) $P(X \le x) = 0.1$이므로 x는 평균 75점보다 왼쪽에 있는 점수이다.

$P(X \le x) = P(Z \le \frac{x-75}{9}) = 0.1$이다. 값 $\frac{x-75}{9}$은 0보다 왼쪽에 있는 값이므로 음수값을 가진다. $P(Z \ge -\frac{x-75}{9}) = 0.1$이므로 $P(Z < -\frac{x-75}{9}) = 0.9$를 이용하면 된다. 확률 0.9에 해당하는 z값은 부록 〈표 2〉에서 없으므로 가장 가까운 확률 0.8997에 해당하는 $z(=-\frac{x-75}{9})$값을 찾으면 $P(Z < 1.28) = 0.8997$로 1.28이다. 따라서 $-\frac{x-75}{9} = 1.28$이므로 $x = 75 - 1.28 \times 9 = 63.48$이므로 63.48점 이하의 학생들은 재시험에 응해야 한다.

5-3 이항분포의 정규근사

이항분포 $B(n, p)$에서 누적확률을 계산하는 부록 〈표 1〉을 이용하기에는 한계가 있다. 즉, n이 25보다 크거나 20과 25사이에 있는 값인 경우 이용할 수가 없다. 이항누적확률분포표를 이용하여 확률을 계산하지 못하는 경우를 위해 근사적으로 확률을 구하는 방법을 고려해 보자. n이 충분히 크고, p가 0이나 1에 가까운 값이 아닐 때 이항분포의 근사분포에 대해 알아보자. 〈그림 5-14〉는 $p = 0.3$과 다양한 시행횟수 n을 갖는 이항분포 그래프를 나타낸 것이다. 이 그래프를 통해 n이 커짐에 따라 점점 대칭형의 모양을 이루게 됨을 알 수 있다. n이 충분히 크고, p가 0이나 1에 가까운 값이 아닐 때 이항분포의 근사분포는 정규분포이다. 일반적으로 $np \ge 5$이고 $n(1-p) \ge 5$일 때 근사정도가 상당히 좋은 것으로 알려져 있다. 즉, 이 경우 확률변수 X는 평균이 np이고

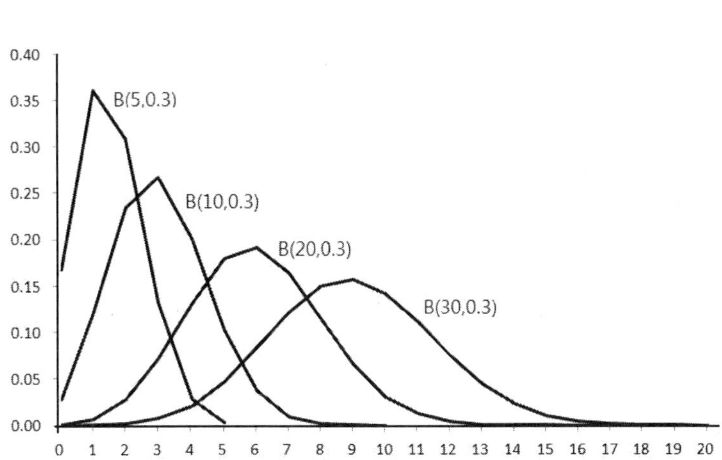

〈그림 5-14〉 시행횟수 n에 따른 이항분포 그래프의 변화

표준편차가 $\sqrt{np(1-p)}$ 인 정규분포로 근사하고, 표준화한 $\dfrac{X-np}{\sqrt{np(1-p)}}$ 는 근사적으로 표준정규분포를 따른다.

〈그림 5-15〉는 $B(20,0.5)$의 히스토그램과 정규분포로 근사시킨 부드러운 곡선을 같이 나타낸 것이다. 그림의 왼쪽은 7에서 9까지의 막대 넓이를 나타내고, 그림의 오른쪽은 곡선으로 둘러 쌓인 아래 부분의 넓이를 나타내고 있다. 왼쪽 넓이를 구하기 위해서 누적이항분포표인 부록 〈표 1〉을 이용하여 구하면

$$P(7 \le X \le 9) = P(X \le 9) - P(X \le 6) = 0.412 - 0.058 = 0.354$$

이다. 오른쪽 넓이를 구하기 위해서 이항분포를 정규분포로 근사시키면 된다. 이항분포 $B(20,0.5)$로부터 $np = 20 \times 0.5 = 10$이고 $n(1-p) = 20 \times 0.5 = 10$으로 모두 5보다 크고, $\mu = np = 20 \times 0.5 = 10$이고, $\sigma = \sqrt{np(1-p)} = \sqrt{20 \times 0.5 \times 0.5} = \sqrt{5}$ 이므로 확률변수 X는 평균이 10이고 표준편차가 $\sqrt{5}$ 인 정규분포로 근사한다. 그런데 정규확률분포로 근사시킨 오른쪽 그림의 빗금친 넓이에서 정규확률변수 X값은 6.5~9.5 사이에 있으므로 $P(6.5 \le X \le 9.5)$를 구하는 것이 된다.

$$\begin{aligned}
P(6.5 \le X \le 9.5) &= P\left(\frac{6.5-10}{\sqrt{5}} \le \frac{X-10}{\sqrt{5}} \le \frac{9.5-10}{\sqrt{5}}\right) \\
&\fallingdotseq P(-1.57 \le Z \le -0.22) = P(0.22 \le Z \le 1.57) \\
&= P(Z \le 1.57) - P(Z < 0.22) = 0.9418 - 0.5871 = 0.3547
\end{aligned}$$

이다. 이항분포로 구한 정확한 확률과 정규분포를 이용하여 근사적으로 구한 확률은 거의 비슷하다. 만일 이항분포로 확률을 구하는 것처럼 7~9사이의 값으로 정규근사값을 구하면 0.2563으로 이항분포로 구한 정확한 값과 차이가 많이 난다.

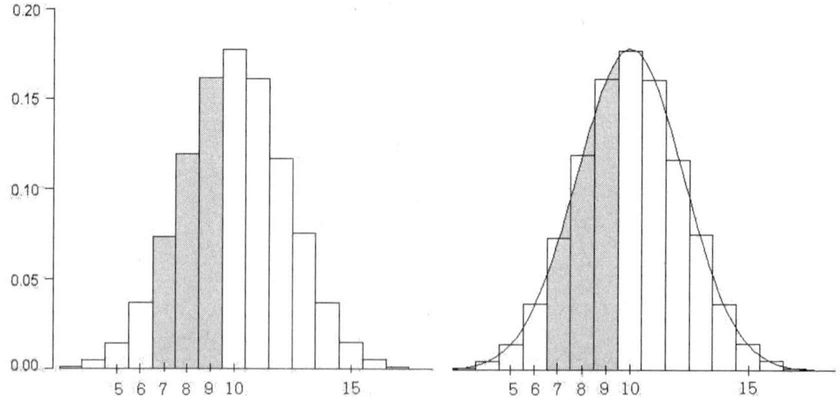

〈그림 5-15〉 $B(20,0.5)$의 히스토그램과 정규분포로 근사시킨 부드러운 곡선

$$P(7 \le X \le 9) = P(\frac{7-10}{\sqrt{5}} \le \frac{X-10}{\sqrt{5}} \le \frac{9-10}{\sqrt{5}})$$
$$\fallingdotseq P(-1.34 \le Z \le -0.45) = P(0.45 \le Z \le 1.34)$$
$$= P(Z \le 1.34) - P(Z < 0.45) = 0.9099 - 0.6536 = 0.2563$$

이항분포와 같은 이산분포를 정규분포와 같은 연속분포로 근사하여 확률을 계산할 때 근사계산의 정밀도를 높이기 위해서 다음과 같은 연속성 수정 과정이 필요하다.

$$P(a \le X \le b) = P(a - 0.5 \le X \le b + 0.5)$$
$$\fallingdotseq P(\frac{a-0.5-np}{\sqrt{np(1-p)}} \le Z \le \frac{b+0.5-np}{\sqrt{np(1-p)}})$$

이항분포의 확률을 계산할 때 $np \ge 5$이고 $n(1-p) \ge 5$이라도 누적이항분포표 부록 〈표 1〉을 이용할 수 없는 n이 충분히 큰 경우에 정규근사를 이용하는 것이 바람직하다.

예제 5-9

어떤 TV 방송국의 한 연속극 시청률이 38%라고 한다. 100명의 시청자를 랜덤하게 뽑아 이 연속극 시청 여부를 물었다.

(1) 25명 이하가 시청하고 있을 확률을 구하라.
(2) 35명 초과 45명 미만이 시청하고 있을 확률을 구하라.

풀이

100명 중 이 연속극을 시청하는 사람의 수를 X라 하면, X는 이항분포 $B(100, 0.38)$를 따른다. $np = 100 \times 0.38 = 38 > 5$, $n(1-p) = 100 \times 0.62 = 62 > 5$이고 n이 충분히 크므로 정규근사가 적합하다. 이항확률변수 X의 평균과 표준편차는

$$\mu = np = 100 \times 0.38 = 38,$$
$$sd(X) = \sqrt{Var(X)} = \sqrt{np(1-p)} = \sqrt{100 \times 0.38 \times 0.62} \fallingdotseq 4.8539$$

이다. 〈그림 5-16〉 이항분포 $B(100, 0.38)$를 나타낸 그림이다.

(1) $P(X \le 25) = P(X \le 25.5)$

$$= P(\frac{X-38}{4.8539} \le \frac{25.5-38}{4.8539})$$

$$\fallingdotseq P(Z \leq -2.58) = P(Z \geq 2.58)$$

$$= 1 - P(Z < 2.58) = 1 - 0.9951 = 0.0049$$

(2) $P(35 < X < 45) = P(35.5 < X < 44.5)$

$$= P(\frac{35.5-38}{4.8539} < \frac{X-38}{4.8539} < \frac{44.5-38}{4.8539})$$

$$\fallingdotseq P(-0.52 < Z < 1.34) = P(Z < 1.34) - P(Z \leq -0.52)$$

$$= P(Z < 1.34) - \{1 - P(Z < 0.52)\} = 0.9099 - (1 - 0.6985) = 0.6084$$

〈그림 5-16〉을 보면 $P(35 < X < 45) = P(35.5 \leq X \leq 44.5)$라 해도 되나 정규근사시키는 과정이므로 등호가 생략되어도 값은 동일하다.

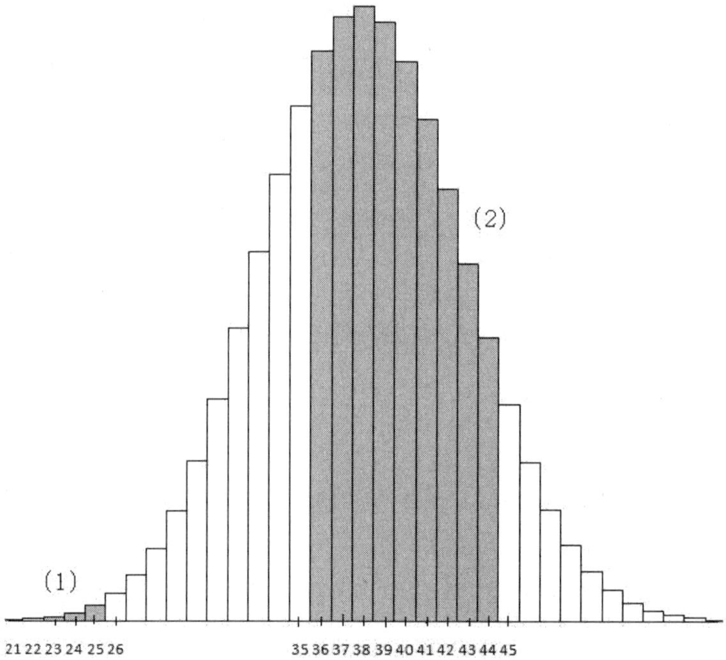

〈그림 5-16〉 이항분포 $B(100, 0.38)$

〈표 5-1〉은 이항분포와 정규분포의 확률을 계산하기 위해 엑셀과 R 프로그램에서 사용하는 함수들이다. 엑셀 명령문은 임의의 셀에, R 령령문은 프롬프트 '>' 다음에 입력하면 된다.

〈표 5-1〉 이항분포와 정규분포의 확률을 계산하기 위한 엑셀과 R의 명령어

분포	종류	엑셀	R
이항분포	확률질량함수의 값	=BINOMDIST($x, n, p, 0$)	dbinom(x, n, p)
	누적분포함수의 값	=BINOMDIST($x, n, p, 1$)	pbinom(x, n, p)
정규분포	확률밀도함수의 값	=NORMDIST($x, \mu, \sigma, 0$)	dnorm(x, μ, σ)
	누적분포함수의 값	=NORMDIST($x, \mu, \sigma, 1$)	pnorm(x, μ, σ)
표준정규분포	확률밀도함수의 값	=NORMDIST($x, 0, 1, 0$)	dnorm(x)
	누적분포함수의 값	=NORMDIST($x, 0, 1, 1$) 또는 =NORMSDIST(x)	pnorm(x)

연습문제

5.1 R을 이용하여 평균이 20이고 분산이 16인 정규분포에서 다음 각 확률을 구하라.

(1) $P(X > 18.5)$

(2) $P(15 \le X \le 22)$

(3) $P(X > x) = 0.34$를 만족하는 x를 구하라.

5.2 어떤 TV 방송국의 한 연속극 시청률이 25%라고 한다. 200명의 시청자를 랜덤하게 뽑아 이 연속극 시청 여부를 물었다. 엑셀을 이용하여 다음을 구하라.

(1) 40명 이하가 시청하고 있을 확률을 구하라.

(2) 52명 이상 70명 미만이 시청하고 있을 확률을 구하라.

5.3 R을 이용하여 $n = 20$, $p = 0.38$인 이항분포를 따르는 확률변수 X의 누적확률을 구한 후 누적분포표를 작성하라.

6장

표본분포

통계조사의 목적은 모집단에 대한 정보를 알아내는 것이다. 모집단의 정보란 모평균, 모분산, 모표준편차, 모비율 같은 모집단의 특성값을 말하는데 이러한 모집단의 특성값을 모수(parameter)라고 한다. 모수를 추정하기 위해 표본을 추출하고 그 표본으로부터 모집단의 정보를 유추한다. 이처럼 표본으로부터 계산되어지는 표본평균, 표본분산, 표본표준편차, 표본비율과 같은 표본의 특성값을 통계량(statistic)이라고 한다. n개의 표본단위로부터 관측되는 확률변수를 $X_1, X_2, \cdots, X_n$라 하면 표본평균($\overline{X}$)과 표본표준편차(S)는

$$\overline{X} = \frac{1}{n}(X_1 + X_2 + \cdots + X_n)$$

$$S = \sqrt{\frac{1}{n-1}\sum_{i=1}^{n}(X_i - \overline{X})^2}$$

이다. 모수의 추정량인 통계량은 확률변수들의 함수이다.

어떤 도시의 초등학교 6학년 여학생의 평균키를 알기위해 100명을 임의로 추출하여 표본평균을 구했더니 151㎝였다고 하자. 이 값은 모평균과 일치할까? 다른 100명을 임의로 추출하여 표본평균을 구한다면 151㎝와 일치할까? 두 물음 모두 '항상 일치하는 것은 아니다'이다. 표본조사를 통해 평균을 관측한 것이므로 모평균과 다를 수 있고, 추출된 하나의 표본을 통해 표본평균을 관측한 것이므로 표본이 달라지면 표본평균도 달라질 것이다. 다른 표본들을 반복적으로 추출한다면 계산된 통계량의 값들은 달라지므로 그 값들은 변동을 가진다. 즉, 반복적으로 추출된 표본을 통해 표본평균 값들이 얼마만큼의 변동을 갖는지를 알게 되면 통계량의 정확성을 판단할 수 있을 것이다.

모집단에서 n개의 표본을 임의로 추출하는 경우의 수는 무한히 많다. 이 모든 경우에 계산된 통계량 값이 이루는 분포를 그 통계량의 표본분포(sampling distribution)라고 한다.

6-1 표본평균의 분포

모평균은 모집단의 중심위치를 나타내는 가장 대표적인 모수로 그 통계량인 표본평균이 가장 널리 쓰이며, 표본분포 중에서도 표본평균의 분포가 가장 중요하다.

예제 6-1

주머니에 1, 2, 3 숫자가 각각 쓰인 세 개의 구슬이 들어있다. 이들 중 2개를 복원추출

로 뽑아 표본평균을 구하고 그 표본평균의 분포를 구하라.

풀이

모집단 {1, 2, 3}에서 크기 2인 표본을 임의로 뽑아 평균을 구하는 경우와 같다. 모집단에서 크기 2인 표본을 복원추출로 뽑는다면 가능한 랜덤표본은 9가지이며 그 평균은 〈표 6-1〉에 열거되어 있다. 표본평균이란 어떤 표본이 실제로 뽑히는 가에 따라 그 값이 달라지므로 확률변수라고도 할 수 있다. 이 확률변수인 표본평균의 분포가 평균의 표본분포이다.

〈표 6-1〉 가능한 랜덤표본의 표본평균 $\overline{x}$

가능한 랜덤표본	$\overline{x}$
{1, 1}	1
{1, 2}	1.5
{1, 3}	2
{2, 1}	1.5
{2, 2}	2
{2, 3}	2.5
{3, 1}	2
{3, 2}	2.5
{3, 3}	3

〈표 6-1〉을 통해 구한 표본평균의 분포는 〈표 6-2〉와 같다.

〈표 6-2〉 $\overline{x}$의 확률분포

$\overline{x}$	1	1.5	2	2.5	3
$p(\overline{x})$	$\frac{1}{9}$	$\frac{2}{9}$	$\frac{1}{3}$	$\frac{2}{9}$	$\frac{1}{9}$

6-1-1 표본평균의 기댓값과 분산

모집단의 평균인 모수 μ와 통계량인 표본평균 $\overline{X}$사이에 어떤 관계가 존재하며, 모집단의 표준편차인 σ과 표본평균의 표준편차 사이에 어떤 관계가 존재하는지를 알아보자.

예제 6-2

(예제 6-1)을 이용해 모집단의 분포에 대해 모평균(μ), 모표준편차(σ)를 구하고, 표본평균의 분포에 대해 기댓값($E(\overline{X})$)과 표준편차($sd(\overline{X})$)를 구하라.

풀이

〈표 6-3〉 모집단의 분포

x	1	2	3
$p(x)$	$\frac{1}{3}$	$\frac{1}{3}$	$\frac{1}{3}$

〈표 6-3〉은 모집단의 분포를 나타내므로 이를 이용한 모평균과 모표준편차는 다음과 같다.

$$\mu = E(X) = \sum_{all\ x} xp(x) = 1 \times \frac{1}{3} + 2 \times \frac{1}{3} + 3 \times \frac{1}{3} = \frac{6}{3} = 2$$

$$E(X^2) = \sum_{all\ x} x^2 p(x) = 1^2 \times \frac{1}{3} + 2^2 \times \frac{1}{3} + 3^2 \times \frac{1}{3} = \frac{14}{3}$$

$$Var(X) = E(X^2) - \mu^2 = \frac{14}{3} - (2)^2 = \frac{2}{3}$$

$$\sigma = sd(X) = \sqrt{Var(X)} = \sqrt{\frac{2}{3}}$$

〈표 6-2〉를 이용한 표본평균의 기댓값과 표준편차는 다음과 같다.

$$E(\overline{X}) = \sum_{all\ x} \overline{x} p(\overline{x}) = 1 \times \frac{1}{9} + 1.5 \times \frac{2}{9} + 2 \times \frac{3}{9} + 2.5 \times \frac{2}{9} + 3 \times \frac{1}{9} = \frac{18}{9} = 2$$

$$E(\overline{X}^2) = \sum_{all\ x} \overline{x}^2 p(\overline{x}) = 1^2 \times \frac{1}{9} + 1.5^2 \times \frac{2}{9} + 2^2 \times \frac{3}{9} + 2.5^2 \times \frac{2}{9} + 3^2 \times \frac{1}{9} = \frac{39}{9} = \frac{13}{3}$$

$$Var(\overline{X}) = E(\overline{X^2}) - \{E(\overline{X})\}^2 = \frac{13}{3} - (2)^2 = \frac{1}{3}$$

$$sd(\overline{X}) = \sqrt{Var(\overline{X})} = \sqrt{\frac{1}{3}}$$

(예제 6-2)의 계산 결과를 비교해 보면 모평균이 μ인 임의의 모집단에서 크기 n인 랜덤표본을 뽑을 때 어떤 표본이 뽑히느냐에 따라 표본평균은 다르지만, 표본평균의 기댓값은 모집단의 평균인 모평균과 같다. 일반적으로 어떤 모집단에서 어떤 크기의 랜덤표본이 뽑히느냐에 관계없이

$$E(\overline{X}) = \mu$$

가 항상 성립한다는 것이 알려져 있다.

표본평균의 표준편차는 $sd(\overline{X}) = \sqrt{\frac{1}{3}} = \frac{1}{\sqrt{3}}$ 이고 모표준편차는 $\sigma = \sqrt{\frac{2}{3}} = \frac{\sqrt{2}}{\sqrt{3}}$ 이다. 이 계산결과로 $sd(\overline{X}) = \frac{\sigma}{\sqrt{n}} = \frac{\sqrt{2}\,/\sqrt{3}}{\sqrt{2}} = \frac{1}{\sqrt{3}}$ 과 일치한다. 일반적으로 표본평균의 표준편차와 모집단의 표준편차 사이에는

$$sd(\overline{X}) = \frac{\sigma}{\sqrt{n}}$$

관계가 성립한다는 것이 알려져 있다.

표본평균의 표준편차 $sd(\overline{X})$를 표준오차(standard error : SE) $S.E(\overline{X})$라고 부른다. 표준편차 σ는 모집단을 구성하는 자료 개개의 산포 정도를 나타내는 측도이고, 표준오차는 통계량의 산포 정도를 나타내는 측도이다. 표준오차는 표본의 크기 n에 의존하므로 표본의 크기가 클수록 표준오차는 작아지고, 표본평균 $\overline{X}$는 모평균 μ 근처에 밀집되어 분포하게 된다. 그러므로 표준오차의 크기를 통해 그 통계량의 정확성을 파악할 수 있다. 즉, 표본평균의 표준오차가 작다는 것은 표본평균이 모평균 근처에 밀집되어 분포한다는 의미이므로 어떤 랜덤표본이 뽑히더라도 표본평균의 값은 별로 변함이 없으므로 이 경우의 표본평균은 모평균에 대해 정확성이 높은 추측값이라 할 수 있다. 표본의 크기가 클수록 표준오차는 작아지고 표본평균은 모평균에 가까운 추측값이 되므로 가능한 표본의 크기를 크게 하면 바람직해 보인다. 그러나 표본의 크기가 커질수록 경제적인 측면에서 손실이 커지므로 최적의 선택을 위해 정확성과 경제성 중 어떤 측면을 더 고려해야 할지 결정이 필요하다.

예제 6-3

어떤 공장에서 생산되는 제품의 무게는 평균이 15kg이고, 분산이 25kg이라고 한다. 30개 또는 200개의 제품을 임의로 추출하여 표본평균을 구했다면 표준오차는 어떻게 달라지나?

풀이

표본평균의 표준오차가 $S.E(\overline{X}) = \frac{\sigma}{\sqrt{n}}$ 이므로 $n = 30$ 일 때는 $\frac{\sqrt{25}}{\sqrt{30}} \fallingdotseq 0.913$ 이고, $n = 200$ 일 때는 $\frac{\sqrt{25}}{\sqrt{200}} \fallingdotseq 0.354$ 로 많이 작아진다.

6-1-2 표본평균의 분포와 중심극한정리

모집단의 분포가 정규분포일 때 표본평균도 정규분포를 따른다. 즉, 정규분포 $N(\mu, \sigma^2)$을 따르는 모집단에서 n개의 랜덤표본 $X_1, X_2, \cdots, X_n$를 추출했을 때 표본평균 $\overline{X}$는 정규분포 $N(\mu, \frac{\sigma^2}{n})$을 따른다는 것이다. 이 사실을 그림으로 나타내면 〈그림 6-1〉과 같다.

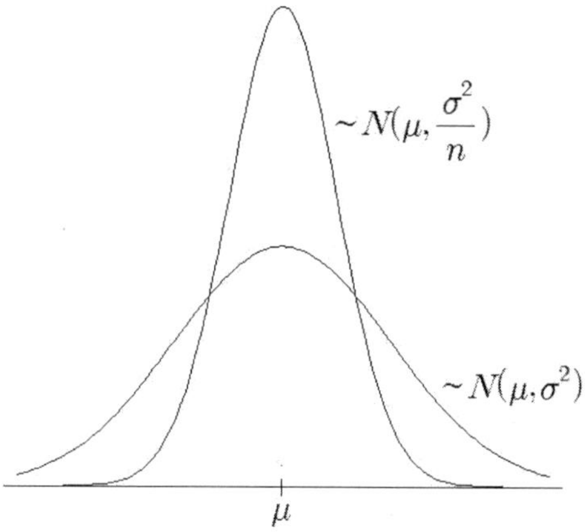

〈그림 6-1〉 정규모집단의 분포 곡선과 표본평균 $\overline{X}$의 분포 곡선 비교

모집단의 분포가 정규분포를 따르지 않는 경우 표본평균이 정규분포를 따른다고 할 수 없다. 그러나 표본의 크기 n이 충분히 클 때는 모집단의 분포가 어떤 분포이냐에 관계없이 표본평균의 분포는 정규분포에 근사한다는 사실이 알려져 있는데 이 사실을 중심극한정리(Central Limit Theorem : CLT)라 한다. 이 정리는 확률변수의 종류, 모집단 분포의 형태와는 상관없이 평균과 표준편차가 존재하고 표본의 크기가 크기만 하다면 표본평균의 분포는 정규분포를 따르게 된다는 것이다. 이런 까닭에 정규분포는 통계적 추론에서 가장 중요한 위치를 차지하고 있다.

〈중심극한정리〉

평균이 μ이고 표준편차가 σ인 임의의 모집단에서 크기 n인 랜덤표본을 뽑았을 때, n이 충분히 크면 표본평균 $\overline{X}$는 근사적으로 평균이 μ이고 표준편차가 $\frac{\sigma}{\sqrt{n}}$인 정규분포 $N(\mu, \frac{\sigma^2}{n})$를 따른다. 즉, $\frac{\overline{X}-\mu}{\sigma/\sqrt{n}}$은 근사적으로 표준정규분포를 따른다.

예제 6-4

확률밀도함수가 〈그림 6-2〉와 같은 모집단에서 표본 크기가 5인 경우와 30인 경우의 표본을 추출하여 각각의 표본평균의 분포가 어떤 형태를 가지는지 알아보아라.

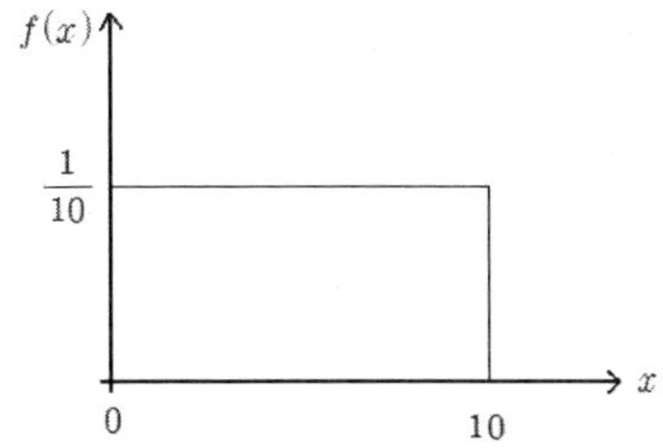

〈그림 6-2〉 $f(x)=\frac{1}{10},\quad 0<x<10$

풀이

모집단에서 표본의 크기 n인 랜덤표본을 추출하여 표본평균을 구할 때 어떤 표본이 뽑히느냐에 따라 표본평균의 값은 달라지므로 랜덤표본을 추출하는 과정을 1,000번 시행하여 1,000개의 표본평균을 구해 히스토그램을 작성하도록 했다. 〈그림 6-2〉와 같은 모집단 분포를 균일분포(또는 일양분포)라고 한다. 엑셀을 통해 일양분포의 난수를 생성하여 1,000개의 표본평균을 구하고 이를 이용해 히스토그램을 작성했다.

(1) 표본의 크기가 5인 경우 엑셀을 통해 난수를 생성하는 과정은 다음과 같다.

① 엑셀 [데이터] 탭–[분석] 그룹–[데이터 분석]을 클릭하여 통계 데이터 분석 대화상자(〈그림 6-3〉)가 나타나면 [난수 생성]을 선택하고 확인을 누른다.

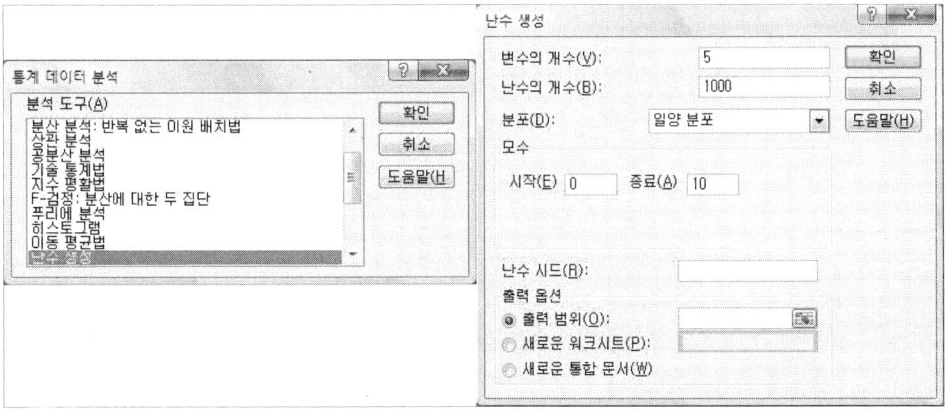

〈그림 6-3〉 일양분포 난수생성 대화상자

② 난수생성 대화상자가 나타나면 [변수의 개수(V)]란에 5를 [난수의 개수(B)]에 1,000을 입력한다. [분포(D)]는 일양분포를 선택하고 [모수]의 시작과 끝에 각각 0과 10을

입력한다. 난수시드는 생략해도 되고 임의의 값을 입력해도 된다. 출력범위(0)에 체크하고 A1001을 입력한다.

③ A2셀에서 E1001셀까지 난수가 생성되면 첫 행 A1~E1 셀에 변수 이름 X1~X5를 입력한다. G2셀에 A2에서 E2까지 값의 평균을 구하고 G열 나머지는 자동채우기 기능을 실행한다. 〈그림 6-4〉는 그 일부를 표시한 그림이다.

④ 〈그림 6-5〉는 G열에 있는 1,000개의 표본평균을 이용하여 히스토그램을 그린 결과이다.

	A	B	C	D	E	F	G
1	X1	X2	X3	X4	X5		평균
2	5.158849	2.837611	0.836512	4.56679	2.690817		3.218116
3	7.88934	6.038392	7.990661	5.040132	3.860286		6.163762
4	6.433912	9.790033	6.954558	7.369915	4.572588		7.024201
5	0.093692	9.714042	4.584185	6.94174	9.486373		6.164006
6	6.432386	6.554765	4.199042	9.551683	6.680807		6.683737
7	6.608173	5.259255	1.872311	5.733512	3.845637		4.663778
8	3.034761	2.051454	8.760643	1.824702	4.653462		4.065004
9	0.312204	5.272378	6.472976	3.959166	5.245521		4.252449
10	4.130375	2.304758	9.11008	2.262947	4.436171		4.448866
11	1.003449	3.089084	3.319803	2.614216	1.427046		2.290719
12	9.934996	9.470199	0.995819	5.100864	4.507889		6.001953

〈그림 6-4〉 일양분포에서 $n=5$인 랜덤표본 1,000개의 표본평균들

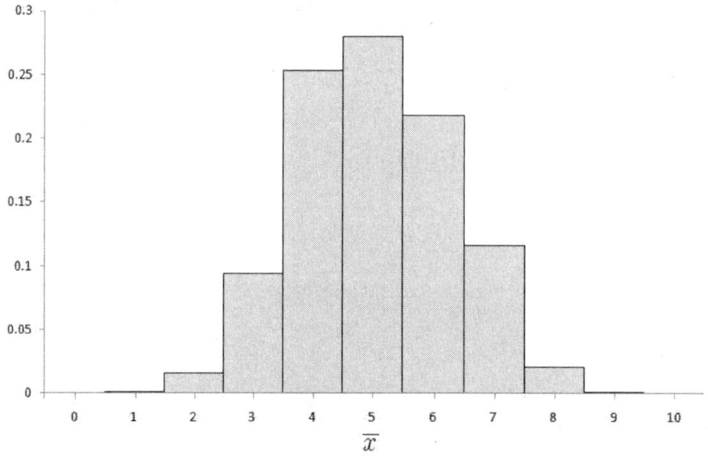

〈그림 6-5〉 일양분포에서 $n=5$인 랜덤표본 1,000개의 표본평균들의 히스토그램

모집단의 분포를 나타내는 〈그림 6-2〉는 정규분포의 모양과 상당히 다르지만 〈그림 6-5〉에 나타난 표본의 크기가 5인 표본평균의 히스토그램을 보면 표본의 크기가 5임에도 불구하고 정규분포의 형태와 비슷함을 알 수 있다. 표본의 크기가 커지면 그런 경향은 더 분명하게 나타난다. 〈그림 6-6〉은 크기가 30인 랜덤표본 1,000개를 생성하여 1,000개의 표본평균을 히스토그램을 나타낸 것으로 〈그림 6-5〉보다 훨씬 표본평균의 분포가 정규분포의 형태에 가까워짐을 알 수 있다.

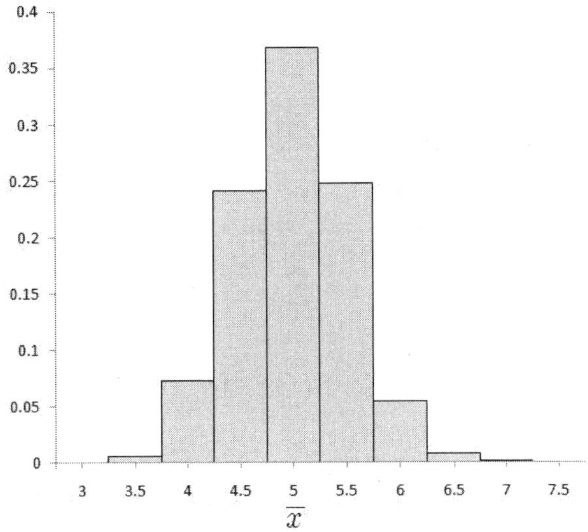

〈그림 6-6〉 일양분포에서 $n=30$인 랜덤표본 1,000개의 표본평균들의 히스토그램

표본의 크기가 어느 정도 커야 모집단의 분포와 상관없이 표본평균이 정규분포에 근사하는 것인가? 모집단의 형태에 따라 약간의 차이는 있지만 일반적으로 30개 이상이면 근사정도가 만족할 만하다.

예제 6-5

모평균이 50이고 모분산이 81인 어떤 모집단으로부터 크기가 100인 랜덤표본을 추출할 때, 표본평균이 47이상 51이하일 확률을 구하라.

풀이

중심극한정리에 의해 표본평균의 분포는 근사적으로 정규분포 $N(50, \frac{81}{100})$을 따른다.

표준화하면 $\frac{\overline{X}-50}{9/10}$의 분포가 표준정규분포로 근사한다.

$$
\begin{aligned}
P(47 \le \overline{X} \le 51) &= P\left(\frac{47-50}{9/10} \le \frac{\overline{X}-50}{9/10} \le \frac{51-50}{9/10}\right) \\
&\fallingdotseq P(-3.33 \le Z \le 1.11) = P(Z \le 1.11) - P(Z < -3.33) \\
&= P(Z \le 1.11) - \{1 - P(Z \le 3.33)\} \\
&= 0.8665 - (1 - 0.9996) = 0.8661
\end{aligned}
$$

6-1-3 표본비율의 정규근사

5.3절의 이항분포의 정규근사도 중심극한정리에서 비롯된다. 이항확률변수 X는 성공률이 p인 베르누이시행을 n번 독립적으로 시행했을 때 성공횟수로 베르누이분포 $B(1,p)$를 따르는 확률변수 $Y_1, Y_2, \cdots, Y_n$의 합으로 표현할 수 있다. 즉,

$$X = \sum_{i=1}^{n} Y_i, \quad Y_i = \begin{cases} 1, & \text{성공} \\ 0, & \text{실패} \end{cases}$$

이다. 베르누이분포의 모평균은 p이고 모표준편차는 $\sqrt{p(1-p)}$로, 표본의 크기 n이 충분히 클 때 표본평균 $\overline{X} = \dfrac{\sum_{i=1}^{n} Y_i}{n}$에 대해 중심극한정리를 적용하면 표본평균은 근사적으로 정규분포 $N(p, \dfrac{p(1-p)}{n})$를 따르므로, 표준화한 $\dfrac{\overline{X}-p}{\sqrt{\dfrac{p(1-p)}{n}}}$은 근사적으로 표준정규분포를 따른다. 표준확률변수의 분자와 분모에 각각 n을 곱하면

$$\frac{\overline{X}-p}{\sqrt{\dfrac{p(1-p)}{n}}} = \frac{X-np}{\sqrt{np(1-p)}}$$

5.3절의 표준화와 동일한 것이 된다. 일반적으로 이항분포에서는 표본평균 $\overline{X}$ 대신 표본비율 $\hat{p}$로 사용한다.

〈표본비율의 정규근사〉

베르누이 분포 $B(1,p)$에서 크기 n인 랜덤표본을 뽑았을 때, n이 충분히 크면 표본비율 $\hat{p}$는 근사적으로 정규분포 $N(p, \dfrac{p(1-p)}{n})$를 따른다. 즉, $\dfrac{\hat{p}-p}{\sqrt{\dfrac{p(1-p)}{n}}}$는 근사적으로 표준정규분포 $N(0,1)$를 따른다.

예제 6-6

30대가 커피를 좋아하는 확률을 0.7이라 하자. 이를 확인하기 위해 50명의 30대를 랜덤으로 뽑아 커피를 좋아하는 표본비율을 구했다. 그 표본비율이 0.6과 0.75사이에 있을 확률을 구하라.

풀이

표본비율 $\hat{p}$는 근사적으로 정규분포 $N(0.7, \frac{0.7\times0.3}{50})$를 따르므로

$$P(0.6<\hat{p}<0.75) \fallingdotseq P(\frac{0.6-0.7}{\sqrt{\frac{0.7\times0.3}{50}}}<Z<\frac{0.75-0.7}{\sqrt{\frac{0.7\times0.3}{50}}})$$

$$\fallingdotseq P(-1.54<Z<0.77)=P(Z<0.77)-P(Z\leq-1.54)$$

$$=P(Z<0.77)-\{1-P(Z<1.54)\}$$

$$=0.7794-(1-0.9382)=0.7176$$

이다.

6-2 표본분산의 분포

$X_1, X_2, \cdots, X_n$을 정규모집단으로부터 추출된 랜덤표본이라고 하자. 이 랜덤표본의 표본분산은

$$S^2=\frac{1}{n-1}\sum_{i=1}^{n}(X_i-\overline{X})^2$$

이다. 표본분산은 모분산 σ^2의 추론에 사용되며 관련된 분포는 카이제곱분포(chi-square distribution)이다. 자유도(degrees of freedom)가 k인 카이제곱분포 곡선은 〈그림 6-7〉과 같다. 이 카이제곱분포의 곡선은 자유도에 따라 형태가 다르지만 왼쪽으로 치우쳐 있고 오른쪽으로 꼬리가 긴 형태를 가진다. 빗금친 영역의 넓이는 각각 α이고 $\chi^2(k,\alpha)$는 자유도가 k인 카이제곱분포의 $100(1-\alpha)\%$ 백분위수에 해당하는 값으로

$$P(V\geq\chi^2(k,\alpha))=\alpha$$

를 만족한다. 단, V는 자유도 k인 카이제곱분포를 따르는 확률변수이다. 또한 $\chi^2(k,1-\alpha)$는 자유도가 k인 카이제곱분포의 $100\alpha\%$ 백분위수에 해당하는 값으로 $P(V\leq\chi^2(k,1-\alpha))=\alpha$를 만족한다.

부록 〈표 4〉는 여러 가지 자유도에 대한 카이제곱분포의 분포표가 주어져 있다. 여러 자유도($d.f.$)와 오른쪽 꼬리 영역의 넓이에 해당하는 V의 값이 주어져 있으므로, 이

표를 이용하면 카이제곱분포에 대한 여러 가지 확률을 구할 수 있다.

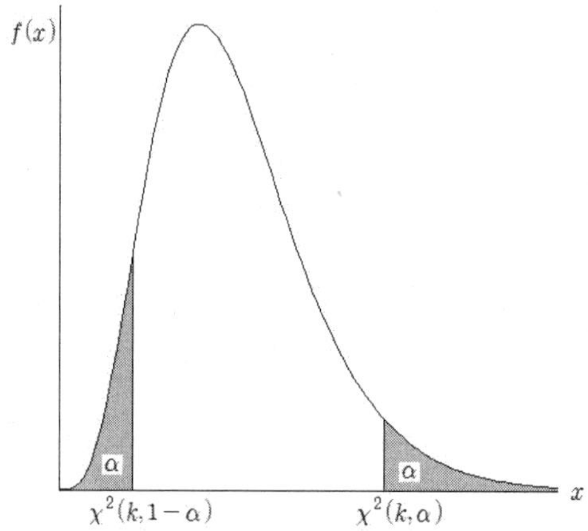

〈그림 6-7〉 자유도가 k인 카이제곱분포 곡선

예제 6-7

확률변수 V가 자유도 7인 카이제곱분포를 따른다고 할 때 다음을 구하라.

(1) $P(V \geq v_1) = 0.05$인 v_1

(2) $P(V \leq v_2) = 0.025$인 v_2

풀이

(1) 부록 〈표 4〉에 자유도가 7이고 오른쪽 꼬리 영역 α가 0.05에 해당하는 값이 v_1이다.

$$v_1 = 14.067 = \chi^2(7,\ 0.05)$$

(2) 부록 〈표 4〉에 자유도가 7이고 오른쪽 꼬리 영역 α가 0.975에 해당하는 값이 v_2이다.

$$v_2 = 1.690 = \chi^2(7,\ 0.975)$$

〈그림 6-8〉은 자유도 7인 카이제곱분포의 곡선과 v_1, v_2를 나타낸 그림이다.

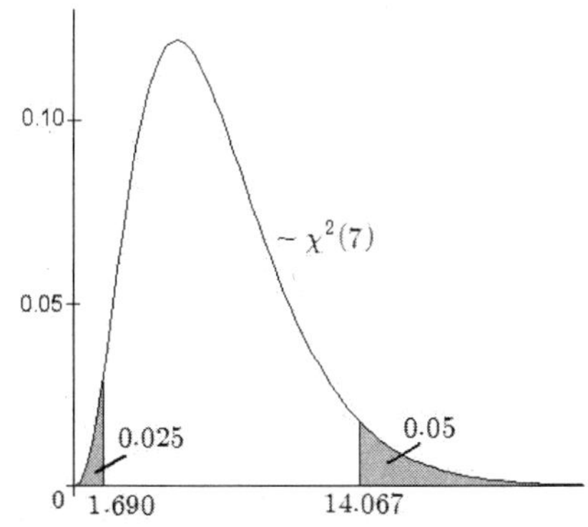

〈그림 6-8〉 자유도 7인 카이제곱분포의 곡선

예제 6-8

엑셀과 R을 이용하여 (예제 6-7)을 해결하라.

풀이

엑셀 명령문은 임의의 셀에, R 명령문은 프롬프트 '>' 다음에 입력하면 된다.

	엑셀	R
(1)	=CHIINV(0.05, 7)	qchisq(0.95, 7)
(2)	=CHIINV(0.975, 7)	qchisq(0.025, 7)

엑셀 함수 CHIINV($z, d.f.$)에서 z는 $P(X \geq x) = z$를 만족하는 값으로 카이제곱분포표처럼 오른쪽 꼬리 영역 값이지만, R 함수 qchisq($y, d.f.$)에서 y는 $P(X \leq x) = y$를 만족하는 값으로 카이제곱분포에서 왼쪽 꼬리 영역의 값이다. 만일 카이제곱분포표처럼 확률이 오른쪽 꼬리 영역 값이라는 것을 명시하기 위해서는 lower.tail=F를 첨가한 qchisq(z, $d.f.$, lower.tail=F)를 사용하거나 qchisq($1-y, d.f.$)를 사용한다. 즉, (1)의 qchisq(0.95, 7)은 qchisq(0.05, 7, lower.tail=F)와 같고, (2)의 qchisq(0.025, 7)은 qchisq(0.975, 7, lower.tail=F)와 같다. lower.tail=F는 카이제곱분포에서 주어진 확률이 왼쪽 꼬리 영역이 아니라는 의미이다.

〈표 6-4〉는 지금까지 배운 분포에 따른 여러 함수들에 대한 R 함수를 나열한 표이다. x는 $P(X=x)$ 또는 $P(X \leq x)$에서 X 값이고, y는 $P(X \leq x) = y$를 만족하는 확률값이며 c는 난수생성시 난수 개수를 나타낸다. 함수 앞에 'd'가 붙는 것은 확률밀도함수의 값을, 'p'가 붙는 것은 누적분포함수의 값을, 'q'는 'p'가 붙는 것의 역함수로 각

확률분포의 백분위수를, 'r'은 난수 생성을 위한 것이다. 카이제곱분포표처럼 오른쪽 꼬리 영역 값이라는 것을 명시하기 위해서는 lower.tail=F를 첨가한다.

〈표 6-4〉 분포에 따른 여러 함수들에 대한 R 명령어

분포	확률함수	누적분포함수	백분위수함수	난수생성
이항분포	dbinom(x, n, p)	pbinom(x, n, p)	qbinom(y, n, p)	rbinom(c, n, p)
정규분포	dnorm(x, μ, σ)	pnorm(x, μ, σ)	qnorm(y, μ, σ)	rnorm(c, μ, σ)
카이제곱분포	dchisq($x, d.f.$)	pchisq($x, d.f.$)	qchisq($y, d.f.$)	rchisq($c, d.f.$)

정규분포로부터 추출된 랜덤표본의 표본분산의 분포를 언급하기 전에 카이제곱분포의 정의와 성질을 언급하자. 확률변수 $Z_1, Z_2, \cdots, Z_k$가 각각 표준정규분포 $N(0,1)$을 따르고 서로 독립일 때, $Z_1^2 + Z_2^2 + \cdots + Z_k^2$은 자유도가 k인 카이제곱분포를 따른다. 만일 V_1과 V_2가 자유도가 각각 k_1과 k_2인 카이제곱분포$\chi^2(k_1)$, $\chi^2(k_2)$를 따르고 서로 독립이면, 카이제곱분포의 가법성에 의해 $V_1 + V_2$는 자유도가 $k_1 + k_2$인 카이제곱분포 $\chi^2(k_1 + k_2)$를 따른다.

정규분포 $N(\mu, \sigma^2)$으로부터 추출된 랜덤표본 $X_1, X_2, \cdots, X_n$의 표본분산 S^2과 관련된 카이제곱분포는

$$V = \frac{(n-1)S^2}{\sigma^2} = \frac{\sum_{i=1}^{n}(X_i - \overline{X})^2}{\sigma^2} \sim \chi^2(n-1)$$

이 성립한다. 즉, V는 자유도가 $n-1$인 카이제곱분포를 따른다. 왜냐하면, $Z_i = \dfrac{X_i - \mu}{\sigma} \sim N(0,1)$이고, $Z_1, Z_2, \cdots, Z_n$은 서로 독립이므로, 카이제곱정의로부터

$$\sum_{i=1}^{n}\left(\frac{X_i - \mu}{\sigma}\right)^2 = \frac{\sum_{i=1}^{n}(X_i - \mu)^2}{\sigma^2} \sim \chi^2(n)$$

이 성립한다.

$$\frac{\sum_{i=1}^{n}(X_i - \mu)^2}{\sigma^2} = \frac{\sum_{i=1}^{n}(X_i - \overline{X} + \overline{X} - \mu)^2}{\sigma^2} = \frac{\sum_{i=1}^{n}(X_i - \overline{X})^2}{\sigma^2} + \frac{n(\overline{X} - \mu)^2}{\sigma^2}$$

$$= \frac{(n-1)S^2}{\sigma^2} + \frac{n(\overline{X} - \mu)^2}{\sigma^2}$$

이다. 여기서 $\frac{n(\overline{X}-\mu)^2}{\sigma^2}=\left(\frac{\overline{X}-\mu}{\sigma/\sqrt{n}}\right)^2 \sim \chi^2(1)$이고, $\frac{\sum_{i=1}^{n}(X_i-\mu)^2}{\sigma^2}$과 $\frac{n(\overline{X}-\mu)^2}{\sigma^2}$은 서로 독립이므로 카이제곱 가법성에 의해

$$V=\frac{(n-1)S^2}{\sigma^2}=\frac{\sum_{i=1}^{n}(X_i-\overline{X})^2}{\sigma^2} \sim \chi^2(n-1)$$

이다.

예제 6-9

정규분포 $N(2, 8)$인 모집단에서 크기가 10인 랜덤표본을 추출했을 때 표본분산 S^2에 대하여 $P(S^2 \le a)=0.05$되는 a값을 구하라.

풀이

$\frac{(n-1)S^2}{\sigma^2}=\frac{9S^2}{8} \sim \chi^2(9)$이므로 $P(S^2 \le a)=P(\frac{9S^2}{8} \le \frac{9a}{8})=0.05$이다.

$P(S^2 > a)=P(\frac{9S^2}{8} > \frac{9a}{8})=0.95$이므로 부록 〈표 4〉에 자유도 $d.f$가 9이고 α가 0.95에 해당하는 값 $\chi^2(9,\, 0.95)=3.325$가 $\frac{9a}{8}$이다. 따라서 a는 약 2.956이다.

연습문제

6.1 $N(10, 16)$인 모집단에서 49개의 표본을 추출한 경우 다음을 구하라.

(1) 표본평균 $\overline{X}$가 8이상 13이하일 확률을 구하라.

(2) 표본분산 S^2에 대하여 $P(S^2 \le x) = 0.05$되는 x값을 구하라.

6.2 다음을 R을 이용하여 구하라.

(1) 자유도가 10인 χ^2-분포에서 상위 5% 백분위수를 구하라.

(2) 자유도가 25인 χ^2-분포에서 하위 10% 백분위수를 구하라.

6.3 집합 {2, 4, 6, 8}에서 2개를 복원추출로 뽑을 때 다음을 구하라.

(1) 가능한 모든 표본을 나열하고 표본평균을 구하고 표본평균의 분포를 구하라.

(2) 가능한 모든 표본을 나열하고 표본분산을 구하고 표본분산의 분포를 구하라.

7장

한 모집단에 대한 추론

일상생활에서 미래의 현상이나 미지의 값을 가능한 한 정확하게 추측하기를 원하는 경우가 많다. 이 때 관심 대상이 되는 전체 집단을 모집단으로 하고 모집단에서 표본을 추출하여 자료를 얻고 그 자료를 기초로 통계량을 계산하여 모집단의 미지의 특성인 모수에 대한 어떤 결론을 내리게 된다. 그런데 이 결론은 전체 모집단을 대신하여 그 일부분인 표본자료를 이용하여 나온 결과이기 때문에 불확실성을 내포하고 있다. 이런 불확실성을 규정하고 신뢰되는 결론으로 객관화하는 추론과정을 통계적 추론(statistics inference)이라고 한다.

통계적 추론은 크게 추정과 검정으로 구분된다. 우리나라 초등학교 6학년 여학생의 키에 대해 추론하는 다음과 같은 문제를 들어보자.

a. 모평균 μ의 참값은 얼마라고 추측할 수 있는가?
b. μ가 속하는 어떤 구간이 어느 정도 신뢰성이 있나?
c. μ가 153㎝이상이라고 주장할 만한 충분한 근거가 있는가?

이 문제에서 a와 b는 모수 추정에 관한 문제이며 c는 검정에 관련된 문제이다. 특히 추정중에서도 a는 점추정, b는 구간추정에 관련된 것이다.

이 장에서는 한 개 모집단의 모평균, 모분산, 모비율에 대한 추론문제를 다룬다.

7·1 점추정

모수의 참값으로 생각되는 하나의 값을 표본을 통해 추정하는 과정을 점추정이라 한다. 모수 추정에 사용되는 통계량을 점추정량(간단히 추정량)이라 하고 그 추정량의 관측값을 추정값이라 한다. 모평균, 모분산, 모비율의 추정량은 6장에서 다룬 표본평균, 표본분산, 표본비율이 가장 널리 쓰인다. 평균이 μ이고 분산이 σ^2인 모집단으로부터 추출된 확률변수를 $X_1, X_2, \cdots, X_n$이라 하면

모평균 μ의 추정량 표본평균 $\overline{X} = \frac{1}{n}\sum_{i=1}^{n} X_i$는 다음과 같은 성질을 가지고 있다.

a. $E(\overline{X}) = \mu$

b. $sd(\overline{X}) = \frac{\sigma}{\sqrt{n}}$

c. n이 충분히 크면 모집단의 분포에 상관없이 $\overline{X}$의 분포는 평균 μ, 표준편차 $\frac{\sigma}{\sqrt{n}}$

인 정규분포에 근사한다.

모비율 p의 추정량 표본비율 $\hat{p}=\dfrac{X}{n}$은 다음과 같은 성질을 가지고 있다.

a. $E(\hat{p})=p$

b. n이 충분히 크면 $\hat{p}$의 분포는 평균 p, 표준편차 $\sqrt{\dfrac{p(1-p)}{n}}$ 인 정규분포에 근사한다.

모분산 σ^2의 추정량 표본분산 $S^2=\dfrac{1}{n-1}\sum_{i=1}^{n}(X_i-\overline{X})^2$은 다음과 같은 성질을 가지고 있다.

a. $E(S^2)=\sigma^2$

b. 표준오차 $\dfrac{\sigma}{\sqrt{n}}$의 추정량은 $\dfrac{S}{\sqrt{n}}$이다.

c. 정규모집단의 모분산 σ^2에 대한 추정량 S^2에 대해 $\dfrac{(n-1)S^2}{\sigma^2}$은 자유도가 $n-1$ 인 카이제곱분포를 따른다.

모분산은 모집단의 분포가 흩어져 있는 정도를 나타내는 양으로, 그 추정량 S^2은 랜덤표본으로부터 모분산에 대한 정보를 주는 통계량으로 $E(S^2)=\sigma^2$성질을 가지고 있다.

$$E\left[\sum_{i=1}^{n}(X_i-\overline{X})^2\right]=E\left[\sum_{i=1}^{n}X_i^2-n\overline{X}^2\right]=\sum_{i=1}^{n}E(X_i^2)-nE(\overline{X}^2)$$

$$=\sum_{i=1}^{n}\left[Var(X_i)+(E(X_i))^2\right]-n\left[Var(\overline{X})+(E(\overline{X}))^2\right]$$

$$=n(\sigma^2+\mu^2)-n\left(\frac{\sigma^2}{n}+\mu^2\right)=(n-1)\sigma^2$$

이므로 $E(S^2)=\sigma^2$이다.

예제 7-1

초등학교 6학년 여학생 10명의 키를 측정한 결과 다음과 같았다.

150, 153, 149, 154, 155, 156, 162, 147, 157, 142

키의 평균 μ과 표준편차 σ를 추정하라.

풀이

$$\sum_{i=1}^{n} X_i = 150 + 153 + 149 + \cdots + 142 = 1525$$

$$\sum_{i=1}^{n} X_i^2 = 150^2 + 153^2 + 149^2 + \cdots + 142^2 = 232853$$

이므로 μ의 추정량은

$$\overline{X} = \frac{1}{n}\sum_{i=1}^{n} X_i = \frac{1525}{10} = 152.5$$

이고, σ^2의 추정량은

$$S^2 = \frac{1}{n-1}\sum_{i=1}^{n}(X_i - \overline{X})^2 = \frac{1}{n-1}\left(\sum_{i=1}^{n} X_i^2 - n\overline{X}^2\right) = \frac{1}{9}(232853 - 10 \times 152.5^2) \fallingdotseq 32.28$$

이다. 표준편차 σ의 추정량은 $S = \sqrt{32.28} \fallingdotseq 5.68$이다.

자료를 통해 구한 추정값은 모수의 참값을 추정한 값이지 반드시 참값인 것은 아니다. 그러므로 모수의 참값으로 하나의 추정량을 고려할 때 정밀도에 대한 정보를 제시하는 것이 좋다. 즉, 추정값의 오차의 크기를 염두에 두어야 한다. 구간추정을 살펴보면서 오차의 크기를 언급하자.

7-2 구간추정

추정량의 표본분포를 통해 모수의 참값이 속할 것으로 기대되는 범위를 구하는 과정이 구간추정이다. 모수가 특정 구간에 속할 확률 $1-\alpha$를 신뢰수준(confidence level)이라 하는데 가장 보편적으로 0.95를 국제 공용으로 사용한다.

7-2-1 모평균의 구간추정

(1) 모분산 σ^2이 알려진 정규모집단 $N(\mu, \sigma^2)$에서

모분산 σ^2이 알려진 정규분포 $N(\mu, \sigma^2)$으로부터 추출된 랜덤표본 $X_1, X_2, \cdots, X_n$의 표본평균 $\overline{X}$가 μ의 점추정량이고, $\overline{X}$는

$$\overline{X} \sim N(\mu, \frac{\sigma^2}{n}) \text{ 또는 } Z = \frac{\overline{X} - \mu}{\sigma / \sqrt{n}} \sim N(0, 1)$$

이 성립한다. 표준확률변수 Z의 분포를 〈그림 7-1〉처럼 표현하면 Z가 $-Z_{\alpha/2}$와 $Z_{\alpha/2}$ 사이에 있을 확률이 $1-\alpha$이다. 즉,

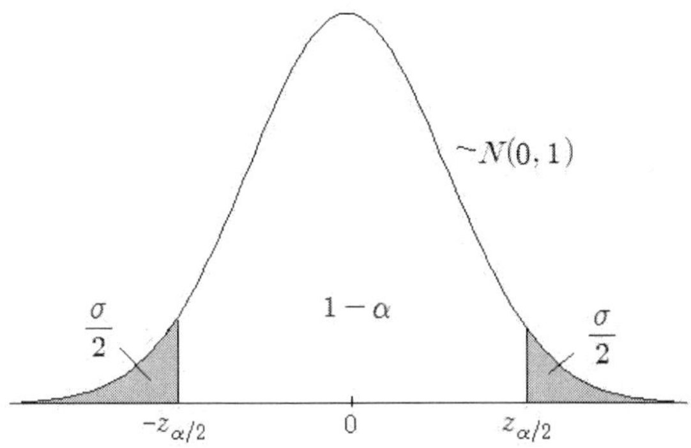

〈그림 7-1〉 표준정규분포

$$1 - \alpha = P(-z_{\alpha/2} \le \frac{\overline{X} - \mu}{\sigma / \sqrt{n}} \le z_{\alpha/2})$$

$$= P(\overline{X} - z_{\sigma/2} \frac{\sigma}{\sqrt{n}} \le \mu \le \overline{X} + z_{\sigma/2} \frac{\sigma}{\sqrt{n}})$$

이므로, 모평균 μ에 대한 $100(1-\alpha)\%$ 신뢰구간은 $(\overline{X} - z_{\sigma/2} \frac{\sigma}{\sqrt{n}},\ \overline{X} + z_{\sigma/2} \frac{\sigma}{\sqrt{n}})$ 이다. 이 신뢰구간을 $\overline{X} \pm z_{\sigma/2} \frac{\sigma}{\sqrt{n}}$ 로 쓰기도 한다. $\overline{X}$는 μ의 점추정량이고, $\frac{\sigma}{\sqrt{n}}$은 $\overline{X}$의 표준오차이며 $z_{\sigma/2} \frac{\sigma}{\sqrt{n}}$는 $100(1-\alpha)\%$ 오차의 한계이다.

예제 7-2

평균이 μ이고 분산이 20인 정규모집단으로부터 크기가 30인 표본을 추출하여 표본평균을 구하니 $\overline{x} = 52$이었다고 하자. μ의 95% 신뢰구간을 구하라.

풀이

신뢰수준 $1-\alpha$가 0.95이므로 $Z_{\alpha/2} = Z_{0.025} = 1.96$이다(〈그림 7-2〉). μ의 95% 신뢰구간은

$$(\overline{X}- z_{\sigma/2}\frac{\sigma}{\sqrt{n}},\quad \overline{X}+ z_{\sigma/2}\frac{\sigma}{\sqrt{n}}) = (52-1.96\frac{\sqrt{20}}{\sqrt{30}},\ 52+1.96\frac{\sqrt{20}}{\sqrt{30}})$$

$$= (50.40, 53.60)$$

이다.

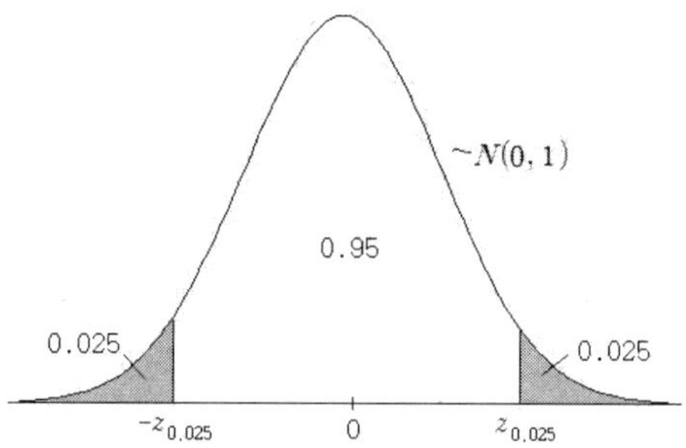

〈그림 7-2〉 표준정규분포에서 $Z_{\alpha/2}$

〈신뢰구간의 의미〉

(예제 7-2)에서 μ의 95% 신뢰구간은 $(50.40, 53.60)$이다. 이것은 모평균 μ가 구간 $(50.40, 53.60)$에 포함될 확률이 95%라는 것이다. 모평균 μ를 갖는 모집단에서 표본의 크기가 n인 표본을 추출하여 표본평균 $\overline{X}$의 관측값 $\overline{x}$를 구하여 신뢰구간

$$(\overline{x}- 1.96\frac{\sigma}{\sqrt{n}},\quad \overline{x}+ 1.96\frac{\sigma}{\sqrt{n}})$$

을 구하는 과정을 100번 수행한다면 그 때마다 관측값 $\overline{x}$가 다르므로 신뢰구간도 바뀐다. 100개의 신뢰구간 중 μ를 포함하는 것도 있고 포함하지 않는 것도 있을 것이다. 〈그림 7-3〉은 그 결과를 보여주는 그림으로 신뢰수준 95%는 100개중 대략 95개의 신뢰구간이 μ를 포함한다는 의미이다. 그림에서 각 신뢰구간은 세로선으로 표현하고 그 중점은 $\overline{x}$를 표현한 것이다.

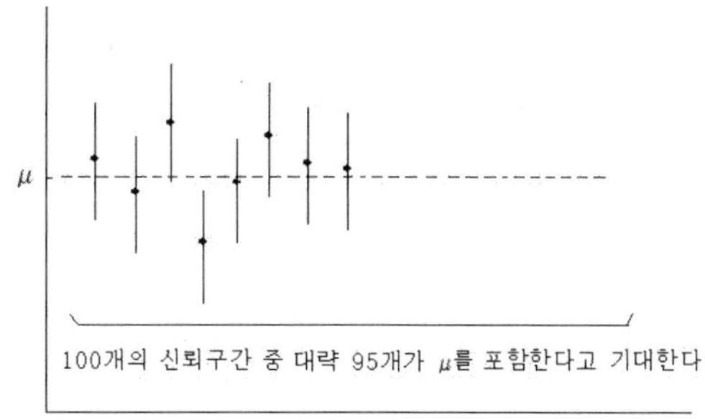

〈그림 7-3〉 신뢰구간의 의미

(2) 모분산 σ^2이 알려지지 않은 정규모집단 $N(\mu, \sigma^2)$에서

모분산 σ^2이 알려지지 않은 정규분포 $N(\mu, \sigma^2)$으로부터 추출된 랜덤표본 $X_1, X_2, \cdots, X_n$의 표본평균 $\overline{X}$는 μ의 점추정량이고, 표본분산 S^2은 σ^2의 점추정량이다. 신뢰구간을 구할 때 σ^2을 알지 못하므로 구할 수가 없다. 이때 표본의 크기 n이 크면 $\sigma \fallingdotseq S$이므로 표본평균 $\overline{X}$의 표준오차 $S.E(\overline{X}) = \frac{\sigma}{\sqrt{n}}$ 대신 표준오차의 추정량 $\widehat{S.E}(\overline{X}) = \frac{S}{\sqrt{n}}$를 사용한 확률은 큰 차이가 없다.

$$1-\alpha \fallingdotseq P(-z_{\alpha/2} \le \frac{\overline{X}-\mu}{S/\sqrt{n}} \le z_{\alpha/2})$$

$$= P(\overline{X}-z_{\sigma/2}\frac{S}{\sqrt{n}} \le \mu \le \overline{X}+z_{\sigma/2}\frac{S}{\sqrt{n}})$$

따라서, 모분산이 알려지지 않았지만 표본의 크기가 클 때 μ에 대한 $100(1-\alpha)\%$ 신뢰구간은 $(\overline{X}-z_{\sigma/2}\frac{S}{\sqrt{n}},\ \ \overline{X}+z_{\sigma/2}\frac{S}{\sqrt{n}})$이다.

예제 7-3

정규모집단 $N(\mu, \sigma^2)$으로부터 크기가 100인 표본을 추출하여 표본평균과 표본표준편차를 각각 구했더니 $\overline{x}=52$, $s=25$이었다고 하자. μ의 90% 신뢰구간을 구하라.

풀이

신뢰수준 $1-\alpha$가 0.9이므로 $Z_{\alpha/2} = Z_{0.05} = 1.645$이다. μ의 90% 신뢰구간은

$$(\overline{X}-z_{\sigma/2}\frac{S}{\sqrt{n}},\ \ \overline{X}+z_{\sigma/2}\frac{S}{\sqrt{n}}) = (52-1.645\frac{25}{\sqrt{100}},\ 52+1.645\frac{25}{\sqrt{100}})$$

$$= (47.89, 56.11)$$

이다.

정규모집단에서 추출된 랜덤표본의 표본평균 $\overline{X}$의 분포는 정규분포 $N(\mu, \frac{\sigma^2}{n})$이므로 표준화된 확률변수

$$Z = \frac{\overline{X} - \mu}{\sigma / \sqrt{n}}$$

은 표준정규분포를 따르고, 표본의 크기가 크면 표본표준편차 S는 σ에 매우 가까울 것이므로 σ 대신 S를 사용해도 근사적으로 표준정규분포를 따른다고 할 수 있다. 그런데 표본의 크기가 작으면 그렇지 않다. 1908년 영국의 양조회사를 다니던 고셋(W. S. Gosset : 1876~1937)이 Student라는 이름을 사용하여 논문을 발표하여 처음으로 연구하게 되었는데, 피셔(R. A. Fisher : 1890~1962)가 일반화된 t-분포 이론을 정립하였다. 즉,

$$T = \frac{\overline{X} - \mu}{S / \sqrt{n}}$$

의 분포를 자유도가 $n-1$인 t-분포라고 하며, Student의 t-분포라고도 한다. t-분포는 자유도에 따라 분포의 형태가 달라지므로 자유도를 꼭 언급한다. 분포의 형태는 표준정규분포와 같이 0을 기점으로 좌우 대칭인 종모양의 형태를 갖지만 표준정규분포보다 가운데 부분의 높이는 낮고, 꼬리부분은 높은 형태를 지니고 있다. 표본의 크기가 크면 t-분포는 근사적으로 표준정규분포에 근사하게 된다. 〈그림 7-4〉는 표준정규분포와 자유도가 3과 5인 t-분포를 나타내고 있다.

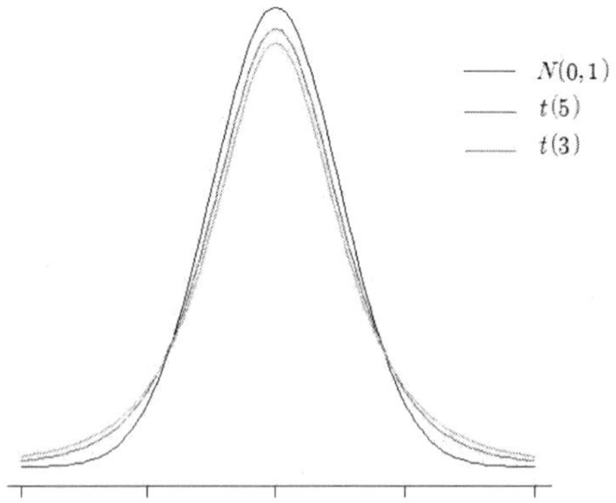

〈그림 7-4〉 표준정규분포와 자유도가 3과 5인 t-분포

자유도 ϕ인 t-분포를 $t(\phi)$로 나타내기로 하고, 자유도 ϕ인 t-분포에서 오른쪽 꼬리의 면적이 α인 점을 $t_{\alpha}(\phi)$ 또는 $t(\phi, \alpha)$라 하는데

$$P(T \geq t_{\alpha}(\phi)) = \alpha$$

를 만족하는 상수이다. 자유도에 따라 오른쪽 꼬리의 면적이 0.05인 점은

$$t_{0.05}(3) = 2.353, \quad t_{0.05}(5) = 2.015, \ t_{0.05}(\infty) = 1.645$$

이다. $t_{0.05}(\infty) = 1.645$는 표준정규분포에서 오른쪽 꼬리의 면적이 0.05인 점 $Z_{0.05}$와 일치한다. 부록 〈표 3〉은 여러 가지 자유도에 대한 t-분포의 분포표가 주어져 있다.

예제 7-4

자유도가 7인 t-분포에서 상위 5백분위수와 하위 10백분위수에 해당되는 값을 구하라.

풀이

자유도가 7인 t-분포에서 상위 5백분위수에 해당되는 값은 부록 〈표 3〉에서 자유도 $d.f. = 7$, $\alpha = 0.05$인 경우의 값 $t_{0.05}(7) = 1.895$이고, 하위 10백분위수에 해당되는 값은 0 보다 왼쪽이 있는 음수이므로 상위 10백분위수에 해당되는 값 1.415과 대칭인 $-t_{0.1}(7) = -1.415$이다. 〈그림 7-5〉는 자유도 7인 t-분포에서 하위 10백분위수와 상위 5백분위수에 해당되는 값을 표현한 그림이다.

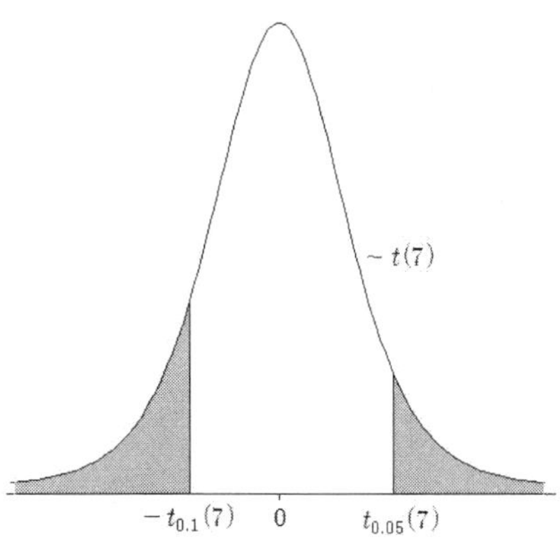

〈그림 7-5〉 자유도 7인 t-분포

예제 7-5

엑셀과 R을 이용하여 자유도가 35인 t-분포에서 $P(X \geq 2)$와 $P(X \leq 2)$를 구하라.

풀이

엑셀 명령문은 임의의 셀에, R 명령문은 프롬프트 '>' 다음에 입력하면 된다.

	엑셀	R
(1)	=TDIST(2, 35, 1)	1-pt(2, 35)
(2)	=1-TDIST(2, 35, 1)	pt(2, 35)

6장의 (예제 6-8)에서 엑셀과 R을 통해 카이제곱분포의 확률값을 계산할 때처럼 엑셀 함수 TDIST(x, $d.f.$, 1)은 t-분포의 오른쪽 꼬리 영역의 확률 $P(X \geq x)$를 구한 것이지만, R 함수 pt($x, d.f.$)는 t-분포의 왼쪽 꼬리 영역의 확률 $P(X \leq x)$를 구한 것이다. 그러므로 t-분포표처럼 확률 $P(X \geq x)$이 오른쪽 꼬리 영역 값이라는 것을 명시하기 위해서는 lower.tail=F를 첨가한 pt(x, $d.f.$, lower.tail=F)를 사용하거나 1-pt($x, d.f.$)를 사용한다. 즉, (1)의 1-pt(2, 35)는 pt(2, 35, lower.tail=F)와 같다. 엑셀 함수 TDIST(x, $d.f.$, 1)에서 "1"은 오른쪽 꼬리 한 부분만의 확률이라는 의미인데, 만일 "2"를 사용한다면 양쪽 꼬리 영역의 확률을 의미한다. 즉, TDIST(x, $d.f.$, 2)는 TDIST(x, $d.f.$, 1)의 2배 확률로 $P(|X| \geq x)$를 의미한다. 엑셀과 R을 사용한 결과는

(1) $P(X \geq 2) \fallingdotseq 0.0267$

(2) $P(X \leq 2) \fallingdotseq 0.9733$ 이다.

TDIST(x, $d.f.$, tails)에서 x는 양수값을 허용하므로 자유도가 35인 t-분포에서 $P(X \geq -2)$를 구하기 원한다면 $P(X \geq -2) = P(X \leq 2) = 1 - P(X > 2)$이므로 =1-TDIST(2, 35, 1)를 사용하면 된다.

예제 7-6

엑셀과 R을 이용하여 (예제 7-4)를 구하라.

풀이

엑셀 명령문은 임의의 셀에, R 명령문은 프롬프트 '>' 다음에 입력하면 된다.

	엑셀	R
상위 5백분위수	=TINV(0.1, 7)	qt(0.95, 7)
하위 10백분위수	=-TINV(0.2, 7)	qt(0.1, 7)

엑셀 함수 TINV($z, d.f.$)는 $P(X \geq x) = z/2$를 만족하는 x값을, R 함수 qt($y, d.f$)는 $P(X \leq x) = y$를 만족하는 x값을 계산한다. 상위 5백분위수 qt(0.95, 7)은 qt(0.05, 7, lower.tail=F)와 같다.

〈표 7-1〉은 t-분포에 대한 R 함수를 나열한 표로 값 x, y, c는 6장의 〈표 6-4〉를 설명한 값과 동일하다. pt, qt 함수 사용시 오른쪽 꼬리 영역의 확률을 명시하기 위해서는 lower.tail=F를 사용한다.

〈표 7-1〉

분포	확률함수	누적분포함수	백분위수함수	난수생성
t-분포	dt($x, d.f$)	pt($x, d.f$)	qt($y, d.f$)	rt($c, d.f$)

모집단의 분포가 정규분포이며 모분산이 알려지지 않고 표본의 크기가 작을 때, T 통계량

$$T = \frac{\overline{X} - \mu}{S/\sqrt{n}}$$

은 자유도 $n-1$인 t-분포를 따르므로 T가 $-t_{\alpha/2}(n-1)$와 $t_{\alpha/2}(n-1)$ 사이에 있을 확률이 $1-\alpha$로

$$\begin{aligned} 1-\alpha &= P(-t_{\alpha/2}(n-1) \le \frac{\overline{X}-\mu}{S/\sqrt{n}} \le t_{\alpha/2}(n-1)) \\ &= P(\overline{X} - t_{\alpha/2}(n-1)\frac{S}{\sqrt{n}} \le \mu \le \overline{X} + t_{\alpha/2}(n-1)\frac{S}{\sqrt{n}}) \end{aligned}$$

이다. 따라서 t-분포를 이용한 모평균 μ에 대한 $100(1-\alpha)\%$ 신뢰구간은

$$(\overline{X} - t_{\alpha/2}(n-1)\frac{S}{\sqrt{n}},\quad \overline{X} + t_{\alpha/2}(n-1)\frac{S}{\sqrt{n}})$$

이다. 〈그림 7-6〉은 t-분포를 이용한 모평균 μ에 대한 $100(1-\alpha)\%$ 신뢰구간을 나타낸 그림이다.

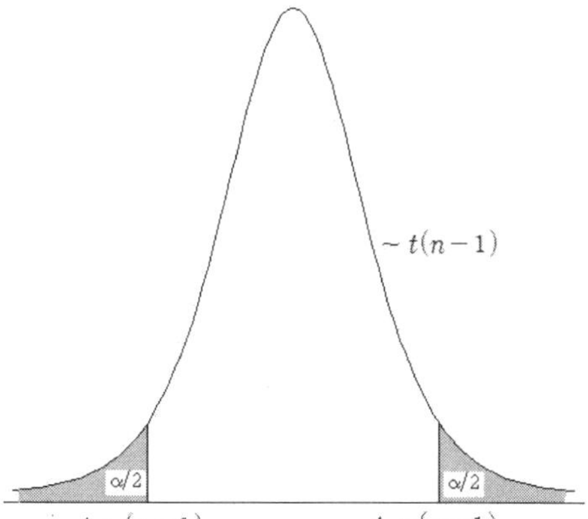

〈그림 7-6〉 자유도 $n-1$인 t-분포

예제 7-7

통계학 점수의 분포가 정규분포라고 할 때, 표본의 크기가 10인 랜덤표본을 추출한 결과가 다음과 같다.

100, 45, 70, 72, 81, 80, 95, 88, 60, 64

평균 점수 μ에 대한 90% 신뢰구간을 구하라.

풀이

자료로부터 표본평균 $\overline{x}$와 표본표준편차 s는 다음과 같다.

$$\overline{x}=\frac{1}{10}\sum_{i=1}^{10}x_i=\frac{1}{10}(100+45+70+\cdots+64)=75.5$$

$$\sum_{i=1}^{10}x_i^2=100^2+45^2+70^2+\cdots+64^2=59535$$

$$s^2=\frac{1}{n-1}(\sum_{i=1}^{n}x_i^2-n\overline{x}^2)=\frac{1}{9}(59535-10\times 75.5^2)\fallingdotseq 281.389$$

$$s=\sqrt{281.389}\fallingdotseq 16.775$$

부록 〈표 3〉에서 자유도 $d.f.=9$, $\alpha/2=0.05$인 값 $t_{0.05}(9)=1.833$이므로, 평균 점수 μ에 대한 90% 신뢰구간은

$$\begin{aligned}&(\overline{X}-t_{\alpha/2}(n-1)\frac{S}{\sqrt{n}},\ \overline{X}+t_{\alpha/2}(n-1)\frac{S}{\sqrt{n}})\\&=(75.5-1.833\frac{16.775}{\sqrt{10}},\ 75.5+1.833\frac{16.775}{\sqrt{10}})\\&=(65.776,\ 85.224)\end{aligned}$$

이다.

t-분포를 이용하여 모평균 추론을 하거나 카이제곱분포를 이용하여 모분산 추론을 할 경우 모집단이 정규분포라는 가정이 필요했었다. 그런데 모집단의 분포가 정규분포가 아니라면 어떤가? t-분포를 이용한 추론인 경우 일반적으로 표본 크기가 15개보다 작을 때는 모집단이 거의 정규분포를 이루어야 t 분포를 이용한 추론을 사용할 수 있지만 정규모집단이 아니거나 이상점(outlier)이 존재하면 상당한 차이가 날 수 있다. 표본 크기가 최소한 15개라면 이상점이 존재하지 않거나 한쪽으로 치우친 분포가 아닐 때 t 분포를 이용한 추론을 사용할 수 있다. 하지만 표본 크기가 충분히 크면(30이상이면)

한쪽으로 치우친 분포여도 t 분포를 이용한 추론들을 사용해도 그 효과가 심각하지 않다는 것이 알려져 있다. 그러나 카이제곱분포를 이용하여 모분산 추론을 할 경우는 모집단이 정규분포가 아니면 심각할 수 있다.

예제 7-8

(예제 7-7)의 통계학 점수 자료로 엑셀을 이용하여 평균 점수 μ에 대한 90% 신뢰구간을 구하라.

풀이

① 엑셀 워크시트의 셀 A1 에 변수 이름 “점수”를 입력한다.

② [데이터] 탭 - [분석] 그룹 - [데이터 분석]을 선택하면 통계 데이터분석 대화상자(〈그림 7-7〉)가 나타난다. 분석 도구 [기술 통계법]을 선택하면 기술통계법 대화상자가 나타나고 〈그림 7-7〉처럼 입력범위에 자료를 선택하고 출력될 부분의 위치를 선정해 준다. 필요한 부분에 체크(∨)하고 신뢰수준은 “90”을 입력한 후 [확인]을 누르면 〈그림 7-8〉과 같은 결과가 출력된다.

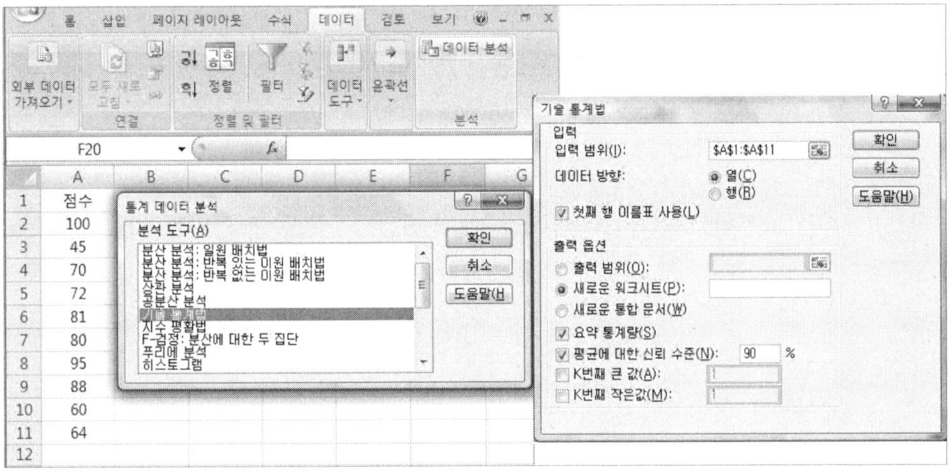

〈그림 7-7〉 엑셀의 기술통계법 대화상자

③ 〈그림 7-8〉에서 신뢰 수준(90.0%) 9.723949423 은 90% 오차의 한계를 나타내는데, 소수 셋째자리까지 구한다면 9.724 이다. 그러므로 평균 점수 μ에 대한 90% 신뢰구간은

$$(\text{평균} - \text{오차의 한계},\ \text{평균} + \text{오차의 한계}) = (75.5 - 9.724,\ 75.5 + 9.724) = (65.776,\ 85.224)$$

이다.

점수	
평균	75.5
표준 오차	5.304610154
중앙값	76
최빈값	#N/A
표준 편차	16.77465019
분산	281.3888889
첨도	-0.281065483
왜도	-0.279384338
범위	55
최소값	45
최대값	100
합	755
관측수	10
신뢰 수준(90.0%)	9.723949423

〈그림 7-8〉 통계학 점수의 기술통계량

(3) 표본의 크기가 크고 모분산 σ^2이 알려지지 않은 임의의 모집단에서

모집단의 분포가 정규분포가 아닌 경우에는 표본의 크기 n이 충분히 클 때 근사적인 신뢰구간을 구할 수 있다. 중심극한정리에서 표본의 크기가 충분히 크면 표본평균 $\overline{X}$의 분포는 근사적으로 정규분포 $N(\mu, \frac{\sigma^2}{n})$를 따른다. 그러므로 μ에 대한 $100(1-\alpha)\%$ 근사 신뢰구간은 $(\overline{X}-z_{\alpha/2}\frac{\sigma}{\sqrt{n}},\ \overline{X}+z_{\alpha/2}\frac{\sigma}{\sqrt{n}})$이다. 만일 모분산이 알려지지 않았지만 표본의 크기가 클 때는 σ 대신 S를 사용한 근사 신뢰구간은 $(\overline{X}-z_{\alpha/2}\frac{S}{\sqrt{n}},\ \overline{X}+z_{\alpha/2}\frac{S}{\sqrt{n}})$이다.

예제 7-9

3장의 〈표 3-1〉의 기말점수를 이용하여 평균 점수 μ에 대한 95% 신뢰구간을 구하라.

풀이

(예제 3-11)을 통해 기말점수의 표본평균과 표본표준편차를 각각 69.575와 19.851로 얻었다. α가 0.05이므로 $Z_{\alpha/2}=Z_{0.025}=1.96$이다. μ의 95% 신뢰구간은

$$\begin{aligned}(\overline{X}-z_{\alpha/2}\frac{S}{\sqrt{n}},\ \overline{X}+z_{\alpha/2}\frac{S}{\sqrt{n}}) &= (69.575-1.96\frac{19.851}{\sqrt{40}},\ 69.575+1.96\frac{19.851}{\sqrt{40}}) \\ &= (63.423,\ 75.727)\end{aligned}$$

이다.

예제 7-10

(예제 7-9)의 기말점수 자료로 엑셀을 이용하여 평균 점수 μ에 대한 95% 신뢰구간을 구하라.

풀이

(예제 7-5) 과정을 거치면 되는데 그 과정 ②에서 신뢰수준은 "95"로 하면 〈그림 7-9〉과 같은 결과가 출력된다. 95% 오차의 한계를 소수 셋째자리까지 구한다면 6.349이다. 그러므로 평균 점수 μ에 대한 95% 신뢰구간은

$$\begin{aligned}(\text{평균}-\text{오차의 한계},\ \text{평균}+\text{오차의 한계}) &= (69.575-6.349,\ 69.575+6.349)\\ &= (63.226,\ 75.924)\end{aligned}$$

이다.

기말점수	
평균	69.575
표준 오차	3.13865
중앙값	74
최빈값	92
표준 편차	19.8506
분산	394.046
첨도	-0.57629
왜도	-0.66031
범위	71
최소값	22
최대값	93
합	2783
관측수	40
신뢰 수준(95.0%)	6.34852

〈그림 7-9〉 〈표 3-1〉의 기말점수 기술통계량

(예제 7-9)와 엑셀을 사용한 (예제 7-10)은 동일한 자료임에도 불구하고 기말 평균 점수의 95% 신뢰구간이 다르다. 그 이유는 엑셀 결과인 〈그림 7-9〉의 신뢰수준(95.0%)은 95% 오차의 한계로 t-분포를 사용하였고, (예제 7-9)는 표준정규분포를 사용하였기 때문이다. 즉, t-분포를 사용한 $100(1-\alpha)\%$ 오차의 한계는

$$t_{\alpha/2}(n-1)\frac{S}{\sqrt{n}}$$

이고, 표준정규분포를 사용한 $100(1-\alpha)\%$ 오차의 한계는

$$z_{\alpha/2}\frac{S}{\sqrt{n}}$$

이다. 표본의 수가 충분히 크면 거의 동일 한 값이다. 엑셀 임의의 셀에 =TINV(0.05, 39)를 입력하거나 R의 프롬프트 '>' 다음에 qt(0.025, 39, lower.tail=F)를 입력하면 $t_{0.025}(39)$ 값이 약 2.022691으로 출력된다. 〈그림 7-10〉은 R을 이용한 결과이다.

```
> qt(0.025, 39, lower.tail=F)
[1] 2.022691
>
```

〈그림 7-10〉 R을 이용한 $t_{0.025}(39)$의 값

예제 7-11

R을 이용하여 (예제 7-7) 통계학 점수 자료를 이용하여 평균 점수 μ에 대한 90% 신뢰구간을 구하라.

풀이

〈그림 7-11〉은 평균 점수 μ에 대한 90% 신뢰구간의 결과를 출력한 그림이다. 통계점수 변수 이름을 "score"라고 지정하고, t.test 함수를 사용하여 평균 점수에 대한 신뢰구간을 구한다. "conf.level=0.9"는 신뢰도가 0.9라는 의미이고, 95% 신뢰구간이면 "conf.level=0.95"를 생략해도 된다. 모평균 μ에 대한 $100(1-\alpha)\%$ 신뢰구간을 구하는 명령문은

```
> score=c(100, 45, 70, 72, 81, 80, 95, 88, 60, 64)
> t.test(score,conf.level=0.9)

        One Sample t-test

data:  score
t = 14.2329, df = 9, p-value = 1.778e-07
alternative hypothesis: true mean is not equal to 0
90 percent confidence interval:
 65.77605 85.22395
sample estimates:
mean of x
     75.5

>
```

〈그림 7-11〉 R을 이용한 μ에 대한 90% 신뢰구간

t.test(자료의 변수 이름, conf.level=1 − α)

이다. 평균점수 μ에 대한 90% 신뢰구간은 (65.77605, 85.22395)이다.

7-2-2 모비율의 구간추정

이항확률변수 X는 성공률이 p인 베르누이시행을 n번 독립적으로 시행했을 때 성공 횟수로, 6장의 1.3절에서 언급한 표본비율 $\hat{p}=\frac{X}{n}$가 모비율 p의 점추정량이 된다. 표본비율의 정규근사에 의해 n이 충분히 크면 표본비율 $\hat{p}$는 근사적으로 정규분포 $N(p, \frac{p(1-p)}{n})$를 따르므로 $\frac{\hat{p}-p}{\sqrt{\frac{p(1-p)}{n}}}$는 근사적으로 표준정규분포 $N(0,1)$를 따른다. 일반적으로 $np \geq 5$이고 $n(1-p) \geq 5$일 때 근사정도가 상당히 좋은 것으로 알려져 있다.

모비율 p에 대한 $100(1-\alpha)\%$ 근사 신뢰구간을 구하기 위해 표본비율의 정규근사를 이용하면

$$
\begin{aligned}
1-\alpha &\fallingdotseq P(-z_{\alpha/2} \leq \frac{\frac{X}{n}-p}{\sqrt{\frac{p(1-p)}{n}}} \leq z_{\alpha/2}) \\
&= P(\frac{X}{n}-z_{\alpha/2}\sqrt{\frac{p(1-p)}{n}} \leq p \leq \frac{X}{n}+z_{\alpha/2}\sqrt{\frac{p(1-p)}{n}})
\end{aligned}
$$

이다. 그런데 표본비율 $\frac{X}{n}$의 표준오차 $S.E(\hat{p})=\sqrt{\frac{p(1-p)}{n}}$는 알 수 없는 값이므로 표본의 크기가 클 때는 모비율 p와 매우 가까운 표본비율 $\hat{p}$를 사용한 표준오차의 추정량 $\widehat{S.E}(\hat{p})=\sqrt{\frac{\hat{p}(1-\hat{p})}{n}}$를 이용한다. 따라서 모비율 p에 대한 $100(1-\alpha)\%$ 근사 신뢰구간은

$$
(\hat{p}-z_{\alpha/2}\sqrt{\frac{\hat{p}(1-\hat{p})}{n}},\quad \hat{p}+z_{\alpha/2}\sqrt{\frac{\hat{p}(1-\hat{p})}{n}})
$$

이다.

예제 7-12

A 고등학교 학생들이 등교할 때 이용하는 대중교통 수단 중 지하철을 이용하는 비율을 조사했다. 전교생에서 200명의 학생을 랜덤하게 추출하여 조사하였더니 지하철을 이용하는 학생은 75명이었다. A 고등학교 학생들이 등교할 때 지하철을 이용하는 비율에 대한 95% 신뢰구간을 구하라.

풀이

표본비율의 값은 $\hat{p}=\dfrac{75}{200}=0.375$이므로, 표본비율 $\hat{p}$의 표준오차의 추정량은

$$\sqrt{\frac{\hat{p}(1-\hat{p})}{n}}=\sqrt{\frac{0.375(1-0.375)}{200}}\fallingdotseq 0.034$$

이다. 따라서 등교할 때 지하철을 이용하여 등교하는 비율 p에 대한 95% 신뢰구간은

$$\left(\hat{p}-z_{\alpha/2}\sqrt{\frac{\hat{p}(1-\hat{p})}{n}},\ \ \hat{p}+z_{\alpha/2}\sqrt{\frac{\hat{p}(1-\hat{p})}{n}}\right)=(0.375-1.96\times 0.034,\ 0.375+1.96\times 0.034)$$
$$=(0.308, 0.442)$$

이다.

예제 7-13

(예제 7-12)를 엑셀과 R을 이용하여 해결하라.

풀이

A. 엑셀 이용

① 엑셀을 이용해 모비율에 대한 신뢰구간을 구하기 위해서는 엑셀 워크시트의 셀에 성공 횟수만큼 1을 입력하고 나머지는 0을 입력한다. 셀 A1 에 변수 이름 “지하철”을 입력하고 그 아래로 지하철을 타고 다니는 학생수 만큼 75개의 셀에 1을 입력하고 나머지 125개의 셀은 0을 입력한다.

② 기술통계법 대화상자에서 자료가 있는 셀을 지정해주고, 신뢰수준은 “95”로 하면 〈그림 7-12〉와 같은 결과가 출력된다. 95% 오차의 한계를 소수 셋째자리까지 구한다면 0.068이다. 그러므로 등교할 때 지하철을 이용하여 등교하는 비율 p에 대한 95% 신뢰구간은

(평균 − 오차의 한계, 평균 + 오차의 한계) $=(0.375-0.068,\ 0.375+0.068)$
$=(0.307, 0.443)$

이다. 엑셀은 $(\overline{X}-t_{\alpha/2}(n-1)\frac{S}{\sqrt{n}},\ \overline{X}+t_{\alpha/2}(n-1)\frac{S}{\sqrt{n}})$를 사용한 결과이므로 (예제 7-12)와 약간의 차이를 보인다.

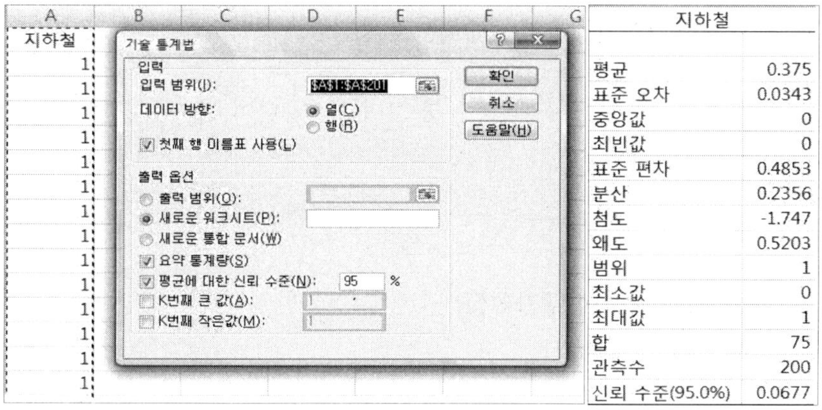

〈그림 7-12〉 엑셀을 이용한 비율 p에 대한 95% 신뢰구간

B. R 이용

〈그림 7-13〉은 등교할 때 지하철을 이용하여 등교하는 비율 p에 대한 95% 신뢰구간의 결과를 출력한 그림이다. prop.test 함수를 사용하여 평균 점수에 대한 신뢰구간을 구한다. 95% 신뢰구간이므로 'conf.level=0.95'를 생략해도 된다. 모비율 p에 대한 $100(1-\alpha)\%$ 신뢰구간을 구하는 명령문은

prop.test(성공수, 시행횟수, conf.level=$1-\alpha$)

이다. 모비율 p에 대한 $100(1-\alpha)\%$ 근사 신뢰구간은

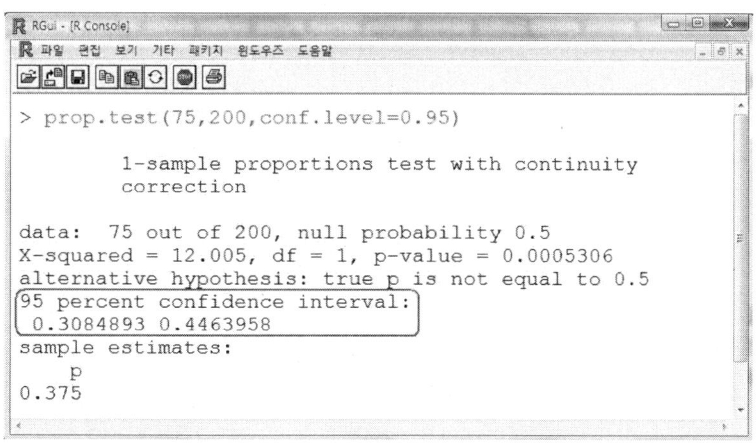

〈그림 7-13〉 R을 이용한 비율 p에 대한 95% 신뢰구간

$$(\hat{p}-z_{\alpha/2}\sqrt{\frac{\hat{p}(1-\hat{p})}{n}},\quad \hat{p}+z_{\alpha/2}\sqrt{\frac{\hat{p}(1-\hat{p})}{n}})$$

에서 표본비율 $\hat{p}$의 표준오차의 추정량 $\sqrt{\frac{\hat{p}(1-\hat{p})}{n}}$ 을 사용하지만 R은 표본비율 $\hat{p}$의 표준오차 $\frac{\sqrt{p(1-p)}}{n}$를 그대로 사용하여 접근한 값이므로 (예제 7-12)와 약간의 차이를 보인다.

7-2-3 모분산의 구간추정

6장에서 모평균 μ와 모분산 σ^2이 알려지지 않은 정규분포 $N(\mu, \sigma^2)$으로부터 추출된 랜덤표본 $X_1, X_2, \cdots, X_n$의 표본분산에 대해

$$V=\frac{(n-1)S^2}{\sigma^2}=\frac{\sum_{i=1}^{n}(X_i-\overline{X})^2}{\sigma^2}\sim\chi^2(n-1)$$

이 성립함을 다루었다. 〈그림 7-14〉는 자유도가 $n-1$인 카이제곱분포를 나타내고 있는데 V가 $\chi^2(n-1, 1-\frac{\alpha}{2})$와 $\chi^2(n-1, \frac{\alpha}{2})$ 사이에 있을 확률이 $1-\alpha$이다. 즉,

$$\begin{aligned}1-\alpha &= P\left\{\chi^2(n-1,1-\frac{\alpha}{2})\le\frac{(n-1)S^2}{\sigma^2}\le\chi^2(n-1,\frac{\alpha}{2})\right\}\\ &= P\left\{\frac{(n-1)S^2}{\chi^2(n-1,\frac{\alpha}{2})}\le\sigma^2\le\frac{(n-1)S^2}{\chi^2(n-1,1-\frac{\alpha}{2})}\right\}\end{aligned}$$

이다. 따라서 정규모집단의 모분산 σ^2에 대한 $100(1-\alpha)\%$ 신뢰구간은

$$\left(\frac{(n-1)S^2}{\chi^2(n-1,\frac{\alpha}{2})},\quad\frac{(n-1)S^2}{\chi^2(n-1,1-\frac{\alpha}{2})}\right)$$

이고, 모표준편차 σ에 대한 $100(1-\alpha)\%$ 신뢰구간은

$$\left(\sqrt{\frac{(n-1)S^2}{\chi^2(n-1,\frac{\alpha}{2})}},\quad\sqrt{\frac{(n-1)S^2}{\chi^2(n-1,1-\frac{\alpha}{2})}}\right)$$

이다. 이 모분산과 모표준편차에 대한 신뢰구간은 모집단의 분포가 정규분포라는 가정이 필요하다. $\chi^2(n-1, \alpha)$은 $\chi^2_\alpha(n-1)$로도 표현한다.

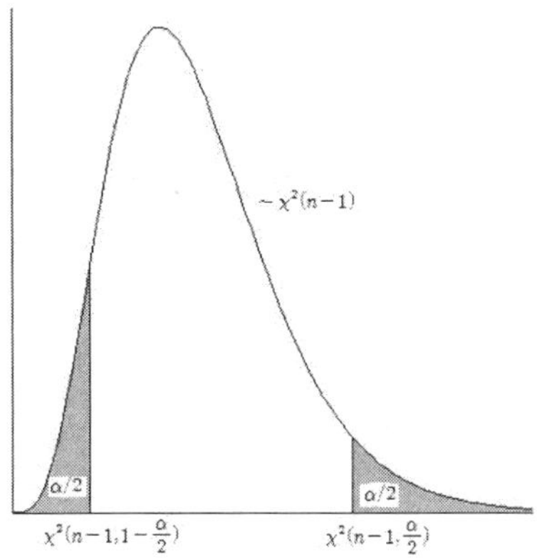

〈그림 7-14〉 자유도가 $n-1$인 카이제곱분포

예제 7-14

(예제 7-7) 통계학 점수 자료를 이용하여 점수의 표준편차 σ에 대한 95% 신뢰구간을 구하라.

풀이

표본의 크기와 표본분산이 각각 $n=10$, $s^2 \fallingdotseq 281.389$이고, 부록 〈표 4〉 카이제곱분포 표로부터 $\chi^2(n-1, \frac{\alpha}{2}) = \chi^2(9, 0.025) = 19.023$, $\chi^2(n-1, 1-\frac{\alpha}{2}) = \chi^2(9, 0.975)$ $= 2.700$이므로 점수의 표준편차 σ에 대한 95% 신뢰구간은

$$\left(\sqrt{\frac{(n-1)S^2}{\chi^2(n-1, \frac{\alpha}{2})}},\ \sqrt{\frac{(n-1)S^2}{\chi^2(n-1, 1-\frac{\alpha}{2})}}\right) = \left(\sqrt{\frac{9\times 281.389}{19.023}},\ \sqrt{\frac{9\times 281.389}{2.700}}\right)$$
$$= (11.538, 30.626)$$

이다.

예제 7-15

(예제 7-14)를 R을 이용하여 해결하라.

풀이

〈그림 7-15〉는 점수의 분산 σ^2에 대한 95% 신뢰구간의 결과를 출력한 그림이다. R에

이를 위한 함수가 존재하지 않아 사용자가 임의로 함수를 만들어 신뢰구간을 구했다. "chi.test"는 사용자 지정 함수 이름으로 분산의 하한값(l)' 상한값(u)과 표준편차의 하한값(sqrt(l))' 상한값(sqrt(u))를 출력한다. "function(x, conf.level)"에서 "function"은 키워드이고 괄호안의 내용은 사용자 지정이다. 여기서는 x 자리에 자료의 변수 이름을 입력하고, conf.level 자리에는 신뢰도를 입력하면 된다. 계산과정에서 소수점 반올림 오차로 (예제 7-9)와 약간의 차이를 보일 뿐이다.

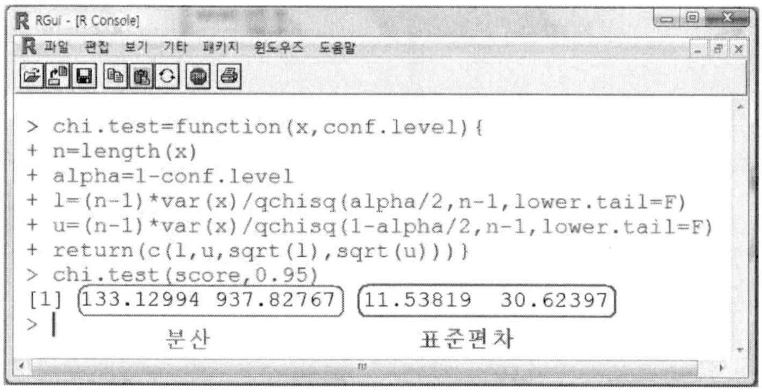

〈그림 7-15〉 R을 이용한 분산 σ^2에 대한 95% 신뢰구간

점수의 분산 σ^2에 대한 95% 신뢰구간은 (133.12994, 937.82767)이고,
점수의 표준편차 σ에 대한 95% 신뢰구간은 (11.53819, 30.62397)이다.

7-3 표본의 크기 결정

모집단에 대한 조사를 설계하는 단계에서 신뢰도를 높이면서 정보로서 가치를 높게 하는 방법은 표본의 크기를 크게 하는 것이다. 하지만 6장에서 언급한 것처럼 최적의 선택을 위해 정확성과 경제성 중 어떤 측면을 더 고려해야 할지 결정이 필요하므로 경제적인 측면에서는 무작정 표본의 크기를 크게 할 수는 없다. 자료를 통해 구한 추정값은 모수의 참값을 추정한 값이지 반드시 참값은 아니다. 모수의 참값으로 하나의 추정량을 고려할 때 정밀도에 대한 정보를 제시하는 것이 좋으므로, 추정값의 오차의 크기를 염두에 두어야 한다. 모평균 μ에 대한 $100(1-\alpha)\%$ 신뢰구간에서 오차의 한계 $z_{\alpha/2}\dfrac{\sigma}{\sqrt{n}}$가 작다면 신뢰구간의 폭이 좁아져 μ의 추정량 $\overline{X}$의 측정값은 모수값과 매우 가까운 범위에 있을 가능성이 높다. 표본의 크기가 크고 신뢰수준 $1-\alpha$가 작으면 이 오차의 한계는 작아지고 추정량의 정밀도는 높아진다. 따라서 자료를 수집하기 전에

정해진 정밀도에 따라 즉, 신뢰수준 $1-\alpha$하에서 오차의 한계를 d이하로 하는 표본의 크기를 결정한다. 모평균을 추정하기 위한 것인지 모비율을 추정하기 위한 것인지 따라 다르게 표본의 크기가 결정된다.

7-3-1 모평균의 추정에서 표본의 크기 결정

모평균 μ에 대한 $100(1-\alpha)\%$ 오차의 한계 $z_{\alpha/2}\dfrac{\sigma}{\sqrt{n}}$가 d이하로 하기 위해서는 $\left(\dfrac{z_{\alpha/2}\sigma}{d}\right)^2 \le n$를 만족하는 최소의 정수 n을 표본의 크기로 결정한다. 모분산이 알려지지 않은 경우는 예비조사를 통해 작은 크기의 표본을 추출하여 표본분산을 구한 후 σ 대신 표본표준편차의 측정값 s를 사용하여 표본의 크기를 결정한다.

예제 7-16

A 제과회사에서 만드는 과자의 내용물 무게는 180g이라고 표기되어 있다. 평균 무게에 대해서 95% 오차의 한계가 3g이내가 되기 위한 표본의 크기를 구하라. 이를 위해 10개의 랜덤표본을 추출하는 예비조사에서 표본표준편차 $s=7.2$를 구했다.

풀이

$$n \ge \left(\frac{z_{\alpha/2}\cdot s}{d}\right)^2$$

$$=\left(\frac{1.96\times 7.2}{3}\right)^2$$

$$\fallingdotseq 22.128$$

이므로 필요한 표본의 크기는 23개이다.

예제 7-17

모평균 μ를 추정하는데 95% 오차의 한계가 3이 되기 위해 필요한 표본의 크기가 121이라고 한다. 이 경우 90% 오차의 한계가 4.3이 되기 위해 필요한 표본의 크기를 구하라.

풀이

95% 오차의 한계가 3이 되기 위해 필요한 표본의 크기가 121이므로

$$n=\left(\frac{z_{\alpha/2}\sigma}{d}\right)^2, \qquad 121=\left(\frac{1.96\sigma}{3}\right)^2, \qquad \sigma^2=\frac{121\times 3^2}{1.96^2}$$

분산이 결정된다. 이 분산을 이용하여 90% 오차의 한계가 4.3이 되기 위해 필요한 표본의 크기를 결정하면 된다.

$$\begin{aligned} n &= \left(\frac{z_{\alpha/2}\sigma}{d}\right)^2 \\ &= \left(\frac{1.645\sigma}{4.3}\right)^2 \\ &= \frac{1.645^2}{4.3^2} \times \frac{121 \times 3^2}{1.96^2} \fallingdotseq 41.487 \end{aligned}$$

인데 오차의 한계가 4.3을 넘으면 안 되므로 필요한 표본의 크기는 42개면 충분하다.

7-3-2 모비율의 추정에서 표본의 크기 결정

표본의 크기 n이 충분히 크면 모비율 p의 추정량 표본비율 $\hat{p}$는 근사적으로 정규분포 $N(p, \frac{p(1-p)}{n})$를 따르고, 모비율 p에 대한 $100(1-\alpha)\%$ 근사 신뢰구간에서 표본비율 $\hat{p}$의 오차의 한계 $z_{\alpha/2}\sqrt{\frac{p(1-p)}{n}}$를 d이하로 하는 표본의 크기를 결정한다. 그러면 필요한 표본의 크기는

$$\left(\frac{z_{\alpha/2}}{d}\right)^2 p(1-p) \le n$$

를 만족하는 최소의 정수면 된다. 그러나 p는 미지의 모수이므로, p에 대한 정보가 있으면 그 값을 사용하고 정보가 없으면 $p(1-p)$를 최대로 하는 $\frac{1}{4}$을 사용한다. 모비율 p에 대한 $100(1-\alpha)\%$ 오차의 한계가 d이하로 하는 표본의 크기는

$$n \ge \begin{cases} \frac{1}{4}\left(\frac{z_{\alpha/2}}{d}\right)^2, & p\text{에 대한 사전 정보가 없을 때} \\ \left(\frac{z_{\alpha/2}}{d}\right)^2 p^*(1-p^*), & p\text{가 } p^*\text{근방이라고 예상할 때} \end{cases}$$

이다.

예제 7-18

한 TV 방송국의 연속극 시청률을 추정하고자 한다. 95% 오차의 한계가 0.07이하가 되기 위해 필요한 표본의 크기를 구하라.

(1) p가 약 0.23 근방이라고 예상할 때
(2) p에 대한 사전 정보가 없을 때

풀이

(1) $n \geq \left(\frac{z_{\alpha/2}}{d}\right)^2 p^*(1-p^*) = \left(\frac{1.96}{0.07}\right)^2 \times 0.23 \times 0.77 = 138.846$ 이므로 139개가 필요한 표본의 크기이다.

(2) $n \geq \frac{1}{4}\left(\frac{z_{\alpha/2}}{d}\right)^2 = \frac{1}{4}\left(\frac{1.96}{0.07}\right)^2 = 196$이므로 196개가 필요한 표본의 크기이다.

7-4 가설검정

모집단의 모수에 대한 예상, 주장, 추측 등의 옳고 그름을 판정하기 위해 제한된 수의 표본으로부터 주어지는 정보를 이용하여 그 주장을 받아들여야 할지 여부를 판정하는 과정을 통계적 가설검정(statistical hypothesis testing)이라고 하는데 이런 결정은 여러 분야에서 발생하고 있다.

(예 7.A)

내용물의 무게가 150g으로 표시된 참치캔은 제조공정에서는 평균 무게가 153g이 되도록 제조 공정을 유지하려고 한다. 이를 확인하기 위해 10개의 참치캔을 랜덤 추출하여 내용물을 조사하니 표본평균이 151.5g, 표본표준편차는 8.5g이었다. 이 자료의 결과로 공정에 이상이 있다고 할 수 있는가?

(예 7.B)

연필심의 두께가 2㎜인 연필을 만드는 공장에서 두께의 변동이 0.03㎜와 다르면 공정에 이상이 있다고 한다. 이를 확인하기 위해 30개의 연필을 랜덤추출하여 표본분산을 구했더니 0.04㎜로 관찰되었다. 이 자료의 결과로 공정에 이상이 있다고 할 수 있는가?

(예 7.C)

어떤 TV 방송국의 A 연속극 시청률이 지난 주 42%라고 한다. 이번 주 시청률을 알기위해 150세대를 조사했더니 65세대에서 이 연속극을 시청한다고 한다. 과연 시청률이 증가했다고 할 수 있는가?

예 7.A는 평균 무게와 관련된 문제로 공정에 이상이 있다는 주장은 "$\mu < 153$"와 같이 나타낼 수 있고, 예 7.B는 두께의 분산에 관련된 문제로 공정이 있다는 주장은 "$\sigma^2 \neq 0.03$"과 같이 나타낼 수 있다. 예 7.C는 시청률에 관련된 문제로 시청률이 증가했다는 주장은 "$p > 0.42$"로 나타낼 수 있다. 이처럼 연구자가 자료로부터 확실한 근거에 의하여 참임을 주장하는 가설을 대립가설(alternative hypothesis : H_1)이라 하고, 이에 상반되는 가설을 귀무가설(null hypothesis : H_0)이라 한다. 예에 대한 귀무가설과 대립가설은 다음과 같이 주어진다.

(예 7.A) $H_0 : \mu \geq 153 \quad vs \quad H_1 : \mu < 153$

(예 7.B) $H_0 : \sigma^2 = 0.03 \quad vs \quad H_1 : \sigma^2 \neq 0.03$

(예 7.C) $H_0 : p \leq 0.42 \quad vs \quad H_1 : p > 0.42$

예 7.A와 예 7.C의 대립가설은 μ가 153보다 작다는 한쪽만, p가 0.42보다 크다는 한쪽만 주장하는 형태의 가설로 단측가설(one-sided hypothesis)이라 하고, 예 7.B의 대립가설은 σ^2이 0.03보다 크거나 작은 양쪽 모두에 관심 있는 형태의 가설로 양측가설(two-sided hypothesis)이라 한다. 귀무가설 H_0와 대립가설 H_1 중 어느 하나를 선택해야 하는 판단에 사용되는 통계량을 검정통계량(test statistic)이라 한다. 검정통계량의 관측값에 따라 H_1을 택할 때는 "귀무가설 H_0를 기각한다"라 하고, H_0를 택할 때는 "귀무가설 H_0를 기각하지 않는다"라고 표현한다. H_0를 기각한다는 것은 증거가 강력하게 있을 때 내린다는 것이므로 그 증거가 강력하지 않을 때는 제기된 주장인 대립가설 H_1을 받아들일 수가 없다는 것이다. 검정통계량의 측정값에 따라 귀무가설 H_0를 기각하거나 기각하지 못하게 된다. 귀무가설을 기각하는 검정통계량의 관측값 영역을 기각역(rejection region 또는 critical region)이라고 한다. 예 7.A에서 귀무가설 H_0와 대립가설 H_1 중 어느 하나를 택하는 과정에서 표본평균 $\overline{X}$가 사용되는 것이 당연해 보인다. 그러면 $\overline{X}$가 어떤 값일 때 H_0를 기각하는가? 즉, H_0를 기각하는 기각역은 어떻게 되나? $\overline{X}$가 작은 값이면 귀무가설 H_0를 기각한다고 할 수 있을 것이므로 기각역의 형태는 $\overline{X} \leq c$이다. 마찬가지로 예 7.B에서는 표본분산 S^2을 사용한 기각역의 형태는 $S^2 \geq c_1$ 또는 $S^2 \leq c_2$일 것이고 예 7.C에서는 표본비율 $\hat{p} = \frac{X}{n}$을 사용한 기각역의 형태는 $\frac{X}{n} \geq c$일 것이다. 여기서 c, c_1, c_2를 기각치(critical value)라 부르는데 이 값이 결정되어야 완전한 기각역이 된다. 귀무가설을 기각하지 못한다는 것은 귀무가설이 사실이라는 의미가 아니고 귀무가설을 기각할 만한 증거가 충분하지 않다는 의미를 지니고 있다.

표본의 정보를 통해 모집단의 미지의 수인 모수를 추측하고 예상할 때는 오차를 수반하게 된다. 추정에서 통계량의 정확성을 위해 오차의 한계를 언급한 것처럼 가설검정에서도 잘못된 판정을 내릴 가능성은 항상 존재한다. 검정결과에 따라 두 가설 H_0와 H_1 중 어느 하나가 옳다는 결정을 내릴 때 다음과 같은 두 가지의 오류가 발생할 수 있다. 즉, H_0가 참일 때 H_0를 기각하는 제 1종 오류(type I error)와 H_1이 참일 때 H_0를 채택하는(H_0를 기각하지 않는) 제 2종 오류(type II error)가 있다.

검정결과 \ 미지의 실제 현상	H_0가 참	H_1이 참
H_0 채택	옳은 결정	제 2종 오류
H_0 기각	제 1종 오류	옳은 결정

통계적인 가설검정에서 이러한 오류를 범할 확률을 가능한 작게 해 주는 것이 바람직하다. 하지만 이 두 오류를 동시에 최소로 하는 검정법이 존재하지 않는다. 〈그림 7-16〉은 예 7.A를 이용하여 두 오류를 표현한 그림이다. 표본의 크기가 크면 $\overline{X}$는 근사적으로 정규분포를 따르므로 귀무가설이 참이라고 했을 때와 대립가설이 참이라고 했을 때의 정규근사분포를 나타내었다. 대립가설이 참일 때의 모평균 μ가 귀무가설이 참

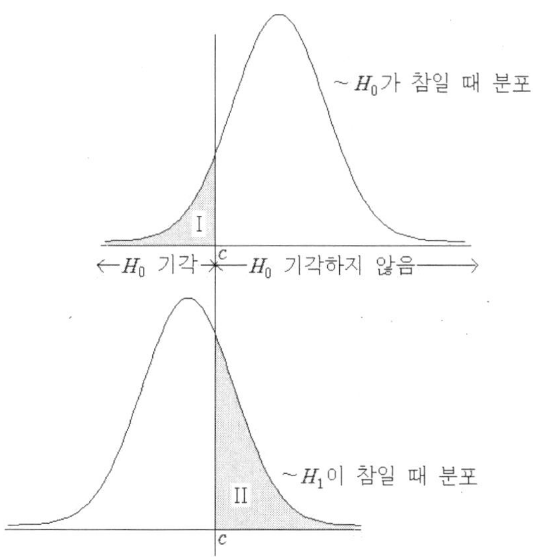

〈그림 7-16〉 제 1종 오류와 제 2종 오류

일 때보다 작은 값이므로 왼쪽에 분포되어 있다. 두 오류를 동시에 최소로 하는 기각치 c를 결정하는 것은 불가능하다. c를 오른쪽으로 옮기면 제 1종 오류가 증가하고 왼쪽으로 옮기면 제 2종 오류가 증가한다. 그러므로 두 오류 중 더 심각한 오류인 제 1종 오류를 미리 정해진 수준으로 고정시켜놓고 가설검정을 수행한다. 귀무가설 H_0가 참일 때, H_0를 기각하는 최대 허용한계를 유의수준(significance level : α)이라 하는데, 유의수준 α인 검정법은 제 1종 오류를 범할 확률이 α 이하인 검정법을 뜻한다. 95%의 신뢰구간이 가장 일반적으로 사용되는 것처럼 유의수준 0.05(5%)가 널리 사용되는 값이며 신뢰수준과 대응되는 값이다. 그 밖에도 0.01(1%), 0.1(10%) 등이 있다.

일반적으로 주어진 데이터를 이용하여 유의수준 α인 가설검정을 수행할 때 다음 4단계로 나눠 생각하면 편리하다.

① 가설을 설정한다 : H_0 vs H_1
② 검정통계량을 구한다.
③ 기각역을 구한다.
④ 주어진 데이터로부터 유의성을 판정하고 결과를 해석한다.

7-4-1 모평균의 가설검정

모분산이 알려진 경우와 알려지지 않은 경우, 정규모집단인 경우와 아닌 경우 등 몇 개의 경우로 나눠 가설검정을 고려해 보자. 귀무가설과 대립가설에 따라 3종류의 가설이 고려된다.

(i) $H_0 : \mu \le \mu_0 \quad vs \quad H_1 : \mu > \mu_0$ (단측검정)
(ii) $H_0 : \mu \ge \mu_0 \quad vs \quad H_1 : \mu < \mu_0$ (단측검정)
(iii) $H_0 : \mu = \mu_0 \quad vs \quad H_1 : \mu \ne \mu_0$ (양측검정)

여기서, 귀무가설을 $H_0 : \mu \le \mu_0$ 또는 $H_0 : \mu \ge \mu_0$로 하는 것이 원칙이나 $H_0 : \mu = \mu_0$로 해도 같은 결과가 나오므로 앞으로 귀무가설은 $H_0 : \mu = \mu_0$를 사용할 것이며, 모분산과 모비율에 대한 가설검정에서도 귀무가설을 $H_o : \sigma^2 = \sigma_0^2$ 와 $H_0 : p = p_0$를 사용할 것이다.

(1) 모분산이 알려진 정규모집단 $N(\mu, \sigma^2)$과 표본의 크기가 큰 경우의 임의의 모집단에서

모분산이 알려진 경우 정규모집단에서 통계량인 표본평균 $\overline{X}$의 분포는 정규분포 $N(\mu, \dfrac{\sigma^2}{n})$를 따르므로 표준화한 통계량 $Z = \dfrac{\overline{X} - \mu}{\sigma/\sqrt{n}}$는 표준정규분포를 따른다. 귀무가설이 참일 때의 통계량 $\frac{\overline{X}-\mu_0}{\sigma/\sqrt{n}}$ 은 검정통계량으로 표준정규분포를 따른다. 〈그림 7-17〉에서 〈그림 7-19〉까지 각 대립가설에 따른 유의수준(α), 기각치($\pm z_\alpha$, $\pm z_{\alpha/2}$), 기각역(──)을 나타내고 있다.

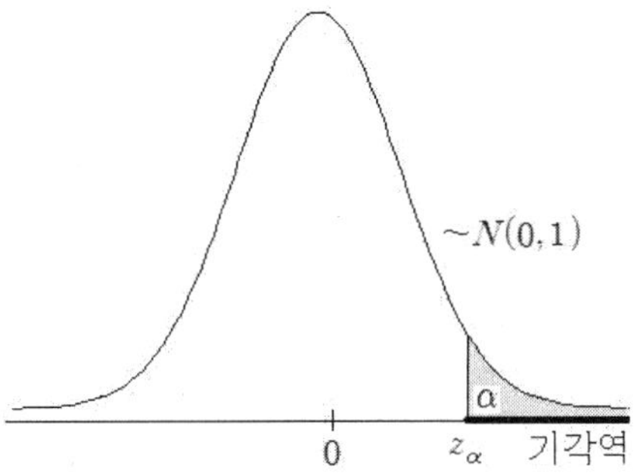

〈그림 7-17〉 $H_0: \mu = \mu_0 \ vs \ H_1: \mu > \mu_0$

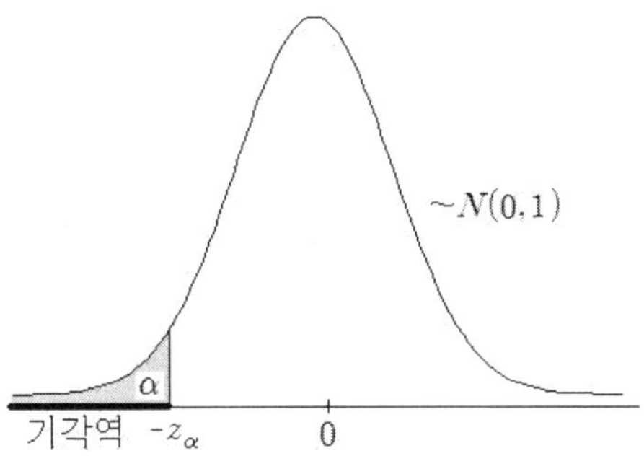

〈그림 7-18〉 $H_0: \mu = \mu_0 \ vs \ H_1: \mu < \mu_0$

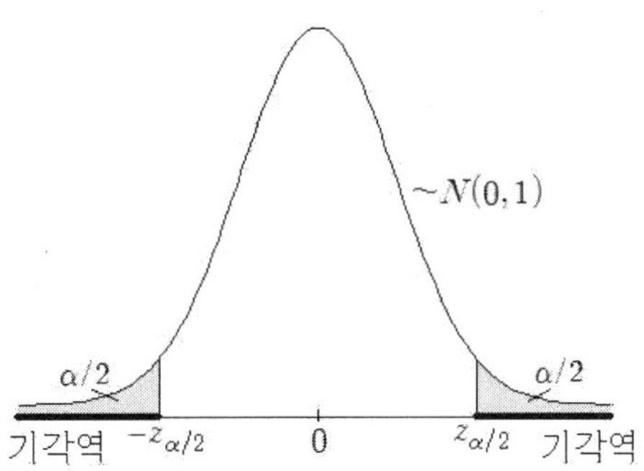

〈그림 7-19〉 $H_0: \mu = \mu_0 \ vs \ H_1: \mu \neq \mu_0$

표본의 크기가 큰 경우 임의의 모집단에서 모분산이 알려진 경우는 $Z_0 = \dfrac{\overline{X}-\mu_0}{\sigma/\sqrt{n}}$ 이 검정통계량이며, 모분산이 알려지지 않은 경우는 $Z_0 = \dfrac{\overline{X}-\mu_0}{S/\sqrt{n}}$ 이 검정통계량인데 둘 다 근사적으로 표준정규분포를 따르므로 기각치와 기각역은 〈그림 7-17〉에서 〈그림 7-19〉까지에 있는 것과 유사하다. 〈표 7-2〉는 이를 정리한 표이다.

〈표 7-2〉 표본의 크기가 큰 경우 μ에 대한 가설 검정

	$H_1: \mu > \mu_0$	$H_1: \mu < \mu_0$	$H_1: \mu \neq \mu_0$
검정통계량	$Z_0 = \dfrac{\overline{X}-\mu_0}{\sigma/\sqrt{n}}$ 또는 $Z_0 = \dfrac{\overline{X}-\mu_0}{S/\sqrt{n}}$ $\div N(0, 1)$		
기각역	$Z \geq z_\alpha$	$Z \leq -z_\alpha$	$\lvert Z\rvert \geq z_{\alpha/2}$
판정	$Z_0 \geq z_\alpha$ 이면 H_0를 기각	$Z_0 \leq -z_\alpha$ 이면 H_0를 기각	$\lvert Z_0\rvert \geq z_{\alpha/2}$ 이면 H_0를 기각

예제 7-19

두 달 동안 다이어트 프로그램에 참가하면 10kg이상 체중이 감량된다고 주장하는 휘트니스 클럽이 있다. 과연 이 주장이 옳은지 알아보기 위해 이 클럽의 다이어트 프로그램에 참가한 50명의 회원들을 상대로 두 달 동안 체중 변화를 조사하니 표본평균과 표본표준편차가 각각 $\overline{x} = 8.5$, $s = 17$이었다. 50명을 상대로 한 랜덤표본의 결과로 이 클럽의 주장이 위배된다고 할 수 있는지 유의수준 5%에서 검정하라.

풀이

- 가설 : $H_0: \mu = 10 \quad vs \quad H_1: \mu < 10$
- 검정통계량 : $Z_0 = \dfrac{\overline{X}-\mu_0}{S/\sqrt{n}} = \dfrac{8.5-10}{17/\sqrt{50}} \fallingdotseq -0.6239$
- 기각역 : $Z \leq -z_{0.05}$이므로 $Z \leq -1.645$이다.
- 판정 : 검정통계량이 -0.6239로 기각역에 포함되지 않는 값이다. 즉, $Z_0 = -0.6239 > -1.645$이므로 귀무가설 H_0를 기각하지 않는다.
- 해석 : 따라서, 이 표본으로부터 유의수준 0.05하에서 귀무가설을 기각하지 않으므로 이 클럽의 주장이 위배된다고 할 만한 근거가 충분하지 않다.

여기서 유의확률(significance probability : p-value, p-값)이라는 용어를 소개하자. 유의확률은 가설검정에서 판정을 내리는데 필요한 정보를 제공해 주는 도구이므로

가설검정에서 중요한 역할을 한다. 간단하게 말하면 유의확률은 검정통계량을 이용하여 귀무가설을 기각할 수 있는 최소의 유의수준이다. 만일 대립가설이 $H_1 : \mu > \mu_0$이라면, 기각역은 $Z \geq z_\alpha$인데 기각치 z_α는 주어진 유의수준을 만족하는 Z 값이므로 유의수준에 따라 기각치는 다른 값이 된다. 그런데 검정통계량 Z_0를 이용하여 귀무가설을 기각할 수 있는 확률을 구한다면 기각치를 이용한 판정보다 훨씬 간편하다. 〈표 7-3〉은 대립가설에 따른 유의확률을 나타낸 표이다. 검정통계량은 귀무가설이 옳은지 대립가설이 옳은지 판정할 때 사용하는 통계량으로 귀무가설이 참이라고 했을 때의 통계량이다. 그런데 이런 검정통계량을 이용한 유의확률이 작다는 것은 귀무가설을 기각할 확률이 작다는 의미 즉, 귀무가설을 기각하게 될 오류가 작다는 의미이다. 그러므로 유의확률이 주어진 유의수준보다 작으면 귀무가설을 기각하고, 유의확률이 주어진 유의수준보다 크면 귀무가설을 기각하지 않는다. 유의확률이 아주 작다는 것은 귀무가설을 기각하는 정도가 강력하다는 것이므로 유의확률을 계산하여 결론을 좀 더 명확하게 하는 것이 바람직하다.

〈표 7-3〉 대립가설에 따른 유의확률

	$H_1 : \mu > \mu_0$	$H_1 : \mu < \mu_0$	$H_1 : \mu \neq \mu_0$
p-값	$P(Z \geq Z_0)$	$P(Z \leq Z_0)$	$P(\lvert Z \rvert \geq \lvert Z_0 \rvert)$

예제 7-20

(예제 7-19)의 유의확률을 구하여 유의수준 10%에서 검정하라.

풀이

대립가설이 $H_1 : \mu < 10$이므로 유의확률은 $P(Z \leq Z_0)$이다. 표준정규분포를 이용하기 위해 검정통계량을 반올림하여 소수 둘째자리까지 표현한 $Z_0 \fallingdotseq -0.62$를 사용하자. 유의확률은

$$P(Z \leq Z_0) \fallingdotseq P(Z \leq -0.62) = P(Z \geq 0.62) = 1 - P(Z < 0.62) = 1 - 0.7324 = 0.2676$$

이다. 유의확률이 0.2676으로 유의수준 0.1보다 크므로 귀무가설을 기각하지 않는다. 〈그림 7-20〉은 표준정규분포 그래프에 검정통계량, 기각치, 유의수준, 유의확률, 기각역을 표시한 그림이다.

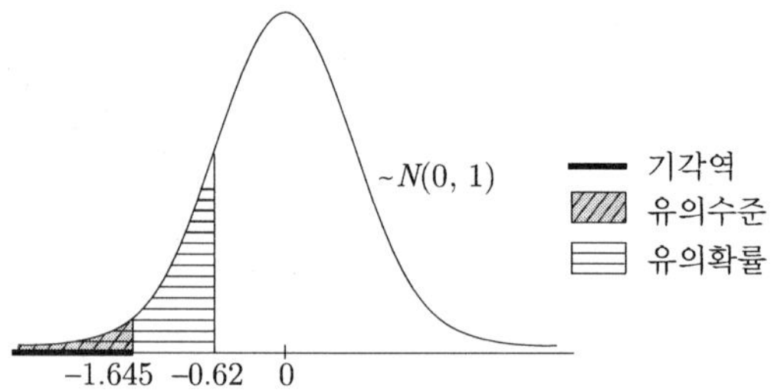

〈그림 7-20〉 검정에 필요한 여러 수치 표현

예제 7-21

작년 통계학 점수의 평균이 73점이었다고 한다. 금년도 40명 학생의 통계학 점수가 3장의 〈표 3-1〉에 나열되어 있는데 표본평균이 약 69.575이고 표본표준편차가 약 19.851로 계산되어진다. 금년도 기말 평균이 작년과 다르다고 할 수 있는지 유의수준 5%에서 검정하라. 유의확률도 구하여 검정결과와 비교하라.

풀이

- 가설 : $H_0 : \mu = 73 \quad vs \quad H_1 : \mu \neq 73$
- 검정통계량 : $Z_0 = \dfrac{\overline{X} - \mu_0}{S/\sqrt{n}} = \dfrac{69.575 - 73}{19.851/\sqrt{40}} \fallingdotseq -1.09$
- 기각역 : $|Z| \geq z_{0.025}$ 이므로 $|Z| \geq 1.96$ 이다.
- 판정 : 검정통계량의 절대값이 1.09로 기각역에 포함되지 않는 값이다. 즉, $|Z_0| = 1.09 < 1.96$ 이므로 귀무가설 H_0를 기각하지 않는다.
- 해석 : 따라서, 이 표본으로부터 유의수준 0.05하에서 귀무가설을 기각하지 않으므로 금년도 통계학 기말 성적이 작년과 다르다고 할 만한 근거가 충분하지 않다.
- 유의확률은 $P(|Z| \geq |Z_0|) \fallingdotseq P(|Z| \geq 1.09)$

$$= 2 \times P(Z \geq 1.09) = 2 \times [1 - P(Z < 1.09)]$$

$$= 2 \times (1 - 0.8621) = 0.2758$$

로 유의수준 0.05보다 크므로 귀무가설을 기각하지 않는다.

〈그림 7-21〉은 엑셀을 이용하여 통계 자료를 분석할 수 있는 [데이터 분석] 대화상자 그림이다. 엑셀에서 t-검정은 모분산이 알려지지 않아 표본분산을 구하고 t-분포를 사용한 검정이고, z-검정은 알려진 모분산을 이용하여 표준정규분포를 사용한 검정이다. 그리고 t-검정을 이용한 3가지 분석도구와 z-검정을 이용한 분석도구 등은 모두 두 모집단의 평균 차에 대한 가설검정을 수행하는 것이므로 한 모집단의 모평균에 대한

가설검정을 바로 수행할 수가 없다. 그런데 "t-검정 : 쌍체비교"를 이용하여 자료 입력을 조절하면 한 모집단의 모평균에 대한 가설검정을 수행할 수 있다.

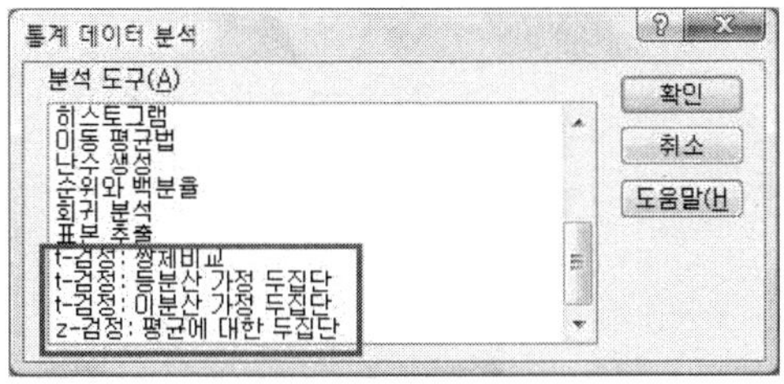

〈그림 7-21〉 통계 데이터 분석 대화상자

예제 7-22

(예제 7-21)을 엑셀과 R을 이용하여 해결하라.

풀이

A. 엑셀 이용

① 엑셀의 "t-검정 : 쌍체비교"은 두 모집단의 평균차 가설검정을 위한 분석도구이므로 워크시트 A열은 기말점수를 B열은 자료 수만큼 0을 입력한다.

② 엑셀의 [데이터] 탭-[분석] 그룹-[데이터 분석]-[t-검정 : 쌍체비교]을 선택한다.

③ "t-검정 : 쌍체비교" 대화상자의 입력 변수 1 부분에 A열의 자료, 변수 2 부분에 B열의 자료를 지정하고 "가설 평균차"에는 귀무가설 값(μ_0) 73을 입력하고, 유의수준을 입력한 후 확인을 클릭한다(〈그림 7-22〉).

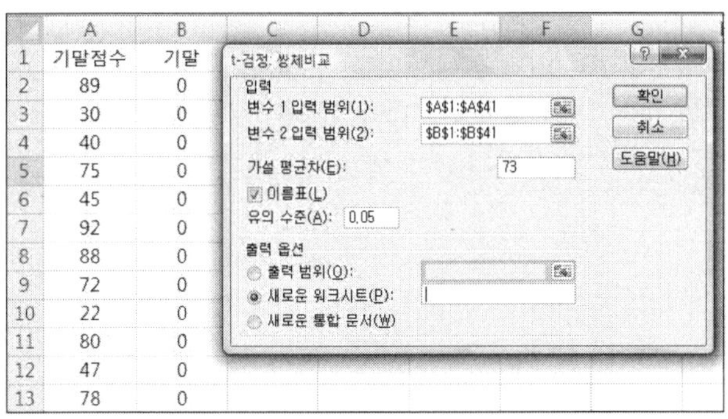

〈그림 7-22〉 "t-검정 : 쌍체비교" 대화상자

④ 〈그림 7-23〉은 결과를 나타낸 그림이다. (예제 7-21)은 양측검정 문제이므로 양측검정의 유의확률과 기각치를 살펴보면 된다. 엑셀의 "t-검정 : 쌍체비교"에서 기각치는 $t_{\alpha/2}(n-1) = t_{0.025}(39) \fallingdotseq 2.023$을 나타내고 유의확률은 자유도 39인 t-분포의 $P(|T| \geq |T_0|) \fallingdotseq 0.2819$를 나타낸다. 검정통계량과 기각치를 이용하면

$|T_0| = |-1.09| < 2.023$이므로 귀무가설을 기각하지 않으며, 유의확률 0.2819도 유의수준 0.05보다 크므로 귀무가설을 기각하지 않으므로 (예 7-21)과 유사한 결과를 얻는다.

t-검정: 쌍체 비교		
	기말점수	기말
평균	69.575	0
분산	394.045513	0
관측수	40	40
피어슨 상관 계수	#DIV/0!	
가설 평균차	73	
자유도	39	
t 통계량	-1.0912327	검정통계량
P(T<=t) 단측 검정	0.14093323	
t 기각치 단측 검정	1.68487512	
P(T<=t) 양측 검정	0.28186646	유의확률
t 기각치 양측 검정	2.0226909	기각치

〈그림 7-23〉 t-검정 : 쌍체비교 분석결과

B. R 이용

① 3장의 〈그림 3-4〉처럼 자료를 입력한다. 즉, R에서 엑셀자료를 이용할 경우 파일형식을 csv(쉼표로 분리)로 하여 저장한다. D 디스크에 '3장.csv'로 저장한 자료를 이용하자.

② 한 모집단의 모평균에 대한 가설검정은 명령문 t.test(변수, mu= , alt=' ')를 이용한다. (예제 7-21)의 가설을 위해 명령문 t.test(exam$기말점수, mu=73)을 사용한 결과가 〈그림 7-24〉에 있다. 양측검정은 alt=' '를 생략하지만 대립가설이 $H_1 : \mu > \mu_0$이면 alt='greater'을 사용하고 대립가설이 $H_1 : \mu < \mu_0$이면 alt='less'를 사용한다. p-value(유의확률)이 0.2819이므로 유의수준 0.05하에서 귀무가설을 기각하지 않는다. R도 엑셀처럼 t-분포를 이용한 검정이다.

```
R Console
> exam=read.csv('d:/3장.csv')
> t.test(exam$기말점수,mu=73)

        One Sample t-test

data:  exam$기말점수
t = -1.0912, df = 39, p-value = 0.2819
alternative hypothesis: true mean is not equal to 73
95 percent confidence interval:
 63.22648 75.92352
sample estimates:
mean of x
   69.575
```

〈그림 7-24〉 R의 t.test 함수를 사용한 검정결과

(2) 모분산이 알려지지 않은 정규모집단 $N(\mu, \sigma^2)$에서 표본의 크기가 작은 경우

모분산이 알려지지 않은 정규모집단에서 추출된 크기가 작은 랜덤표본의 표본평균 $\overline{X}$에 대해 통계량 $T = \dfrac{\overline{X} - \mu}{S/\sqrt{n}}$는 자유도 $n-1$인 t-분포를 따른다. 귀무가설이 참일 때의 검정통계량 $T_0 = \dfrac{\overline{X} - \mu_0}{S/\sqrt{n}}$를 이용한 기각치는 Z_α 대신 $t_\alpha(n-1)$을 사용하는 것을 제외하면 나머지는 거의 같다. 〈표 7-4〉는 이를 정리한 표이다.

〈표 7-4〉 표본의 크기가 작은 경우 μ에 대한 가설 검정(σ : 미지)

	$H_1 : \mu > \mu_0$	$H_1 : \mu < \mu_0$	$H_1 : \mu \neq \mu_0$
검정통계량	$T_0 = \dfrac{\overline{X} - \mu_0}{S/\sqrt{n}} \sim t(n-1)$		
기각역	$T \geq t_\alpha(n-1)$	$T \leq -t_\alpha(n-1)$	$\lvert T \rvert \geq t_{\alpha/2}(n-1)$
판정	$T_0 \geq t_\alpha(n-1)$ 이면 H_0를 기각	$T_0 \leq -t_\alpha(n-1)$ 이면 H_0를 기각	$\lvert T_0 \rvert \geq t_{\alpha/2}(n-1)$ 이면 H_0를 기각

예제 7-23

우리나라 초등학교 6학년 여학생들의 키가 151㎝라고 한다. A 초등학교 6학년 여학생 20명을 랜덤추출하여 키를 조사하니 표본평균이 154.5㎝, 표본표준편차는 7㎝였다. 이 자료의 결과로 A 초등학교는 우리나라 초등학교 6학년 여학생들의 평균 키보다 더 크다고 할 수 있는 지 유의수준 5%에서 검정하라. 유의확률도 구하여 검정결과와 비교하라. 단, 초등학교 6학년 여학생들의 키는 정규분포를 따른다고 가정한다.

풀이

- 가설 : $H_0 : \mu = 151 \quad vs \quad H_1 : \mu > 151$
- 검정통계량 : $T_0 = \dfrac{\overline{X} - \mu_0}{S/\sqrt{n}} = \dfrac{154.5 - 151}{7/\sqrt{20}} \fallingdotseq 2.24$
- 기각역 : $T \geq T_{0.05}(19)$이므로 $T \geq 1.729$이다.
- 판정 : 검정통계량이 2.24로 기각역에 포함된다. 즉, $T_0 = 2.24 > 1.729$이므로 귀무가설 H_0를 기각한다.
- 해석 : 따라서, 이 표본으로부터 유의수준 0.05하에서 귀무가설을 기각하므로 A 초등학교 6학년 여학생은 우리나라 초등학교 6학년 여학생들의 평균 키보다 더 크다고 할 만한 근거가 충분하다.

유의확률을 구하기 위해 부록 〈표 3〉에서 자유도가 19인 t-분포에서

$$P(T \geq T_0) \fallingdotseq P(T \geq 2.24)$$

을 구하면 된다. 이 표를 이용하여 정확한 값은 구하기 어렵지만 $t_{0.025}(19) = 2.093$이고 $t_{0.01}(19) = 2.539$이므로 $P(T \geq 2.24)$ 값은 0.025과 0.01 사이 확률이라는 사실은 알 수 있다. 유의확률이 유의수준 0.05보다 작아 귀무가설을 기각한다.

검정통계량은 표본의 크기에 비례하므로 표본의 크기가 검정결과에 어느 정도 영향을 미치는지 알아보는 예를 하나 들어보자. 물론 표본표준편차도 검정통계량에 영향을 미친다.

예제 7-24

(예제 7-23) 자료에서 표본의 크기가 10일 때 유의확률을 구하여 유의수준 5%에서 검정하라.

풀이

- 검정통계량 : $Z_0 = \dfrac{\overline{X} - \mu_0}{S/\sqrt{n}} = \dfrac{154.5 - 151}{7/\sqrt{10}} \fallingdotseq 1.58$
- 기각역 : $T \geq T_{0.05}(9)$이므로 $T \geq 1.833$이다.
- 판정 : $T_0 = 1.58 < 1.833$이므로 귀무가설 H_0를 기각하지 않는다.
- 해석 : 따라서, 이 표본으로부터 유의수준 0.05하에서 귀무가설을 기각하지 못하므로 A 초등학교 6학년 여학생은 우리나라 초등학교 6학년 여학생들의 평균 키보다 더 크다고 할 만한 근거가 충분하지 않다.

유의확률을 구하기 위해 부록 〈표 3〉에서 자유도가 9인 t-분포에서

$$P(T \geq T_0) \fallingdotseq P(T \geq 1.58)$$

은 0.05와 0.1 사이의 확률이다. 이처럼 표본의 크기에 따라 검정 결과가 다를 수 있다는 사실을 명심해야 한다.

7-4-2 모비율의 가설검정

표본의 크기가 크면 즉, 일반적으로 $np \geq 5$이고 $n(1-p) \geq 5$일 때 표본비율 $\hat{p}$는

근사적으로 정규분포 $N(p, \frac{p(1-p)}{n})$를 따르므로 통계량 $Z = \frac{\hat{p}-p}{\sqrt{\frac{p(1-p)}{n}}}$는 근사적으로 표준정규분포 $N(0,1)$를 따른다. 귀무가설과 대립가설에 따라 3종류의 가설이 고려된다.

(i) $H_0 : p = p_0 \quad vs \quad H_1 : p > p_0$ (단측검정)

(ii) $H_0 : p = p_0 \quad vs \quad H_1 : p < p_0$ (단측검정)

(iii) $H_0 : p = p_0 \quad vs \quad H_1 : p \neq p_0$ (양측검정)

귀무가설이 참일 때 검정통계량 $Z_0 = \frac{\hat{p}-p_0}{\sqrt{\frac{p_0(1-p_0)}{n}}}$는 근사적으로 표준정규분포를 따른다.

〈표 7-5〉는 모비율에 대한 대립가설에 따른 검정통계량과 기각역 등을 나타낸 표이다.

〈표 7-5〉 모비율에 대한 대립가설에 따른 검정통계량과 기각역

	$H_1 : p > p_0$	$H_1 : p < p_0$	$H_1 : p \neq p_0$
검정통계량	$Z_0 = \frac{\hat{p}-p_0}{\sqrt{\frac{p_0(1-p_0)}{n}}}$		
기각역	$Z \geq z_\alpha$	$Z \leq -z_\alpha$	$\lvert Z \rvert \geq z_{\alpha/2}$
판정	$Z_0 \geq z_\alpha$ 이면 H_0를 기각	$Z_0 \leq -z_\alpha$ 이면 H_0를 기각	$\lvert Z_0 \rvert \geq z_{\alpha/2}$ 이면 H_0를 기각

예제 7-25

예 7.C의 조사 결과를 이용하여 A 연속극 시청률이 증가했다고 할 수 있는지 유의수준 5%에서 검정하라.

풀이

$$\hat{p} = \frac{65}{150} \fallingdotseq 0.433$$

- 가설 : $H_0 : p = 0.4 \quad vs \quad H_1 : p > 0.4$
- 검정통계량 : $Z_0 = \frac{\hat{p}-p_0}{\sqrt{\frac{p_0(1-p_0)}{n}}} \fallingdotseq \frac{0.433-0.4}{\sqrt{\frac{0.4\times0.6}{150}}} = 0.825$

• **기각역** : $Z \geq z_{0.05}$ 이므로 $Z \geq 1.645$ 이다.

• **판정** : $Z_0 = 0.825 < 1.645$ 이므로 귀무가설 H_0 를 기각하지 않는다.

• **해석** : 따라서, 이 표본으로부터 유의수준 0.05하에서 귀무가설을 기각하지 못하므로 A 연속극 시청률이 증가했다고 할 만한 근거가 충분하지 않다.

부록 〈표 2〉를 이용하여 유의확률을 구하면

$$P(Z \geq Z_0) = P(Z \geq 0.83) = 1 - P(Z < 0.83) = 1 - 0.7967 = 0.2033$$

이다.

예제 7-26

(예제 7-25)를 엑셀과 R을 이용하여 해결하라.

풀이

A. 엑셀 이용

① 워크시트 셀 A1 에 변수 이름 "시청자"를 입력하고 그 아래로 시청자수 만큼 65개 셀에 1을 입력하고 나머지 85개 셀은 0을 입력한다. 셀 B1 에 변수 이름 "시청"을 입력하고 그 아래로 150개 셀에 0을 입력한다.

② 엑셀의 "t-검정 : 쌍체비교" 분석도구를 이용하여 대화상자가 나타나면 자료를 지정해 주고 가설 평균차에 귀무가설값 0.4를 입력후 확인을 클릭한다(〈그림 7-25〉).

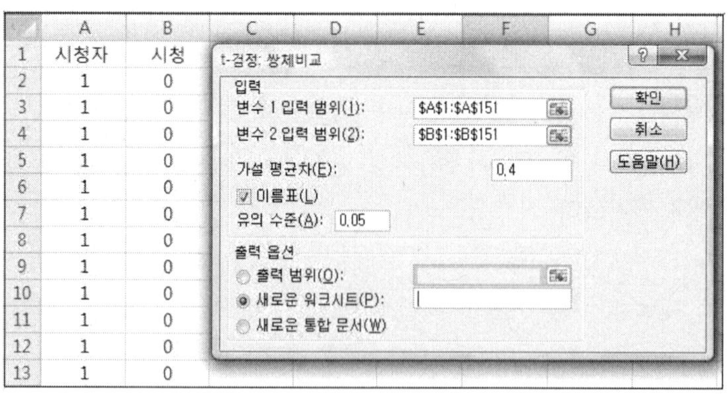

〈그림 7-25〉 엑셀을 이용한 모비율에 대한 가설검정

③ 〈그림 7-26〉은 그 결과를 나타낸 그림이다. 모비율에 대한 가설검정 문제를 다룰 때는 표준정규분포를 사용하지만 엑셀의 "t-검정 : 쌍체비교" 분석도구는 t-

분포를 이용하고 연속변수처럼 표준오차를 구해 검정통계량의 분모에 사용한다. 단측검정이므로 단측검정의 유의확률과 기각치를 분석하면 된다. 기각치는 $t_{\alpha}(n-1)=t_{0.05}(149) \fallingdotseq 1.655$를 나타내고 유의확률은 자유도 149인 t-분포의 $P(T \geq T_0) \fallingdotseq 0.206$를 나타낸다. 여기서 T_0는 t 통계량 0.82110179 이다.

t-검정: 쌍체 비교		
	시청자	시청
평균	0.43333333	0
분산	0.24720358	0
관측수	150	150
피어슨 상관 계수	#DIV/0!	
가설 평균차	0.4	
자유도	149	
t 통계량	0.82110179	
P(T<=t) 단측 검정	0.20645005	
t 기각치 단측 검정	1.65514453	
P(T<=t) 양측 검정	0.4129001	
t 기각치 양측 검정	1.97601314	

〈그림 7-26〉

B. R 이용

〈그림 7-27〉은 함수 prop.test(성공수, 시행횟수, p=귀무가설값, alt=' ')을 사용한 결과이다. 유의확률이 0.2266으로 (예제 7-25)와 약간의 차이를 보인다. 이는 검정통계량을 구하는 체계가 다르기 때문이다.

```
R Console
> prop.test(65,150,p=0.4,alt='greater')

        1-sample proportions test with continuity correction

data:  65 out of 150, null probability 0.4
X-squared = 0.5625, df = 1, p-value = 0.2266
alternative hypothesis: true p is greater than 0.4
95 percent confidence interval:
 0.3653307 1.0000000
sample estimates:
        p
0.4333333
```

〈그림 7-27〉 R을 이용한 모비율에 대한 가설검정

7-4-3 모분산의 가설검정

모평균 μ와 모분산 σ^2이 알려지지 않은 정규분포 $N(\mu, \sigma^2)$으로부터 추출된 랜덤표본의 표본분산에 대해 통계량은

$$V = \frac{(n-1)S^2}{\sigma^2} = \frac{\sum_{i=1}^{n}(X_i - \overline{X})^2}{\sigma^2} \sim \chi^2(n-1)$$

이 성립한다. 귀무가설과 대립가설에 따라 3종류의 가설이 고려된다.

(i) $H_0 : \sigma^2 = \sigma_0^2 \quad vs \quad H_1 : \sigma^2 > \sigma_0^2$ (단측검정)

(ii) $H_0 : \sigma^2 = \sigma_0^2 \quad vs \quad H_1 : \sigma^2 < \sigma_0^2$ (단측검정)

(iii) $H_0 : \sigma^2 = \sigma_0^2 \quad vs \quad H_1 : \sigma^2 \neq \sigma_0^2$(양측검정)

귀무가설이 참일 때 검정통계량은

$$V_0 = \frac{(n-1)S^2}{\sigma_0^2} = \frac{\sum_{i=1}^{n}(X_i - \overline{X})^2}{\sigma_0^2} \sim \chi^2(n-1)$$

이 성립한다. 〈표 7-6〉은 대립가설에 따른 검정통계량과 기각역 등을 나타낸 표이다.

〈표 7-6〉 σ^2에 대한 대립가설에 따른 검정통계량과 기각역

	$H_1 : \sigma^2 > \sigma_0^2$	$H_1 : \sigma^2 < \sigma_0^2$	$H_1 : \sigma^2 \neq \sigma_0^2$
검정통계량	$V_0 = \frac{(n-1)S^2}{\sigma_0^2} = \frac{\sum_{i=1}^{n}(X_i - \overline{X})^2}{\sigma_0^2} \sim \chi^2(n-1)$		
기각역	$V \geq \chi^2(n-1 : \alpha)$	$V \leq \chi^2(n-1 : 1-\alpha)$	$V \geq \chi^2(n-1 : \alpha/2)$ 또는 $V \leq \chi^2(n-1 : 1-\frac{\alpha}{2})$
판정	$V_0 \geq \chi^2(n-1 : \alpha)$ 이면 H_0를 기각	$V_0 \leq \chi^2(n-1 : 1-\alpha)$ 이면 H_0를 기각	$V_0 \geq \chi^2(n-1 : \alpha/2)$ 또는 $V_0 \leq \chi^2(n-1 : 1-\frac{\alpha}{2})$ 이면 H_0를 기각

예제 7-27

예 7.B를 이용하여 공정에 이상이 있다고 할 수 있는지 유의수준 5%하에서 검정하고,

유의확률을 구하라.

풀이

- 가설 : $H_0 : \sigma^2 = 0.03 \quad vs \quad H_1 : \sigma^2 \neq 0.03$
- 검정통계량 : $V_0 = \dfrac{(n-1)S^2}{\sigma_0^2} = \dfrac{(30-1)\times 0.04}{0.03} \fallingdotseq 38.667$
- 기각역 : $V \geq \chi^2(n-1 : \alpha/2)$ 또는 $V \leq \chi^2(n-1 : 1-\dfrac{\alpha}{2})$ 이므로

  $V \geq 45.722$ 또는 $V \leq 16.047$이다.
- 판정 : $V_0 = 38.667$이므로 기각역에 포함되지 않으므로 귀무가설 H_0를 기각하지 않는다.
- 해석 : 따라서, 이 표본으로부터 유의수준 0.05하에서 귀무가설을 기각하지 못하므로 공정에 이상이 있다고 할 만한 근거가 충분하지 않다.

부록 〈표 4〉를 이용하여 자유도가 29인 χ^2-분포를 이용하여 유의확률을 구하면

$$p-value = 2P(V \geq 38.667) > 2 \times 0.05$$
$$p-value > 0.1$$

이다.

연습문제

7.1 다음 자료는 어떤 지역 고등학교 2학년의 수학성적이다. 단, 수학 성적은 정규분포 $N(\mu, \sigma^2)$를 따른다고 한다. 이 지역 수학성적이 다른 지역의 평균 62점보다 높다고 할 수 있는지 검정한다. 다음 문제들은 R을 이용하여 분석하라.

90 70 60 75 65 80 75 35 50 65 75 45

(1) 유의수준 5%에서 검정하라.
(2) 유의확률을 구하라.

7.2 예제 7-25를 유의수준 1%에서 검정하라.

7.3 예제 7-27의 유의확률을 R을 이용하여 구하라.

7.4 μ를 추정하는데 90% 오차한계가 2.7이 되기 위하여 요구되는 표본의 크기가 120이라고 할 때 95% 오차한계가 1.5가 되기 위하여 요구되는 표본의 크기는 얼마인가?

7.5 어떤 검정문제가 유의수준 5%에서 귀무가설을 기각한다고 할 때 유의수준 1%와 10%에서 귀무가설을 기각한다고 할 수 있는가?

8장

두 모집단에 대한 추론

7장에서 한 모집단에 대한 추론 문제를 다루었다. 이 장에서는 두 모집단의 평균, 분산, 비율에 대한 추론 문제를 언급하고 11장에서는 3개 이상의 평균에 대해 언급을 할 것이다. 두 모집단을 비교하는 방법에는 독립표본에 의한 독립비교와 쌍체표본에 의한 쌍체비교가 있다. 독립비교는 두 개의 모집단에서 각각 독립적으로 관찰된 자료들을 비교하는 방법이다. 반면 쌍체비교는 실험단위를 동질적인 쌍으로 택하여 각 쌍의 두 실험단위에게 각기 다른 실험을 랜덤하게 시행하여 얻은 관측값을 비교하는 방법이다.

(예 8.A)

A지역과 B지역 초등학교 6학년 여학생의 키를 비교하기위해 각각 100명씩 랜덤추출하여 키를 비교한다.

(예 8.B)

두 가지 암기방법(I, II)에 의한 기억력에 차이가 있는지 알아보기 위해 10쌍의 대학생들을 선발했다. 각 쌍의 두 학생들은 지능지수와 학습정도가 거의 비슷하며, 각 쌍에서 한명씩 랜덤추출하여 암기방법 I을 적용하고 나머지 학생들에게는 암기방법 II를 적용하여 두 암기방법을 비교한다.

(예 8.C)

10명의 대학생을 랜덤추출하여 암기방법 I을 적용하고 10명의 다른 대학생을 랜덤추출하여 암기방법 II를 적용하여 기억력을 조사하여 두 암기방법을 비교한다.

(예 8.A)와 (예 8.C)는 독립비교 예이고, (예 8.B)는 쌍체비교 예이다. (예 8.B)와 (예 8.C)는 모집단의 형태가 다르다. (예 8.C)는 암기방법 각각이 하나의 모집단을 형성한다고 할 수 있다. 그러나 이 방법은 암기방법의 차이 때문에 기억력 차이가 나는 것인지 학생들의 지능지수와 학습정도 차이 때문에 기억력 차이가 나는지 구별할 수가 없다. 이런 의미에서 (예 8.B)처럼 비슷한 학생들끼리 쌍을 형성해서 두 암기방법을 비교하는 것이 효과적이다. 비교를 위해 자료를 수집할 때는 비교하고자 하는 특성 이외의 효과가 영향을 미치지 않도록 통제하는 설계가 반드시 선행되어야 한다.

8-1 독립비교

8-1-1 두 모평균의 차 $\mu_1 - \mu_2$의 추론

정규모집단 $N(\mu_1, \sigma_1^2)$에서 추출한 n_1개의 표본을 $X_1, X_2, \cdots, X_{n_1}$라 하고 다른 정규모집단 $N(\mu_2, \sigma_2^2)$에서 추출한 n_2개의 표본을 $Y_1, Y_2, \cdots, Y_{n_2}$라 할 때 두 표본은 서로 독립이다.

$\mu_1 - \mu_2$의 추정량은 $\overline{X} - \overline{Y}$으로 통계량의 분포는 정규분포 $N(\mu_1 - \mu_2, \dfrac{\sigma_1^2}{n_1} + \dfrac{\sigma_2^2}{n_2})$를 따른다. 표준화 시킨 표준통계량은 $Z = \dfrac{(\overline{X} - \overline{Y}) - (\mu_1 - \mu_2)}{\sqrt{\dfrac{\sigma_1^2}{n_1} + \dfrac{\sigma_2^2}{n_2}}}$로 표준정규분포 $N(0, 1)$을 따른다.

(1) σ_1^2과 σ_2^2이 알려진 경우

$\mu_1 - \mu_2$에 대한 $100(1-\alpha)\%$ 신뢰구간은 $(\overline{X} - \overline{Y}) \pm z_{\alpha/2}\sqrt{\dfrac{\sigma_1^2}{n_1} + \dfrac{\sigma_2^2}{n_2}}$ 이고, $\mu_1 - \mu_2$에 대한 검정법은 〈표 8-1〉과 같다. 세 가지 가설의 귀무가설은 $H_0 : \mu_1 - \mu_2 = \delta_0$이다.

〈표 8-1〉 σ_1^2과 σ_2^2이 알려진 두 정규모집단의 독립표본에서

	$H_1 : \mu_1 - \mu_2 > \delta_0$	$H_1 : \mu_1 - \mu_2 < \delta_0$	$H_1 : \mu_1 - \mu_2 \neq \delta_0$
검정통계량	$Z_0 = \dfrac{(\overline{X} - \overline{Y}) - \delta_0}{\sqrt{\dfrac{\sigma_1^2}{n_1} + \dfrac{\sigma_2^2}{n_2}}} \sim N(0, 1)$		
기각역	$Z \geq z_\alpha$	$Z \leq -z_\alpha$	$\lvert Z \rvert \geq z_{\alpha/2}$
판정	$Z_0 \geq z_\alpha$ 이면 H_0를 기각	$Z_0 \leq -z_\alpha$ 이면 H_0를 기각	$\lvert Z_0 \rvert \geq z_{\alpha/2}$ 이면 H_0를 기각

(2) σ_1^2과 σ_2^2이 알려지지 않은 대표본인 경우

σ_1^2과 σ_2^2이 알려지지 않은 경우 그 추정량은 각각 $S_1^2 = \dfrac{1}{n_1 - 1}\sum_{i=1}^{n_1}(X_i - \overline{X})^2$과 $S_2^2 = \dfrac{1}{n_2 - 1}\sum_{i=1}^{n_2}(Y_i - \overline{Y})^2$이다. n_1과 n_2의 크기가 모두 큰 경우 $Z =$

$\dfrac{(\overline{X}-\overline{Y})-(\mu_1-\mu_2)}{\sqrt{\dfrac{S_1^2}{n_1}+\dfrac{S_2^2}{n_2}}}$는 근사적으로 표준정규분포를 따르므로, $\mu_1-\mu_2$에 대한 100$(1-\alpha)$% 근사신뢰구간은 $(\overline{X}-\overline{Y})\pm z_{\alpha/2}\sqrt{\dfrac{S_1^2}{n_1}+\dfrac{S_2^2}{n_2}}$ 이고, $\mu_1-\mu_2$에 대한 가설검정은 〈표 8-1〉에서 검정통계량이 $Z_0=\dfrac{(\overline{X}-\overline{Y})-\delta_0}{\sqrt{\dfrac{S_1^2}{n_1}+\dfrac{S_2^2}{n_2}}}$ 인 것을 제외하면 기각역은 동일하다. 두 표본의 크기가 모두 큰 경우 정규모집단이 아닌 임의의 모집단에 대해서도 성립한다. 여기서 모두 30이상이면 대표본으로 간주한다.

(3) σ_1^2과 σ_2^2이 알려지지 않은 소표본인 경우

σ_1^2과 σ_2^2이 알려지지 않은 두 정규모집단에서 서로 독립인 두 표본의 크기가 작을 때는 두 분산이 동일($\sigma_1^2=\sigma_2^2=\sigma^2$)한 경우와 다른 경우로 나눠 통계량을 생각한다. 분산이 같은 경우의 통계량 $\overline{X}-\overline{Y}$의 분포는 정규분포 $N(\mu_1-\mu_2, \sigma^2(\dfrac{1}{n_1}+\dfrac{1}{n_2}))$를 따르고, 공통인 분산 σ^2의 추정량은

$$S_p^2=\frac{\sum_{i=1}^{n_1}(X_i-\overline{X})^2+\sum_{i=1}^{n_2}(Y_i-\overline{Y})^2}{n_1+n_2-2}=\frac{(n_1-1)S_1^2+(n_2-1)S_2^2}{n_1+n_2-2}$$

이다. S_p^2을 사용하여 표준화시킨 T 통계량

$T=\dfrac{(\overline{X}-\overline{Y})-(\mu_1-\mu_2)}{S_p\sqrt{\dfrac{1}{n_1}+\dfrac{1}{n_2}}}$은 자유도가 n_1+n_2-2인 t-분포를 따른다. 이 경우 $\mu_1-\mu_2$에 대한 100$(1-\alpha)$% 신뢰구간은 $(\overline{X}-\overline{Y})\pm t_{\alpha/2}(n_1+n_2-2)S_p\sqrt{\dfrac{1}{n_1}+\dfrac{1}{n_2}}$ 이고, $\mu_1-\mu_2$에 대한 검정법은 〈표 8-2〉와 같다.

〈표 8-2〉 σ_1^2과 σ_2^2이 알려지지 않은 등분산을 갖는 두 정규모집단의 소표본인 독립표본에서

	$H_1 : \mu_1 - \mu_2 > \delta_0$	$H_1 : \mu_1 - \mu_2 < \delta_0$	$H_1 : \mu_1 - \mu_2 \neq \delta_0$
검정통계량	$T_0 = \dfrac{(\overline{X} - \overline{Y}) - \delta_0}{S_p\sqrt{\dfrac{1}{n_1} + \dfrac{1}{n_2}}} \sim t(n_1 + n_2 - 2)$		
기각역	$T \geq t_\alpha(n_1 + n_2 - 2)$	$T \leq -t_\alpha(n_1 + n_2 - 2)$	$\lvert T \rvert \geq t_{\alpha/2}(n_1 + n_2 - 2)$
판정	$T_0 \geq t_\alpha(n_1 + n_2 - 2)$이면 H_0를 기각	$T_0 \leq -t_\alpha(n_1 + n_2 - 2)$이면 H_0를 기각	$\lvert T_0 \rvert \geq t_{\alpha/2}(n_1 + n_2 - 2)$이면 H_0를 기각

두 정규모집단의 분산이 다른 경우 표준화시킨 통계량 $T = \dfrac{(\overline{X} - \overline{Y}) - (\mu_1 - \mu_2)}{\sqrt{\dfrac{S_1^2}{n_1} + \dfrac{S_2^2}{n_2}}}$은 근사적으로 자유도가 ϕ^*인 t-분포를 따른다. 이 경우 $\mu_1 - \mu_2$에 대한 $100(1-\alpha)\%$ 근사신뢰구간과 $\mu_1 - \mu_2$에 대한 가설검정의 검정통계량과 기각역은 〈표 8-2〉에서 검정통계량은 $T_0 = \dfrac{(\overline{X} - \overline{Y}) - \delta_0}{\sqrt{\dfrac{S_1^2}{n_1} + \dfrac{S_2^2}{n_2}}}$로, 자유도는 ϕ^*로 변경시키면 된다. 여기서 자유도는

$$\phi^* = \frac{\left(\dfrac{S_1^2}{n_1} + \dfrac{S_2^2}{n_2}\right)^2}{\left(\dfrac{S_1^2}{n_1}\right)^2/(n_1 - 1) + \left(\dfrac{S_2^2}{n_2}\right)^2/(n_2 - 1)}$$

로 반올림해서 정수화하여 사용한다.

예제 8-1

A 산부인과 병원 신생아의 남아와 여아의 키에 차이가 있는지를 알아보기 위해 다음의 자료를 얻었다.

성별	표본크기	표본평균	표본표준편차
남아	$n_1 = 50$	$\overline{x} = 5.9$cm	$s_1 = 1.3$cm
여아	$n_2 = 40$	$\overline{y} = 5.1$cm	$s_2 = 0.7$cm

(1) 신생아 남아와 여아의 평균 키의 차에 대한 95% 신뢰구간을 구하라.

(2) 신생아 남아와 여아의 평균 키가 다르다고 할 수 있는지를 유의수준 5%에서 검정하라.

풀이

σ_1^2과 σ_2^2이 알려지지 않은 대표본인 경우의 근사신뢰구간과 가설검정 과정을 따르면 된다.

(1) $\mu_1 - \mu_2$에 대한 95% 근사신뢰구간은 $(\overline{X} - \overline{Y}) \pm z_{0.025}\sqrt{\frac{S_1^2}{n_1} + \frac{S_2^2}{n_2}}$ 이므로 다음과 같다.

$$(5.9 - 5.1) \pm 1.96\sqrt{\frac{1.3^2}{50} + \frac{0.7^2}{40}} = (0.38,\ 1.22)$$

(2) 주어진 문제에 대한 검정가설 과정은 다음과 같다.

- 가설 : $H_0 : \mu_1 - \mu_2 = 0 \quad \text{vs} \quad H_1 : \mu_1 - \mu_2 \neq 0$
- 검정통계량 : $Z_0 = \dfrac{(\overline{X} - \overline{Y}) - \delta_0}{\sqrt{\dfrac{S_1^2}{n_1} + \dfrac{S_2^2}{n_2}}} = \dfrac{5.9 - 5.1}{\sqrt{\dfrac{1.3^2}{50} + \dfrac{0.7^2}{40}}} \fallingdotseq 3.73$
- 기각역 : $|Z| \geq z_{\alpha/2}$이므로 $|Z| \geq 1.96$이다.
- 판단 : $|Z_0| = 3.73 > 1.96$이므로 H_0를 기각한다. 따라서 이 표본으로부터 유의수준 0.05하에서 귀무가설을 기각하므로 신생아 남아와 여아의 평균 키가 다르다고 할 만한 근거가 충분하다.

예제 8-2

다음은 두 정규모집단에서 추출된 랜덤표본으로 서로 독립이다. 단, 두 모집단의 분산은 동일하다고 가정한다. 다음 자료를 조사하여 두 모집단의 모평균의 차이를 비교하라.

(1) 모집단 I의 모평균 μ_1과 모집단 II의 모평균 μ_2의 차에 대한 95% 신뢰구간을 구하라.

(2) 모집단 II의 모평균이 모집단 I의 모평균보다 크다고 할 수 있는지 유의수준 5%에서 검정하라.

표본 I	31	34	40	45	50	43	52	35	48	40
표본 II	28	39	43	50	54	48	50	40	53	45

풀이

σ_1^2과 σ_2^2이 알려지지 않은 등분산인 두 모집단에서 추출한 서로 독립인 소표본인 경우의 신뢰구간과 가설검정 과정을 따르면 된다. 표본평균과 표본 분산은 다음과 같다.

표본	표본크기	표본평균	표본분산
I	$n_1 = 10$	$\bar{x} = 41.8$cm	$s_1^2 = 50.18$
II	$n_2 = 10$	$\bar{y} = 45$cm	$s_2^2 = 62$

공통분산 σ^2의 추정량은 $S_p^2 = \dfrac{(n_1-1)S_1^2 + (n_2-1)S_2^2}{n_1+n_2-2} = \dfrac{9\times 50.18 + 9\times 62}{18} = 56.09$

이고, $t_{0.025}(18) = 2.101$, $t_{0.05}(18) = 1.734$이다.

(1) $\mu_1 - \mu_2$에 대한 95% 신뢰구간은 $(\overline{X} - \overline{Y}) \pm t_{\alpha/2}(n_1+n_2-2)S_p\sqrt{\dfrac{1}{n_1}+\dfrac{1}{n_2}}$ 으로

$$(41.8-45) \pm 2.101\sqrt{56.09}\sqrt{\frac{1}{10}+\frac{1}{10}} = (-10.24,\ 3.84)$$

이다.

(2) 주어진 문제에 대한 검정가설 과정은 다음과 같다.

- 가설 : $H_0 : \mu_1 - \mu_2 = 0 \quad \text{vs} \quad H_1 : \mu_1 - \mu_2 < 0$
- 검정통계량 : $T_0 = \dfrac{(\overline{X} - \overline{Y}) - \delta_0}{S_p\sqrt{\dfrac{1}{n_1}+\dfrac{1}{n_2}}} = \dfrac{41.8-45}{\sqrt{56.09}\sqrt{\dfrac{1}{10}+\dfrac{1}{10}}} \fallingdotseq -0.955$
- 기각역 : $T \le -t_{\alpha}(n_1+n_2-2)$이므로 $T \le -1.734$이다.
- 판단 : $T_0 = -0.955 > -1.734$이므로 H_0를 기각하지 않는다. 따라서 이 표본으로부터 유의수준 0.05하에서 귀무가설을 기각하지 않으므로 모집단II의 평균이 모집단 I의 평균보다 크다고 할 만한 근거가 충분하지 않다.

7장의 〈그림 7-21〉에서 언급한 것처럼 엑셀에서 두 모집단의 평균 차에 대한 가설검정을 수행하는 분석도구로 t-분포를 이용한 3가지 "t-검정 : 쌍체비교", "t-검정 : 등분산 가정 두집단", "t-검정 : 이분산 가정 두집단"과 표준정규분포를 이용한 "z-검정 : 평균에 대한 두집단"이 있다. 엑셀에서는 표본의 크기에 따라 t-분포, 표준정규분포로 구별하는 것이 아니라 두 모분산이 알려졌는지 알려지지 않았는지에 따라 구별하고 있다. 표본의 크기가 크면 t-분포는 표준정규분포로 근사하므로 어떤 분포를 사용해도 큰 차이는 없지만 표준정규분포를 이용한 분석을 원한다면 미리 분산을 계산한 후 "z-검정 : 평균에 대한 두집단"을 이용하면 된다.

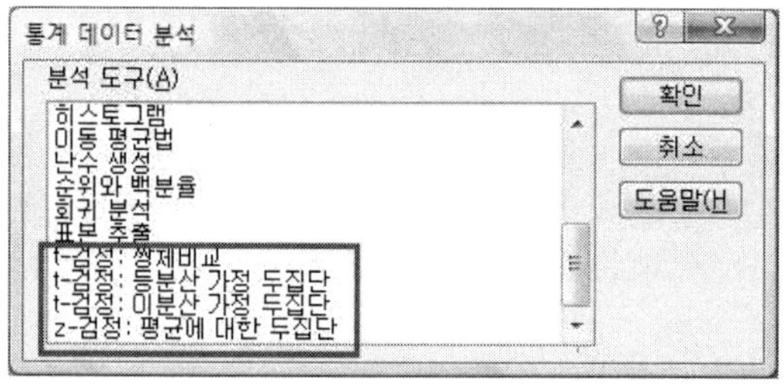

예제 8-3

엑셀을 통해 (예제 8-2) 자료의 가설검정을 수행하라.

풀이

등분산인 두 모집단의 평균 차에 대한 가설검정을 수행해야하므로 "t-검정 : 등분산 가정 두집단" 분석도구를 이용한다.

① [데이터] 탭-[데이터 분석] 그룹-[t-검정 : 등분산 가정 두집단]을 클릭한다.

② 대화상자가 뜨면 〈그림 8-1〉과 같이 변수 1 입력범위에는 표본 I 자료를 변수 2 입력범위에는 표본 II 자료를 선택하고 가설 평균차에 귀무가설 값 $\delta_0 = 0$ 등을 입력한 후 [확인]을 클릭한다.

③ 〈그림 8-2〉에 있는 결과를 살펴보면 유의확률 $P(T \le -0.955) \fallingdotseq 0.176$임을 알 수 있다. 유의수준 0.05보다 큰 값이므로 H_0를 기각하지 않는다. T-통계량 값 -0.955와 기각치 $t_{0.05}(18) = 1.734$도 출력되므로 기각역을 통한 검정결과도 얻을 수 있다.

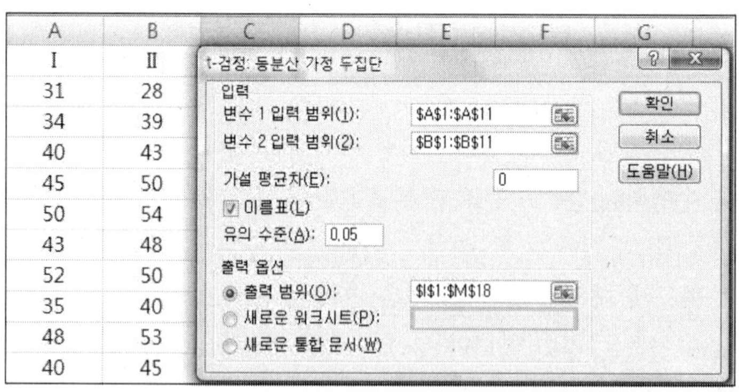

〈그림 8-1〉 "t-검정 : 등분산 가정 두집단" 분석도구 대화상자

t-검정: 등분산 가정 두 집단		
	Ⅰ	Ⅱ
평균	41.8	45
분산	50.17777778	62
관측수	10	10
공동(Pooled) 분산	56.08888889	
가설 평균차	0	
자유도	18	
t 통계량	-0.955424914	
P(T<=t) 단측 검정	0.176009701	
t 기각치 단측 검정	1.734063592	
P(T<=t) 양측 검정	0.352019402	
t 기각치 양측 검정	2.100922037	

〈그림 8-2〉 가설검정 결과

R을 통해 두 모집단의 평균 차에 대한 가설검정을 수행하는 함수는 7장에서 언급한 한 모집단의 모평균에 대한 가설검정을 위한 함수 "t.test"를 약간 수정하여 이용하면 된다. 〈표 8-3〉은 등분산 가정 두 모집단, 이분산 가정 두 모집단에서의 비교, 쌍체비교를 하기 위한 R 명령어가 나열되어 있다. $\delta_0 = 0$이면 mu=를 생략해도 된다.

〈표 8-3〉 R 명령어

구분	추론 종류	명령어
등분산 가정	가설검정	t.test(변수1, 변수2, mu=δ_0, alt=' ', var.equal=T)
	신뢰구간	t.test(변수1, 변수2, conf.level=1 − α, var.equal=T)
이분산 가정	가설검정	t.test(변수1, 변수2, mu=δ_0, alt=' ')
	신뢰구간	t.test(변수1, 변수2, conf.level=1 − α)
쌍체비교	가설검정	t.test(변수1, 변수2, mu=δ_0, alt=' ', paired=T)
	신뢰구간	t.test(변수1, 변수2, conf.level=1 − α, paired=T)

예제 8-4

R을 통해 (예제 8-2) 자료에 대해 가설검정과 95% 신뢰구간을 구하라.

풀이

① 〈그림 8-3〉에 등분산인 두 모집단의 평균 차에 대한 가설검정을 수행하는 R 과정이 출력되어 있다. R에서 자료를 직접 입력하여 함수 t.test를 사용하였는데 T-통계량 값(t)과 유의확률(p-value)을 통해 귀무가설 기각여부를 분석하면 된다. 엑셀과 유사한 결과가 출력된다. 대립가설이 $H_1 : \mu_1 - \mu_2 < 0$이므로 명령문 내 alt='less'를

사용한다.

② $\mu_1 - \mu_2$에 대한 95% 신뢰구간을 구한 R 명령문과 결과는 〈그림 8-4〉와 같다. 95% 신뢰구간을 구할 때는 명령문 내의 conf.level=0.95는 생략해도 된다.

```
R Console
> 표본1=c(31,34,40,45,50,43,52,35,48,40)
> 표본2=c(28,39,43,50,54,48,50,40,53,45)
> t.test(표본1,표본2,mu=0,alt='less',var.equal=T)

        Two Sample t-test

data:  표본1 and 표본2
t = -0.9554, df = 18, p-value = 0.176
alternative hypothesis: true difference in means is less than 0
95 percent confidence interval:
     -Inf 2.607891
sample estimates:
mean of x mean of y
     41.8      45.0
```

〈그림 8-3〉 R에서 등분산인 두 모집단의 평균 차에 대한 가설검정

```
R Console
> t.test(표본1,표본2,var.equal=T)

        Two Sample t-test

data:  표본1 and 표본2
t = -0.9554, df = 18, p-value = 0.352
alternative hypothesis: true difference in means is not equal to 0
95 percent confidence interval:
 -10.236608   3.836608
sample estimates:
mean of x mean of y
     41.8      45.0
```

〈그림 8-4〉 R에서 $\mu_1 - \mu_2$에 대한 95% 신뢰구간(등분산)

예제 8-5

A지역과 B지역 초등학교 6학년 여학생의 키를 비교하기 위해 각각 15명과 13명을 랜덤 추출하였다. 단, A지역과 B지역 초등학교 6학년 여학생 키의 분포는 정규분포를 따르고 두 분산은 다르다고 가정한다. 주어진 자료를 이용하여 다음을 분석하라.

(1) A지역 여학생의 평균키 μ_1과 B지역 여학생의 평균키 μ_2의 차에 대한 90% 신뢰구간을 구하라.

(2) A지역 여학생의 평균키 μ_1이 B지역 여학생의 평균키 μ_2보다 크다고 할 수 있는지 유의수준 10%에서 검정하라.

A지역	145 148 153 156 159 154 159 149 158 152 158 165 156 156 154
B지역	147 148 150 152 153 151 153 149 153 150 153 159 152

풀이

σ_1^2과 σ_2^2이 알려지지 않은 이분산인 두모집단에서 추출한 서로 독립인 소표본인 경우의 신뢰구간과 가설검정 과정을 따르면 된다. 표본평균과 표본 분산은 다음과 같다.

표본	표본크기	표본평균	표본분산
A지역	$n_1 = 15$	$\overline{x} = 154.8$㎝	$s_1^2 = 25.17$
B지역	$n_2 = 13$	$\overline{y} = 151.54$㎝	$s_2^2 = 9.10$

여기서 자유도는

$$\phi^* = \frac{(\frac{S_1^2}{n_1} + \frac{S_2^2}{n_2})^2}{(\frac{S_1^2}{n_1})^2/(n_1 - 1) + (\frac{S_2^2}{n_2})^2/(n_1 - 1)} = \frac{(\frac{25.17}{15} + \frac{9.10}{13})^2}{(\frac{25.17}{15})^2/14 + (\frac{9.10}{13})^2/12} \fallingdotseq 23.37$$

이므로 반올림하여 $\phi^* = 23$을 사용한다. $t_{0.05}(23) = 1.714$, $t_{0.1}(23) = 1.319$이다.

(1) $\mu_1 - \mu_2$에 대한 90% 신뢰구간은 $(\overline{X} - \overline{Y}) \pm t_{\alpha/2}(\phi^*)\sqrt{\frac{S_1^2}{n_1} + \frac{S_2^2}{n_2}}$ 으로

$$(154.80 - 151.54) \pm 1.174\sqrt{\frac{25.17}{15} + \frac{9.10}{13}} = (1.45,\ 5.07)$$

이다.

(2) 주어진 문제에 대한 검정가설 과정은 다음과 같다.

- 가설 : $H_0 : \mu_1 - \mu_2 = 0 \quad \text{vs} \quad H_1 : \mu_1 - \mu_2 > 0$
- 검정통계량 : $T_0 = \frac{(\overline{X} - \overline{Y}) - \delta_0}{\sqrt{\frac{S_1^2}{n_1} + \frac{S_2^2}{n_2}}} = \frac{154.80 - 151.54}{\sqrt{\frac{25.17}{15} + \frac{9.10}{13}}} \fallingdotseq 2.11$
- 기각역 : $T \geq t_\alpha(\phi^*)$이므로 $T \geq 1.319$이다.
- 판단 : $T_0 = 2.11 > 1.319$이므로 H_0를 기각한다. 따라서 이 표본으로부터 유의수준 0.1하에서 귀무가설을 기각하므로 A 집단 초등학교 6학년 여학생의 키가 B 집단보다 더 크다고 할 만한 근거가 충분하다.

예제 8-6

엑셀을 통해 (예제 8-5) 자료의 가설검정을 수행하라.

풀이

① 이분산인 두 모집단의 평균 차에 대한 가설검정을 수행해야하므로 엑셀의 통계분석 도구 "t-검정 : 이분산 가정 두집단"을 이용한다.

② 대화상자가 뜨면 〈그림 8-5〉와 같이 자료를 입력하고 가설 평균차에 귀무가설 값 $\delta_0 = 0$과 유의수준 0.1 등을 입력한 후 [확인]을 클릭한다.

③ 〈그림 8-6〉에 있는 결과를 살펴보면 유의확률 $P(T \geq 2.11) \fallingdotseq 0.023$임을 알 수 있다. 유의수준 0.1보다 작은 값이므로 H_0를 기각한다. T-통계량 값 2.11과 기각치 $t_{0.1}(23) = 1.319$도 출력되므로 기각역을 통한 검정결과도 얻을 수 있다.

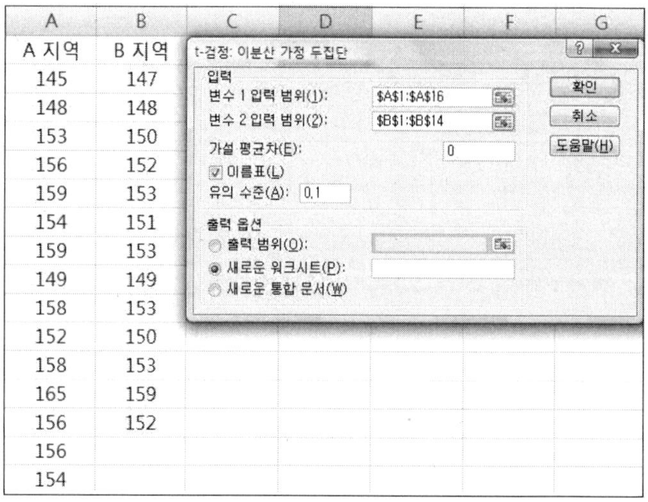

〈그림 8-5〉 "t-검정 : 이분산 가정 두집단" 분석도구 대화상자

t-검정: 이분산 가정 두 집단		
	A 지역	B 지역
평균	154.8	151.538
분산	25.171429	9.10256
관측수	15	13
가설 평균차	0	
자유도	23	
t 통계량	2.1149002	
P(T<=t) 단측 검정	0.022742	
t 기각치 단측 검정	1.3194602	
P(T<=t) 양측 검정	0.045484	
t 기각치 양측 검정	1.7138715	

〈그림 8-6〉 R에서 이분산인 두 모집단의 평균 차에 대한 가설검정

예제 8-7

R을 통해 (예제 8-5) 자료에 대해 가설검정과 90% 신뢰구간을 구하라.

풀이

① 〈그림 8-7〉에 이분산인 두 모집단의 평균 차에 대한 가설검정을 수행하는 R 과정이 출력되어 있다. R에서 자료를 직접 입력하여 함수 t.test를 사용하였는데 T-통계량 값(t)과 유의확률(p-value)을 통해 귀무가설 기각여부를 분석하면 된다. 엑셀과 유사한 결과가 출력된다. 대립가설이 $H_1 : \mu_1 - \mu_2 > 0$이므로 명령문 내 mu=를 생략했고, alt='greater'를 사용했다.

```
R Console
> A집단=c(145,148,153,156,159,154,159,149,158,152,158,165,156,156,154)
> B집단=c(147,148,150,152,153,151,153,149,153,150,153,159,152)
> t.test(A집단,B집단,alt='greater')

        Welch Two Sample t-test

data:  A집단 and B집단
t = 2.1149, df = 23.373, p-value = 0.02265
alternative hypothesis: true difference in means is greater than 0
95 percent confidence interval:
 0.6202229       Inf
sample estimates:
mean of x mean of y
 154.8000  151.5385
```

〈그림 8-7〉 R에서 이분산인 두 모집단의 평균 차에 대한 가설검정

② $\mu_1 - \mu_2$에 대한 90% 신뢰구간을 구한 R 명령어와 결과는 〈그림 8-8〉과 같다. (예제 8-5)는 모든 값들을 반올림하여 구한 값이므로 R 결과와 약간 차이가 난다(반올림 오차).

```
R Console
> t.test(A집단,B집단,conf.level=0.9)

        Welch Two Sample t-test

data:  A집단 and B집단
t = 2.1149, df = 23.373, p-value = 0.0453
alternative hypothesis: true difference in means is not equal to 0
90 percent confidence interval:
 0.6202229 5.9028540
sample estimates:
mean of x mean of y
 154.8000  151.5385
```

〈그림 8-8〉 R에서 $\mu_1 - \mu_2$에 대한 90% 신뢰구간(이분산)

8-1-2 두 모분산의 비 σ_1^2/σ_2^2의 추론

독립비교에서 두 모평균 차 $\mu_1 - \mu_2$의 추론 문제를 다룰 때 등분산과 이분산을 가정한 후 언급을 했었다. 그런데 이처럼 가정이 아닌 실제로 두 모집단의 산포 정도를 비교하는 것이 때때로 필요한 경우가 있다. 즉, 제조과정에서는 평균보다도 산포의 안정성을 요구하는 경우가 종종 있으므로 산포의 정도를 비교하는 추론을 다루는 것이 필요하다.

두 모분산 비교를 위해 추출한 랜덤표본은 두 개의 정규모집단으로부터 추출한 서로 독립인 표본으로 가정한다. 즉, 정규모집단 $N(\mu_1, \sigma_1^2)$에서 추출한 n_1개의 표본을 $X_1, X_2, \cdots, X_{n_1}$라 하고 다른 정규모집단 $N(\mu_2, \sigma_2^2)$에서 추출한 n_2개의 표본을 $Y_1, Y_2, \cdots, Y_{n_2}$라 할 때 두 표본은 서로 독립이다. σ_1^2/σ_2^2을 추론하기 위한 통계량 S_1^2/S_2^2을 고려할 수 있는데 F-통계량 F는 자유도가 $(n_1 - 1, n_2 - 1)$인 F-분포를 따른다.

$$F = \frac{S_1^2/\sigma_1^2}{S_2^2/\sigma_2^2} \sim F(n_1 - 1, n_2 - 1)$$

자유도가 (k_1, k_2)인 F-분포 곡선은 〈그림 8-9〉와 같다. 이 곡선은 자유도에 따라 형태가 다르지만 왼쪽으로 치우쳐 있고 오른쪽으로 꼬리가 긴 형태를 가진다. 빗금친 영역의 넓이는 각각 α이고 $F(k_1, k_2 : \alpha)$는 자유도가 (k_1, k_2)인 F-분포의 $100(1-\alpha)\%$ 백분위수에 해당하는 값으로 $P(F \geq F(k_1, k_2 : \alpha)) = \alpha$를 만족한다. 단, F는 자유도 (k_1, k_2)인 F-분포를 따르는 확률변수이다. 또한 $F(k_1, k_2 : 1-\alpha)$는 자유도가 (k_1, k_2)인 F-분포의 $100\alpha\%$ 백분위수에 해당하는 값으로 $P(F \leq F(k_1, k_2 : 1-\alpha)) = \alpha$를 만족한다.

부록 〈표 5〉는 여러 가지 자유도에 대한 F-분포의 분포표가 주어져 있다. 여러 자유도와 오른쪽 꼬리 영역의 넓이에 해당하는 F의 값이 주어져 있으므로, 이 표를 이용하면 F-분포에 대한 여러 가지 확률을 구할 수 있다. 여기서 $F(k_1, k_2 : 1-\alpha)$의 값은 다음 등식에 의해 구할 수 있다.

$$F(k_1, k_2 : 1-\alpha) = \frac{1}{F(k_2, k_1 : \alpha)}$$

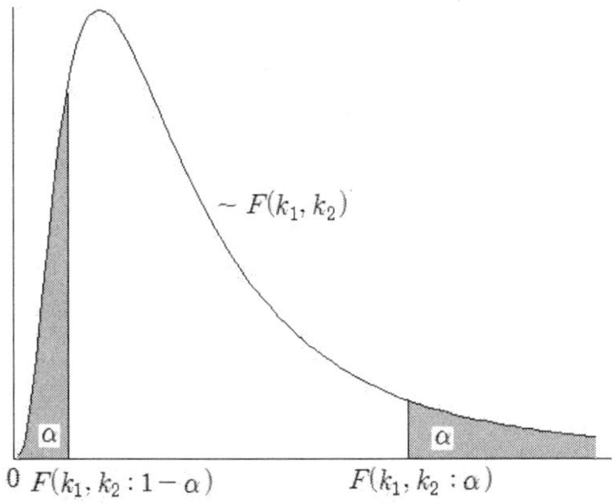

〈그림 8-9〉 자유도가 (k_1, k_2)인 F-분포 곡선

예제 8-8

확률변수 F가 자유도 (6,7)인 F-분포를 따른다고 할 때 다음을 구하라.

(1) $P(F \geq v_1) = 0.05$인 v_1

(2) $P(F \leq v_2) = 0.025$인 v_2

풀이

(1) 부록 〈표 5〉에 자유도가 (6,7)이고 오른쪽 꼬리 영역 α가 0.05에 해당하는 값이 v_1이다. 즉, $v_1 = 3.87 = F(6, 7 : 0.05)$

(2) 부록 〈표 5〉에 자유도가 (6,7)이고 오른쪽 꼬리 영역 α가 0.975에 해당하는 값이 v_2이다. 즉, $v_2 = F(6, 7 : 0.975) = \dfrac{1}{F(7, 6 : 0.025)} = \dfrac{1}{5.70} = 0.17544$

예제 8-9

엑셀과 R을 이용하여 (예제 8-8)을 해결하라.

풀이

엑셀 명령문은 임의의 셀에, R 명령문은 프롬프트 '>' 다음에 입력하면 된다.

	엑셀	R
(1)	=FINV(0.05, 6, 7)	qf(0.95, 6, 7)
(2)	=FINV(0.975, 6, 7)	qf(0.025, 6, 7)

엑셀 함수 FINV($z, d.f._{\cdot 1}, d.f._{\cdot 2}$)에서 z는 $P(X \geq x) = z$를 만족하는 값으로 F-분포표처럼 오른쪽 꼬리 영역 값이지만, R 함수 qf($y, d.f._{\cdot 1}, d.f._{\cdot 2}$)에서 y는 $P(X \leq x) = y$를 만족하는 값으로 F-분포에서 왼쪽 꼬리 영역의 값이다. 만일 F-분포표처럼 확률이 오른쪽 꼬리 영역 값이라는 것을 명시하기 위해서는 lower.tail=F를 첨가한 qf(y, $d.f._{\cdot 1}, d.f._{\cdot 2}$, lower.tail=F)를 사용하거나 qf($1-y, d.f._{\cdot 1}, d.f._{\cdot 2}$)를 사용한다. 즉, (1)의 qf(0.95, 6, 7)은 qf(0.05, 6, 7, lower.tail=F)와 같고, (2)의 qf(0.025, 6, 7)은 qf(0.975, 6, 7, lower.tail=F)와 같다.

자유도가 (n_2-1, n_1-1)인 F-분포에서 $F = \dfrac{S_2^2/\sigma_2^2}{S_1^2/\sigma_1^2}$가 $F(n_2-1, n_1-1 : 1-\dfrac{\alpha}{2})$와 $F(n_2-1, n_1-1 : \dfrac{\alpha}{2})$ 사이에 있을 확률이 $1-\alpha$이다. 즉,

$$\begin{aligned} 1-\alpha &= P\left\{F(n_2-1, n_1-1 : 1-\frac{\alpha}{2}) \leq \frac{S_2^2/\sigma_2^2}{S_1^2/\sigma_1} \leq F(n_2-1, n_1-1 : \frac{\alpha}{2})\right\} \\ &= P\left\{\frac{S_1^2}{S_2^2} \cdot \frac{1}{F(n_1-1, n_2-1 : \frac{\sigma}{2})} \leq \frac{\sigma_1^2}{\sigma_2^2} \leq \frac{S_1^2}{S_2^2} F(n_2-1, n_1-1 : \frac{\alpha}{2})\right\} \end{aligned}$$

이다. 따라서 두 모분산의 비 $\dfrac{\sigma_1^2}{\sigma_2^2}$에 대한 $100(1-\alpha)\%$ 신뢰구간은

$$\left(\frac{S_1^2}{S_2^2} \cdot \frac{1}{F(n_1-1, n_2-1 : \frac{\sigma}{2})},\quad \frac{S_1^2}{S_2^2} F(n_2-1, n_1-1 : \frac{\alpha}{2})\right)$$

이고, 두 모표준편차의 비 $\dfrac{\sigma_1}{\sigma_2}$에 대한 $100(1-\alpha)\%$ 신뢰구간은

$$\left(\sqrt{\frac{S_1^2}{S_2^2} \cdot \frac{1}{F(n_1-1, n_2-1 : \frac{\sigma}{2})}},\quad \sqrt{\frac{S_1^2}{S_2^2} F(n_2-1, n_1-1 : \frac{\alpha}{2})}\right)$$

이다.

귀무가설 $H_0 : \sigma_1^2 = \sigma_2^2$ 또는 $H_0 : \dfrac{\sigma_1^2}{\sigma_2^2} = 1$을 만족하는 검정통계량 $F_0 = \dfrac{S_1^2}{S_2^2}$은 자유도가 (n_1-1, n_2-1)인 F-분포를 따른다. 〈표 8-4〉는 세 가지 대립가설에 따른 검정법을 나타낸 표이다.

〈표 8-4〉 각 대립가설에 따른 가설검정

	$H_1 : \sigma_1^2 > \sigma_2^2$	$H_1 : \sigma_1^2 < \sigma_2^2$	$H_1 : \sigma_1^2 \neq \sigma_2^2$
검정 통계량	$F_0 = \dfrac{S_1^2}{S_2^2} \sim F(n_1-1, n_2-1)$		
기각역	$F \geq F(n_1-1, n_2-1 : \alpha)$	$F \leq F(n_1-1, n_2-1 : 1-\alpha)$	$F \geq F(n_1-1, n_2-1 : \alpha/2)$ 또는 $F \leq F(n_1-1, n_2-1 : 1-\alpha/2)$
판정	F_0가 각각의 대립가설의 기각역에 포함되면 H_0를 기각		

귀무가설이 $H_0 : \dfrac{\sigma_1^2}{\sigma_2^2} = r_0$이면 검정통계량은 $F_0 = \dfrac{1}{r_0} \times \dfrac{S_1^2}{S_2^2} \sim F(n_1-1, n_2-1)$ or $F_0 = r_0 \times \dfrac{S_2^2}{S_1^2} \sim F(n_2-1, n_1-1)$이다.

예제 8-10

(예제 8-2)와 (예제 8-5)에서 가정했던 등분산과 이분산이 옳은지 확인해 보자.

(1) (예제 8-2)에서 가정했던 등분산이 옳은가? 유의수준 5%에서 검정하라.

(2) (예제 8-5)에서 가정했던 이분산이 옳은가? 유의수준 10%에서 검정하라.

(3) (2)을 기반으로 $\dfrac{\sigma_1^2}{\sigma_2^2}$에 대한 90% 신뢰구간을 구하라.

(4) (2)와 (3)을 비교하여 유의수준 10%에서 검정하라.

풀이

(1) • 가설 : $H_0 : \sigma_1^2 = \sigma_2^2$ vs $H_1 : \sigma_1^2 \neq \sigma_2^2$

• 검정통계량 : $F_0 = \dfrac{S_1^2}{S_2^2} = \dfrac{50.18}{62} \fallingdotseq 0.81$

• 기각역 : $F \geq F(n_1-1, n_2-1 : \alpha/2)$ 또는 $F \leq F(n_1-1, n_2-1 : 1-\alpha/2)$이므로

$F \geq F(9, 9 : 0.025) = 4.03$ 또는 $F \leq F(9, 9 : 0.975) = \dfrac{1}{F(9, 9 : 0.025)} \fallingdotseq 0.25$이다.

• 판단 : $F_0 = 0.81$이므로 기각역에 포함되지 않으므로 H_0를 기각하지 않는다. 따라서 이 표본으로부터 유의수준 0.05에서 귀무가설을 기각하지 않으므로 두 모집단의 분산이 다르다고 할 만한 근거가 충분하지 않다.

(2) • 가설 : $H_0 : \sigma_1^2 = \sigma_2^2$ vs $H_1 : \sigma_1^2 \neq \sigma_2^2$

• 검정통계량 : $F_0 = \dfrac{S_1^2}{S_2^2} = \dfrac{25.17}{9.1} \fallingdotseq 2.77$

• 기각역 : $F \geq F(n_1 - 1, n_2 - 1 : \alpha/2)$ 또는 $F \leq F(n_1 - 1, n_2 - 1 : 1 - \alpha/2)$이므로 $F \geq F(14, 12 : 0.05) = 2.64$ 또는 $F \leq F(14, 12 : 0.95) = \dfrac{1}{F(12, 14 : 0.05)} = \dfrac{1}{2.53} \fallingdotseq 0.40$ 이다.

• 판단 : $F_0 = 2.77$이므로 기각역에 포함되므로 H_0를 기각한다. 따라서 이 표본으로부터 유의수준 0.1에서 귀무가설을 기각하므로 두 모집단의 분산이 다르다고 할 만한 근거가 충분하다.

(3) 모분산비 $\dfrac{\sigma_1^2}{\sigma_2^2}$에 대한 90% 신뢰구간은 다음과 같다.

$$\frac{1}{F(n_1 - 1, n_2 - 1 : \alpha/2)} = \frac{1}{F(14, 12 : 0.05)} = \frac{1}{2.64} = 0.38$$

$$F(n_2 - 1, n_1 - 1 : \alpha/2) = F(12, 14 : 0.05) = 2.53 \qquad F_0 = \frac{S_1^2}{S_2^2} = \frac{25.17}{9.1} \fallingdotseq 2.77$$

$$\left(\frac{S_1^2}{S_2^2} \cdot \frac{1}{F(n_1 - 1, n_2 - 1 : \frac{\sigma}{2})},\ \frac{S_1^2}{S_2^2} F(n_2 - 1, n_1 - 1 : \frac{\alpha}{2}) \right) = (2.77 \times 0.38,\ 2.77 \times 2.53)$$
$$= (1.05,\ 7.01)$$

(4) 유의수준 10%에서 모분산비에 대한 양측검정의 채택역을 이용한 판단과 모분산비에 대한 90% 신뢰구간을 이용한 판단은 일치한다. (2)번의 귀무가설이 참이라면 모분산비가 $\dfrac{\sigma_1^2}{\sigma_2^2} = 1$으로 신뢰구간 내에 1이 포함되겠지만 (3)번의 신뢰구간 내에는 1이 포함되지 않는다. 즉, 귀무가설이 기각되므로 (3)번의 결과와 일치하는 부분이다. 일반적으로 신뢰구간은 모분산비가 다른 여러 귀무가설을 동시에 검정할 수 있는 추론방법이다. 그러나 유의수준이 α인 양측검정과 신뢰수준이 $1 - \alpha$인 신뢰구간과의 비교이다. 물론 모평균에 대한 신뢰구간도 모평균의 값이 다른 여러 귀무가설을 동시에 검정할 수 있다.

예제 8-11

엑셀을 이용하여 (예제 8-10)의 (1)과 (2)를 해결하라.

풀이

엑셀을 이용하여 두 모분산비가 등분산인지 이분산인지 알아보기 위해 “F-검정 : 분산에 대한 두집단” 통계 데이터 분석도구를 이용한다.

(1) (예제 8-10)의 (1)의 자료를 이용하므로 유의수준은 0.05이다.

① [데이터] 탭-[데이터 분석] 그룹-[F-검정 : 분산에 대한 두집단]을 클릭한다.

② 대화상자가 뜨면 〈그림 8-10〉과 같이 변수 1 입력범위에는 표본 I 자료를 변수 2 입력범위에는 표본 II 자료를 선택하고 이름표에 체크한다. 엑셀의 F-검정 분석도구는 단측검정만 수행하므로 양측검정을 수행할 때는 “유의수준”에 실제 유의수준의 절반인 $\alpha/2$를 입력해야 바람직한 기각치를 얻을 수 있다.

〈그림 8-10〉 “F-검정 : 분산에 대한 두집단” 분석도구 대화상자(예제 8-2 자료)

F-검정: 분산에 대한 두 집단		
	I	II
평균	41.8	45
분산	50.1778	62
관측수	10	10
자유도	9	9
F 비	0.80932	
P(F<=f) 단측 검정	0.37889	
F 기각치: 단측 검정	0.24839	

〈그림 8-11〉 “F-검정 : 분산에 대한 두집단” 가설검정 결과(예제 8-2 자료)

③ 〈그림 8-11〉의 결과에서 “F 비 0.80932”는 검정통계량 F_0이고, “P(F〈=f) 단측 검정 0.37889”는 단측검정의 유의확률로 양측검정의 유의확률은 이 값을 2배한 값

이 된다. "F 기각치: 단측검정 0.24839"는 $F \le F(9,9:0.975) = \dfrac{1}{F(9,9:0.025)}$ 이다. 양측검정의 유의확률이 약 0.7578로 유의수준 0.05보다 크므로 귀무가설을 기각하지 못한다. 따라서 이 표본으로부터 유의수준 0.05에서 귀무가설을 기각하지 않으므로 두 모집단의 분산이 다르다고 할 만한 근거가 충분하지 않다.

(2) (예제 8-10)의 (2)의 자료를 이용하므로 유의수준은 0.1이다. 〈그림 8-12〉에 자료, 분석 도구 대화상자와 결과가 표시되어 있다.

"F-검정 : 분산에 대한 두집단" 대화상자에 A 지역과 B 지역의 자료를 변수 1과 2의 입력범위에 배정하고 이름표에 체크하고 양측검정일 때는 "유의수준"에 실제 유의수준의 절반인 0.05를 입력한다. 양측검정이므로 유의확률은 0.04252의 2배인 약 0.0850으로 유의수준 0.1보다 작으므로 귀무가설을 기각한다. 따라서 이 표본으로부터 유의수준 0.1에서 귀무가설을 기각하므로 두 모집단의 분산이 다르다고 할 만한 근거가 충분하다.

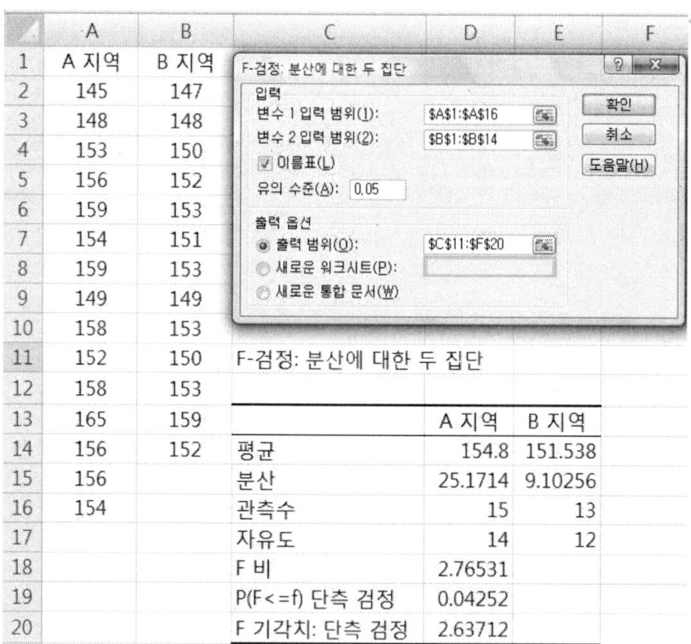

〈그림 8-12〉 "F-검정 : 분산에 대한 두집단" 분석도구 대화상자와 그 결과(예제 8-5 자료)

〈표 8-4〉는 두 모집단의 모분산비에 대한 추론을 수행하는 R 함수 var.test를 나타내고 있다. 모평균차에 대한 추론을 수행하는 R 함수 t.test와 유사하며, var.test 명령어 내의 ratio=r_0 는 t.test 명령어 내의 mu=δ_0 쓰임과 유사한 것으로 귀무가설의 두 모분산비를 입력하면 되는데 그 비가 1이면 생략해도 된다.

〈표 8-4〉 R 명령어 var.test

추론 종류	함수
가설검정	var.test(변수1, 변수2, ratio=r_0 , alt=' ')
신뢰구간	var.test(변수1, 변수2, conf.level=)

예제 8-12

R을 이용하여 (예제 8-10)의 (1)에서 (3)까지를 해결하라.

풀이

두 모집단의 모분산비에 대한 추론을 수행하는 R 명령어 var.test을 사용하는데 (1)과 (2)는 양측검정이므로 alt=' ' 부분을 생략해도 된다. alt=' '와 conf.level= 을 생략하면 95% 신뢰구간과 양측검정 결과를 동시에 볼 수 있는데 이는 t.test 명령어와 동일하다.

(1) 〈그림 8-13〉은 (1)을 구한 결과로 F=0.8093은 검정통계량의 값이고, p-value=0.7578은 유의확률을 나타낸다. 두 모분산비 $\frac{\sigma_1^2}{\sigma_2^2}$에 대한 95% 신뢰구간은 (0.2010234, 3.2583136)이다.

(2) 〈그림 8-14〉은 (2)와 (3)을 구한 결과로 유의수준이 10%인 양측검정이면서 90% 신뢰구간을 구하는 문제이므로 명령문 내에 alt=' '는 생략하고 conf.level=0.9만 사용하여 동시에 그 결과를 볼 수 있다. 검정통계량은 F=2.7653이고, 유의확률은 p-value=0.08504이며, 두 모분산비 $\frac{\sigma_1^2}{\sigma_2^2}$에 대한 90% 신뢰구간은 (1.048609, 7.007973)이다.

```
R Console
> 표본1=c(31,34,40,45,50,43,52,35,48,40)
> 표본2=c(28,39,43,50,54,48,50,40,53,45)
> var.test(표본1,표본2)

        F test to compare two variances

data:  표본1 and 표본2
F = 0.8093, num df = 9, denom df = 9, p-value = 0.7578
alternative hypothesis: true ratio of variances is not equal to 1
95 percent confidence interval:
 0.2010234 3.2583136
sample estimates:
ratio of variances
          0.809319
```

〈그림 8-13〉 R을 이용한 모분산비의 가설검정과 신뢰구간(예제 8-2 자료)

```
> A집단=c(145,148,153,156,159,154,159,149,158,152,158,165,156,156,154)
> B집단=c(147,148,150,152,153,151,153,149,153,150,153,159,152)
> var.test(A집단,B집단,conf.level=0.9)

        F test to compare two variances

data:  A집단 and B집단
F = 2.7653, num df = 14, denom df = 12, p-value = 0.08504
alternative hypothesis: true ratio of variances is not equal to 1
90 percent confidence interval:
 1.048609 7.007973
sample estimates:
ratio of variances
          2.765312
```

〈그림 8-14〉 R을 이용한 모분산비의 가설검정과 신뢰구간(예제 8-5 자료)

8-1-3 두 모비율 차 $p_1 - p_2$의 추론

모집단 1로부터 추출한 크기 n_1인 랜덤표본에서의 성공횟수를 X라 하고, 모집단 2로부터 추출한 크기 n_2인 랜덤표본에서의 성공횟수를 Y라 할 때, 두 모비율 차 $p_1 - p_2$에 대한 추론을 수행하기 위한 그 추정량은 표본비율 $\widehat{p_1 - p_2} = \widehat{p_1} - \widehat{p_2} = \frac{X}{n_1} - \frac{Y}{n_2}$이다. 확률변수 X와 Y는 이항분포 $X \sim B(n_1, p_1)$와 $Y \sim B(n_2, p_2)$를 따른다. 추정량 $\widehat{p_1} - \widehat{p_2}$의 평균과 분산은 두 랜덤표본이 서로 독립이므로 $E(\widehat{p_1} - \widehat{p_2}) = p_1 - p_2$이고, $Var(\widehat{p_1} - \widehat{p_2}) = \frac{p_1(1-p_1)}{n_1} + \frac{p_2(1-p_2)}{n_2}$이다. 표본 크기 n_1과 n_2가 큰 경우 표본비율 $\widehat{p_1} - \widehat{p_2} = \frac{X}{n_1} - \frac{Y}{n_2}$는 근사적으로 정규분포 $N(p_1 - p_2, \frac{p_1(1-p_1)}{n_1} + \frac{p_2(1-p_2)}{n_2})$를 따르므로 통계량 $\frac{(\widehat{p_1} - \widehat{p_2}) - (p_1 - p_2)}{\sqrt{\frac{p_1(1-p_1)}{n_1} + \frac{p_2(1-p_2)}{n_2}}}$는 근사적으로 표준정규분포를 따른다.

$p_1 - p_2$에 대한 $100(1-\alpha)\%$ 신뢰구간은 $-z_{\alpha/2} \le \frac{(\widehat{p_1} - \widehat{p_2}) - (p_1 - p_2)}{\sqrt{\frac{p_1(1-p_1)}{n_1} + \frac{p_2(1-p_2)}{n_2}}} \le z_{\alpha/2}$를 만족한다. 7장에서 모비율에 대한 신뢰구간을 구할 때 통계량에 p 대신 $\hat{p}$를 사용한 것처럼 여기서도 $\frac{(\widehat{p_1} - \widehat{p_2}) - (p_1 - p_2)}{\sqrt{\frac{\widehat{p_1}(1-\widehat{p_1})}{n_1} + \frac{\widehat{p_2}(1-\widehat{p_2})}{n_2}}}$를 사용한 통계량을 이용한다. 이

통계량도 표본 크기 n_1과 n_2가 큰 경우 근사적으로 표준정규분포를 따른다. 표본의 크기가 큰 경우의 $p_1 - p_2$에 대한 $100(1-\alpha)\%$ 신뢰구간은

$$(\hat{p_1} - \hat{p_2}) \pm z_{\alpha/2}\sqrt{\frac{\hat{p_1}(1-\hat{p_1})}{n_1} + \frac{\hat{p_2}(1-\hat{p_2})}{n_2}}$$

이다. 단, $\hat{p_1} = \frac{X}{n_1}$, $\hat{p_2} = \frac{Y}{n_2}$

두 모비율 차 $p_1 - p_2$에 대한 가설검정을 고려하자. 귀무가설 $H_0 : p_1 - p_2 = 0$에서는 두 모집단의 모비율이 같다는 의미이므로 두 모집단의 공동 모비율 p의 추정량은 $\hat{p} = \frac{X+Y}{n_1+n_2}$이다. 따라서 귀무가설에서 추정량 $\hat{p_1} - \hat{p_2}$의 평균과 분산은 $E(\hat{p_1} - \hat{p_2}) = 0$이고, $Var(\hat{p_1} - \hat{p_2}) = p(1-p)\left(\frac{1}{n_1} + \frac{1}{n_2}\right)$이다. 따라서 추정량 $\hat{p_1} - \hat{p_2}$의 분산의 추정량은 $\hat{p}(1-\hat{p})\left(\frac{1}{n_1} + \frac{1}{n_2}\right)$이다. 〈표 8-5〉는 세 가지 가설에 따른 검정과정을 나타내고 있다.

〈표 8-5〉 두 모비율 차에 대한 대립가설에 따른 가설검정

	$H_1 : p_1 - p_2 > 0$	$H_1 : p_1 - p_2 < 0$	$H_1 : p_1 - p_2 \neq 0$
검정통계량	$Z_0 = \frac{\hat{p_1} - \hat{p_2}}{\sqrt{\hat{p}(1-\hat{p})\left(\frac{1}{n_1} + \frac{1}{n_2}\right)}}$ 는 근사적으로 $N(0,1)$		
기각역	$Z \geq z_\alpha$	$Z \leq -z_\alpha$	$\lvert Z \rvert \geq z_{\alpha/2}$
판정	$Z_0 \geq z_\alpha$ 이면 H_0를 기각	$Z_0 \leq -z_\alpha$ 이면 H_0를 기각	$\lvert Z_0 \rvert \geq z_{\alpha/2}$ 이면 H_0를 기각

예제 8-13

대학생들이 선호하는 가방의 색상이 남녀 간에 차이가 있는지 알아보는 조사를 했다. 남자 150명, 여자 200명을 각각 랜덤 추출하여 검정색을 선호하는 비율을 조사했다.

	선호하는 학생	참가자
남자	110	150
여자	120	200

(1) 선호율의 차에 대한 90% 신뢰구간을 구하라.

(2) 남학생이 여학생들보다 검정색 가방을 좋아한다고 할 수 있는지 유의수준 5%에서 검정하라.

풀이

검정색 가방을 좋아하는 남학생의 선호율과 여학생의 선호율을 각각 p_1, p_2라고 하자.

(1) 주어진 자료로부터 표본비율은 각각 $\hat{p}=\frac{110}{150}\fallingdotseq 0.73$, $\hat{p_2}=\frac{120}{200}=0.60$이므로

p_1-p_2에 대한 90% 신뢰구간은

$$
\begin{aligned}
(\hat{p_1}-\hat{p_2}) &\pm z_{\alpha/2}\sqrt{\frac{\hat{p_1}(1-\hat{p_1})}{n_1}+\frac{\hat{p_2}(1-\hat{p_2})}{n_2}} \\
&=(0.73-0.60)\pm 1.645\sqrt{\frac{0.73\times 0.27}{150}+\frac{0.60\times 0.40}{200}} \\
&\fallingdotseq (0.05,\ 0.21)
\end{aligned}
$$

이다.

(2) • 가설 : $H_0: p_1-p_2=0$ vs $H_1: p_1-p_2>0$

귀무가설하에서 공통인 모비율 p의 추정값은 $\hat{p}=\frac{X+Y}{n_1+n_2}=\frac{110+120}{150+200}$ $\fallingdotseq 0.657$이다.

• 검정통계량 : $Z_0=\frac{\hat{p_1}-\hat{p_2}}{\sqrt{\hat{p}(1-\hat{p})\left(\frac{1}{n_1}+\frac{1}{n_2}\right)}}\ \frac{0.73-0.60}{\sqrt{0.657\times 0.343\left(\frac{1}{150}+\frac{1}{200}\right)}}\fallingdotseq 2.54$

• 기각역 : $Z\geq z_\alpha$이므로 $Z\geq 1.645$이다.

• 판단 : $Z_0=2.54>1.645$이므로 H_0를 기각한다. 따라서 이 표본으로부터 유의수준 0.05에서 귀무가설을 기각하므로 남학생이 여학생들보다 검정색 가방을 좋아한다고 할 만한 근거가 충분하다.

7장의 (예제 7-13)과 (예제 7-26)에서 언급한 것처럼 엑셀과 R을 이용하면 약간의 차이가 존재한다. 엑셀이나 R을 사용할 경우 엑셀과 R에 의한 결과라는 것을 언급하길 바란다.

예제 8-14

R을 이용하여 (예제 8-13)을 해결하라.

풀이

(1) $p_1 - p_2$에 대한 90% 신뢰구간은 (0.045, 0.221)이다.

```
R Console
> prop.test(c(110,120),c(150,200),conf.level=0.9)

        2-sample test for equality of proportions with
        continuity correction

data:  c(110, 120) out of c(150, 200)
X-squared = 6.1844, df = 1, p-value = 0.01289
alternative hypothesis: two.sided
90 percent confidence interval:
 0.04519642 0.22147025
sample estimates:
   prop 1    prop 2
0.7333333 0.6000000
```

〈그림 8-15〉 $p_1 - p_2$에 대한 90% 신뢰구간

(2) 유의확률(p-value)이 0.006444이므로 유의수준 0.05보다 작으므로 귀무가설을 기각한다.

```
R Console
> prop.test(c(110,120),c(150,200),alt='greater')

        2-sample test for equality of proportions with
        continuity correction

data:  c(110, 120) out of c(150, 200)
X-squared = 6.1844, df = 1, p-value = 0.006444
alternative hypothesis: greater
95 percent confidence interval:
 0.04519642 1.00000000
sample estimates:
   prop 1    prop 2
0.7333333 0.6000000
```

〈그림 8-16〉 가설검정

8-2 쌍체비교

두 회사에서 만든 압력밥솥의 밥 맛을 비교하기 위해 10명씩으로 된 두 랜덤표본을 추출하여 비교분석 한다고 하자. 그런데 의도하지 않았는데 장금이처럼 절대미각을 가

진 사람들이 모인 표본과 미각이 뛰어나지 않은 사람들이 모인 표본으로 구별이 되어 한 표본은 A회사 압력밥솥의 밥을 다른 표본은 B회사 압력밥솥의 밥을 맛보게 했다면 밥솥 때문에 밥 맛이 차이가 난다고 할 수 있겠는가? (예 8.C)에서 언급한 것처럼 기억력에 차이가 나는 이유가 암기방법의 차이 때문인지 학생들의 지능지수와 학습정도 차이 때문인지 구별할 수가 없다. 이처럼 두 처리의 효과를 비교 분석하려는데 두 처리 효과외의 다른 요인 때문에 처리효과가 다르게 나타날 수 있다. 순수하게 두 처리만의 효과를 비교하려 한다면 가능한 한 다른 요인들은 동질적으로 해 주는 것이 바람직하다. 즉, 동질의 쌍들을 만들어 각각의 처리를 적용시켜 그 결과를 비교 분석하면 되고, 그런 쌍들을 만들기 어려우면 한 실험대상에게 두 가지 처리를 시행하면 된다. 이 때 두 가지 처리는 각각 랜덤하게 시행해야 한다. 이와 같은 비교분석을 쌍체비교(paired comparision)라고 하는데 자료구조는 다음과 같다.

쌍	1	2	…	n
처리 1	X_1	X_2	…	X_n
처리 2	Y_1	Y_2	…	Y_n
차이($D=X-Y$)	D_1	D_2	…	D_n

여기서 $(X_1, Y_1), (X_2, Y_2), \cdots, (X_n, Y_n)$은 서로 독립이다. 그러므로 $D_1, D_2, \cdots, D_n$은 서로 독립이고, 모집단이 정규분포 $N(\mu_D, \sigma_D^2)$를 따르는 랜덤표본이라고 가정한다. $D_i = X_i - Y_i$의 평균은 $E(D_i) = E(X_i - Y_i) = \mu_1 - \mu_2 = \mu_D$이다. μ_D의 추정량은 $\hat{\mu}_D = \overline{D} = \overline{X} - \overline{Y}$이고, $\overline{D}$의 분산은 $Var(\overline{D}) = \frac{\sigma_D^2}{n}$이므로 그 추정량은 $\widehat{Var}(\overline{D}) = \frac{S_D^2}{n}$이다. 단, $S_D^2 = \frac{1}{n-1}\sum_{i=1}^{n}(D_i - \overline{D})^2$이다. 대표본이면 통계량은

$$Z = \frac{\overline{D} - \mu_D}{S_D / \sqrt{n}} \sim N(0, 1)$$

이고, 소표본이면 통계량은

$$T = \frac{\overline{D} - \mu_D}{S_D / \sqrt{n}} \sim t(n-1)$$

이다.

μ_D에 대한 $100(1-\alpha)\%$ 신뢰구간은 대표본이면 $\left(\overline{D} - z_{\alpha/2}\frac{S_D}{\sqrt{n}},\ \ \overline{D} + z_{\alpha/2}\frac{S_D}{\sqrt{n}}\right)$

이고, 소표본이면 $(\overline{D}-t_{\alpha/2}(n-1)\frac{S_D}{\sqrt{n}},\ \ \overline{D}+t_{\alpha/2}(n-1)\frac{S_D}{\sqrt{n}})$이다. 이는 7장에서 고려한 한 모집단에서의 모평균에 대한 신뢰구간과 유사하며 가설검정도 7장과 유사하다. 대표본일 때는 모집단이 정규분포라는 가정이 없어도 된다.

예제 8-15

두 회사 압력밥솥의 밥맛을 비교하기 위해 문화센터에서 교육받고 있는 10명의 주부를 랜덤추출하여 두 밥솥의 밥맛을 비교했다. 100점을 만점으로 한 점수가 다음과 같이 조사되었다. 단, 밥맛에 대한 점수는 정규분포를 따른다고 가정한다. 회사 A 밥맛 점수의 평균은 μ_1, 회사 B 밥맛 점수의 평균은 μ_2이다.

주부	1	2	3	4	5	6	7	8	9	10	평균
회사 A	85	85	90	75	89	68	72	68	71	68	77.1
회사 B	90	90	87	70	84	65	79	80	70	83	79.8

(1) $\mu_1-\mu_2(=\mu_D)$에 대한 95% 신뢰구간을 구하라.

(2) 회사 B 압력밥솥의 밥맛이 회사 A 압력밥솥의 밥맛보다 더 좋은지 유의수준 5%에서 검정하라.

풀이

주부	1	2	3	4	5	6	7	8	9	10	평균
차이(D)	−5	−5	3	5	5	3	−7	−12	1	−15	−2.7

표본평균 $\widehat{\mu_D}=\overline{D}$의 측정값은 $\overline{d}=-2.7$이고

표본분산 $S_D^2=\frac{1}{n-1}\sum_{i=1}^{n}(D_i-\overline{D})^2=\frac{1}{n-1}\left\{\sum_{i=1}^{n}D_i^2-n\overline{D}^2\right\}$의 측정값은

$$s_D^2=\frac{1}{9}\{(-5)^2+(-5)^2+\cdots+(-15)^2-10(-2.7)^2\}\fallingdotseq 51.567 \text{이며,}$$

표본편차의 측정값은 $s_D=7.181$이다.

(1) μ_D에 대한 95% 신뢰구간은 $(\overline{D}-t_{\alpha/2}(n-1)\frac{S_D}{\sqrt{n}},\ \ \overline{D}+t_{\alpha/2}(n-1)\frac{S_D}{\sqrt{n}})$이므로 t-분포표로부터 $t_{0.025}(9)=2.262$이다. 따라서 신뢰구간은

$$-2.7\pm 2.262\frac{7.181}{\sqrt{10}}=(-7.837,\ 2.437)$$

이다.

(2) 주어진 문제에 대한 검정가설 과정은 다음과 같다.

- 가설 : $H_0 : \mu_1 - \mu_2 = 0$ vs $H_1 : \mu_1 - \mu_2 < 0$
- 검정통계량 : $T_0 = \dfrac{\overline{D}}{S_D / \sqrt{n}} = \dfrac{-2.7}{7.181/\sqrt{10}} = -1.189$
- 기각역 : $T \le -t_\alpha(n-1)$이므로 $T \le -1.833$이다.
- 판단 : $T_0 = -1.189 > -1.833$이므로 H_0를 기각하지 않는다. 따라서 이 표본으로부터 유의수준 0.05에서 귀무가설을 기각하지 않으므로 회사 B 압력밥솥의 밥맛이 더 좋다고 할 만한 근거가 충분하지 않다.

예제 8-16

엑셀과 R을 이용하여 (예제 8-15)를 해결하라.

(1) 엑셀을 이용하여 회사 B 압력밥솥의 밥맛이 회사 A 압력밥솥의 밥맛보다 더 좋은지 유의수준 5%에서 검정하라.

(2) R을 이용하여 $\mu_1 - \mu_2 (= \mu_D)$에 대한 95% 신뢰구간을 구하라.

(3) R을 이용하여 회사 B 압력밥솥의 밥맛이 회사 A 압력밥솥의 밥맛보다 더 좋은지 유의수준 5%에서 검정하라.

풀이

(1) 데이터 분석 "t-검정 : 쌍체비교" 분석도구를 이용한다.

① [데이터] 탭-[데이터 분석] 그룹-[t-검정 : 쌍체비교]를 클릭한다.

② 대화상자가 뜨면 〈그림 8-17〉과 같이 변수 1 입력범위에는 회사 A 자료를 변수 2 입력범위에는 회사 B 자료를 선택하고 가설 평균차에 귀무가설 값 $\delta_0 = 0$ 등을 입력한 후 [확인]을 클릭한다.

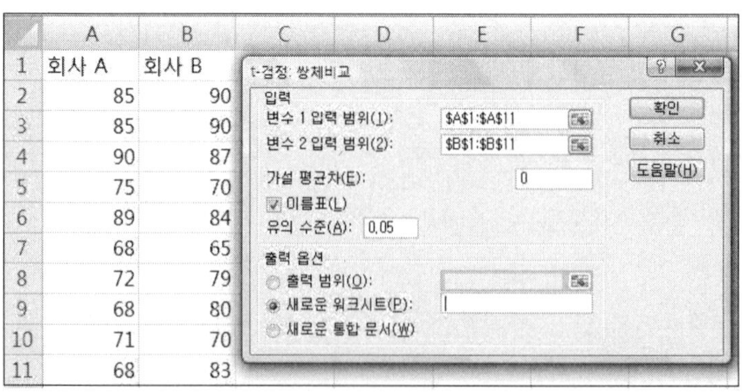

〈그림 8-17〉 "t-검정 : 쌍체비교" 분석도구 대화상자

③ 〈그림 8-18〉의 결과를 살펴보면 유의확률 $P(T \leq -1.189) \fallingdotseq 0.1324$ 임을 알 수 있다. 유의수준 0.05보다 큰 값이므로 H_0를 기각하지 않는다. T-통계량 값 -1.189과 기각치 $-t_{0.05}(9) = -1.8331$을 이용하여 기각역을 통한 검정결과도 얻을 수 있다.

t-검정: 쌍체 비교		
	회사 A	회사 B
평균	77.1	79.8
분산	83.211	77.733
관측수	10	10
피어슨 상관 계수	0.68	
가설 평균차	0	
자유도	9	
t 통계량	-1.189	
P(T<=t) 단측 검정	0.1324	
t 기각치 단측 검정	1.8331	
P(T<=t) 양측 검정	0.2649	
t 기각치 양측 검정	2.2622	

〈그림 8-18〉 "t-검정 : 쌍체비교" 분석 결과

(2) R을 이용하여 쌍체비교에서 μ_D에 대한 95% 신뢰구간을 구하기 위한 명령문은 t.test(변수1, 변수2, conf.level=$1-\alpha$, paired=T) 인데 95% 신뢰구간이므로 "conf.level"은 생략했다. 그 결과는 〈그림 8-19〉에 있다.

```
R Console
> 회사A=c(85,85,90,75,89,68,72,68,71,68)
> 회사B=c(90,90,87,70,84,65,79,80,70,83)
> t.test(회사A,회사B,paired=T)

        Paired t-test

data:  회사A and 회사B
t = -1.189, df = 9, p-value = 0.2649
alternative hypothesis: true difference in means is not equal to 0
95 percent confidence interval:
 -7.836973  2.436973
sample estimates:
mean of the differences
                   -2.7
```

〈그림 8-19〉 쌍체비교에서 μ_D에 대한 95% 신뢰구간

(3) R을 이용하여 쌍체비교에서 검정을 위한 명령문은 t.test(변수1, 변수2, alt=" ",paired=T)이다. 그 결과는 〈그림 8-20〉에 있다. 유의확률이 p-value=0.1324이므로 유의수준 0.05에서 귀무가설을 기각하지 않는다.

```
> 회사A=c(85,85,90,75,89,68,72,68,71,68)
> 회사B=c(90,90,87,70,84,65,79,80,70,83)
> t.test(회사A,회사B,alt='less',paired=T)

        Paired t-test

data:  회사A and 회사B
t = -1.189, df = 9, p-value = 0.1324
alternative hypothesis: true difference in means is less than 0
95 percent confidence interval:
     -Inf 1.462687
sample estimates:
mean of the differences
                   -2.7
```

〈그림 8-20〉 쌍체비교에서 μ_D에 대한 가설검정

8-3 독립표본과 쌍체표본의 선택

두 처리간의 비교를 위한 실험을 계획할 때 두 처리에 의한 랜덤표본이 독립표본인지 쌍으로 처리한 표본인지를 선택하는 문제에 직면하게 된다. 이를 비교분석하기 위해 각각 n개의 표본수를 갖는 등분산인 독립비교와 n쌍의 표본수를 갖는 쌍체비교를 사용한다. 독립비교와 쌍체비교 모두 두 처리의 효과 차이는 $\overline{X}-\overline{Y}=\overline{D}$이므로 같다. 두 요소 자유도와 추정된 표준오차를 중심으로 $n=6$, $\alpha=0.05$인 경우를 예를 들어 비교분석해 보자.

	독립비교	쌍체비교
자유도	$2n-2$	$n-1$
추정된 표준오차	$S_p\sqrt{\frac{1}{n}+\frac{1}{n}}$	$\frac{S_D}{\sqrt{n}}$

독립비교의 t 값은 $t_{0.025}(10)=2.228$이고 쌍체비교의 t 값은 $t_{0.025}(5)=2.571$이다. 즉, t-분포는 동일한 α에서 자유도가 작아지면 t 값은 커지므로 신뢰구간의 길이에 영향을 주는 다른 요인이 동일하다고 하면 쌍체비교를 이용한 신뢰구간의 폭이 넓어진다. t-분포를 사용한 가설검정 즉, t-검정의 경우 독립비교의 기각역이 쌍체비교의 기각역보다 넓어지므로 독립비교에 의한 검정이 귀무가설을 기각하는 경우가 더 많아지는 현상이 일어난다.

각 쌍의 X 값이 커지면 Y 값도 커지는 경우의 자료를 예를 들어 분산의 추정값도 비교해보자. 이런 경우 쌍체표본에서 $D = X - Y$의 표본분산 S_D^2은 독립표본의 경우로 구한 공동표본분산 S_p^2보다 작게 되므로 추정된 표준오차를 줄어들게 하여, 쌍체비교로 구한 검정통계량의 절대값이 독립비교로 구한 검정통계량의 절대값보다 커지므로 유의확률이 작아지는 현상이 일어난다. 유의확률이 작아지면 귀무가설을 기각할 경우가 많아진다. 그러므로 쌍체표본에 의한 변동이 독립표본에 의한 변동보다 상당히 감소될 때 쌍체비교를 선택하는 것이 바람직하다. 이런 경우 자유도 손실을 보충해 준다. 〈그림 8-21〉은 각 쌍의 X 값이 커지면 Y 값도 커지는 경우의 자료로 두 차의 표본표준편차의 측정값 $s_D^2 \fallingdotseq 0.5667$이고, 공동표본분산의 측정값 $s_p^2 \fallingdotseq 4.2167$이다. 동일한 자료를 쌍체비교로 분석할 때는 유의확률이 0.0009로 귀무가설을 기각하고, 독립비교로 분석할 때는 유의확률이 0.0765로 귀무가설을 기각하지 않는다.

A	B		t-검정: 등분산 가정 두 집단				t-검정: 쌍체 비교		
1	3			A	B			A	B
3	5		평균	3.8333	5.6667		평균	3.8333	5.6667
4	6		분산	3.7667	4.6667		분산	3.7667	4.6667
3	4		관측수	6	6		관측수	6	6
6	7		공동(Pooled) 분산	4.2167			피어슨 상관 계수	0.9382	
6	9		가설 평균차	0			가설 평균차	0	
			자유도	10			자유도	5	
			t 통계량	-1.546			t 통계량	-5.966	
			P(T<=t) 단측 검정	0.0765			P(T<=t) 단측 검정	0.0009	
			t 기각치 단측 검정	1.8125			t 기각치 단측 검정	2.015	
			P(T<=t) 양측 검정	0.153			P(T<=t) 양측 검정	0.0019	
			t 기각치 양측 검정	2.2281			t 기각치 양측 검정	2.5706	

〈그림 8-21〉 독립표본과 쌍체표본의 비교

연습문제

8.1 다음 자료는 A지역과 B지역 고등학교 2학년의 수학성적이다. 단, A지역과 B지역 고등학교 2학년 학생들의 수학 성적은 각각 정규분포 $N(\mu_1, \sigma_1^2)$가 $N(\mu_2, \sigma_2^2)$을 따른다고 한다.

A지역	90	70	85	60	55	65	75	45	40	
B지역	70	90	75	85	60	65	80	75	35	50

(1) 두 지역 수학 성적의 분산이 동일성한지 유의수준 5%에서 검정하라.

(2) 두 모분산의 비 $\dfrac{\sigma_1^2}{\sigma_2^2}$에 대한 90% 신뢰구간을 구하라.

(3) (1)의 결과를 이용하여 $\mu_1 - \mu_2$에 대한 90% 신뢰구간을 구하라.

(4) (1)의 결과를 이용하여 μ_1이 μ_2보다 작다고 할 수 있는지 유의수준 5%에서 검정하라.

(5) 엑셀을 이용하여 그 결과를 확인해 보아라.

8.2 어떤 여론에 대한 남녀사이에 차이가 있는지 조사하기위해 남자 400명과 여자 450명을 램덤추출하여 조사했더니 남녀별 찬성하는 사람이 각각 153, 182명이었다. 이 자료를 토대로 어떤 여론에 대한 남녀사이에 차이가 있다고 할 수 있는지 유의수준 10%에서 검정하라. 또한 R을 이용하여 그 결과를 확인해 보아라.

8.3 (예제 8.2)의 자료가 쌍체표본이라고 간주하고 다음을 해결하라.

(1) 모집단 I의 모평균 μ_1과 모집단 II의 모평균 μ_2의 차에 대한 95% 신뢰구간을 구하라.

(2) 모집단 II의 모평균이 모집단 I의 모평균보다 크다고 할 수 있는지 유의수준 5%에서 검정하라.

(3) R을 이용하여 그 결과를 확인해 보아라.

9장

범주형 자료 분석

헌혈에 참가한 100명을 혈액형으로 분류하여 도수를 관찰한다고 하자. 또 슈퍼스타 K 준결승에 오른 3명의 참가자들에게 인터넷으로 투표한 만 명을 연령대(10대 이전, 20대, 30대, 40대, 50대 이후)로 나눠 그 도수를 관찰한다고 하자. 이처럼 측정결과를 몇 개의 범주에 따라 분류시켜 도수화한 자료를 범주형 자료(categorical data)라 하며, 이 자료를 이용한 통계적 추론방법을 범주형 자료 분석이라 한다.

범주형 자료 분석은

① 2장에서 언급한 도수분포표, 분할표와 같은 표나 몇가지 그림을 통해 정리
② 하나의 질적변수가 특정분포를 따르는가?를 검정하는 적합도 검정
③ 둘 이상의 질적변수의 연관성을 알아보는 독립성검정과 분포의 동일성을 알아보는 동일성검정

등이 대표적인 분석이다.

범주형 자료 분석에 기초가 되는 분포는 다항분포(multinomial distribution)로 총 도수 n이 충분히 크면 근사적으로 카이제곱분포를 따른다는 성질을 이용하여 적합도검정, 동일성검정, 독립성검정을 살펴볼 것이다. 엑셀의 통계 분석도구에서 이 방법이 제외되어 있으므로 R만 이용하여 그 결과를 살펴볼 것이다. 범주형 자료 분석을 위한 R 함수는 chisq.test이다.

9-1 다항분포

5장의 베르누이시행은 한번의 시행에서 결과가 단지 두 가지 중 하나가 나오는 시행이었다면 다항시행(multinomial trial)은 한번의 시행에서 결과가 여러 개 중 한개가 나오는 시행을 말한다. 여러 결과들을 서로 배반인 사건이라하고 여기서는 k개의 사건이 일어난다고 하자. 한번의 다항시행에서 i번째 사건이 일어날 확률이 p_i인 다항시행을 n번 독립적으로 시행할 때, i번째 사건이 일어나는 도수를 N_i라 하면

$$P(N_1 = n_1, N_2 = n_2, \cdots, N_k = n_k) = \frac{n!}{n_1! \cdots n_k!} p_1^{n_1} p_2^{n_2} \cdots p_k^{n_k}$$

이고, $n_1 + n_2 + \cdots + n_k = n$이다. $(N_1, N_2, \cdots, N_k)$는 모수 $(p_1, p_2, \cdots, p_k)$를 갖는 다항분포를 따른다고 하고, 기호로는

$$(N_1, N_2, \cdots, N_k) \sim m(n,\ p_1, p_2, \cdots, p_k)$$

로 나타난다. i번째 사건이 일어나는 도수 N_i는 확률변수로 이항분포 $B(n, p_i)$를 따른다. 따라서

$$E(N_i) = np_i, \qquad Var(N_i) = np_i(1-p_i)$$

이고, N_i와 N_j의 공분산은

$$Cov(N_i, N_j) = -np_ip_j \qquad (i \neq j)$$

이다.

다항분포에서 n이 충분히 크면 $\sum_{i=1}^{k}\frac{(N_i-np_i)^2}{np_i}$는 근사적으로 자유도 $k-1$인 카이제곱분포를 따른다는 이 통계량의 성질이 범주형 자료 분석에 가장 중요하게 이용된다. $k=2$인 이항분포의 경우로 증명해보자. 이항분포 성질에 의해 $p_2 = 1-p_1$, $N_2 = n-N_1$이다.

$$\begin{aligned}\sum_{i=1}^{2}\frac{(N_i-np_i)^2}{np_i} &= \frac{(N_1-np_1)^2}{np_1}+\frac{(N_2-np_2)^2}{np_2} \\ &= \frac{(N_1-np_1)^2}{np_1}+\frac{(n-N_1-n(1-p_1))^2}{n(1-p_1)} \\ &= \frac{(N_1-np_1)^2}{np_1}+\frac{(N_1-np_1)^2}{n(1-p_1)} \\ &= \frac{(N_1-np_1)^2}{np_1(1-p_1)} = \left(\frac{N_1-np_1}{\sqrt{np_1(1-p_1)}}\right)^2\end{aligned}$$

이다. 여기서 $\frac{N_1-np_1}{\sqrt{np_1(1-p_1)}}$는 5장에서 언급한 이항분포의 정규근사에서 n이 충분히 크면 근사적으로 정규분포 $N(0,1)$을 따르고, 6장의 카이제곱분포로부터 $\sum_{i=1}^{2}\frac{(N_i-np_i)^2}{np_i} = \left(\frac{N_1-np_1}{\sqrt{np_1(1-p_1)}}\right)^2$는 근사적으로 자유도가 1인 카이제곱분포를 따른다. 이를 k개로 확장하면

$$\sum_{i=1}^{k}\frac{(N_i-np_i)^2}{np_i} \ \dot{\sim}\ \chi^2(k-1)$$

이다.

9-2 적합도 검정

적합도 검정(goodness-of-fit test)의 자료구조는

범주	1	2	…	k	합계
관측도수	n_1	n_2	…	n_k	n
미지의 확률	p_1	p_2	…	p_k	1

로, 서로 배반인 k개의 범주에 속하는 도수 $N_1, N_2, \cdots, N_k$를 관측한다. n_i는 i번째 범주에 속하는 관측도수(observed frequency)로 $(N_1, N_2, \cdots, N_k)$는 다항분포 $m(n, p_1, p_2, \cdots, p_k)$를 따른다.

귀무가설과 대립가설이

$$H_0 : p_1 = p_{10},\ p_2 = p_{20},\ \cdots,\ p_k = p_{k0} \quad vs \quad H_1 : H_0\text{가 아니다}$$

로 주어지는 적합도 검정을 살펴보자. i번째 사건이 일어날 기대도수(expected frequency)가 $E(N_i) = np_i$ 이므로, 귀무가설이 참이라면 i번째 범주에 속할 기대도수는 $E_i = np_{i0}$이다. 여기서 실제 관측도수 n_i와 기대도수 np_{i0}의 차이가 많이 나면 귀무가설이 옳지 않다는 의미이다. 그러므로 다항분포의 성질에 의해 귀무가설이 참일 때 검정통계량 χ_0^2은 근사적으로 자유도 $k-1$인 카이제곱분포를 따른다. 즉,

$$\chi_0^2 = \sum_{i=1}^{k} \frac{(n_i - np_{i0})^2}{np_{i0}} = \sum_{i=1}^{n} \frac{(O_i - E_i)^2}{E_i} \sim \chi^2(k-1)$$

이다. 여기서 O_i와 E_i는 각각 관측도수와 기대도수를 나타낸다. 이 χ^2 통계량은 피어슨(Karl Pearson : 1857~1936)에 의해 처음 제안되어 피어슨의 χ^2 적합도 검정통계량이라고도 부른다.

유의수준 α인 기각역 : $\chi^2 \geq \chi^2(k-1 : \alpha)$

판단 : $\chi_0^2 \geq \chi^2(k-1 : \alpha)$이면 귀무가설을 기각한다.

적합도 검정은 각 범주의 관측도수가 5개 이상인 경우 적용하는 것이 바람직하고 그보다 작으면 다른 범주와 합쳐서 사용하는 것이 좋다.

예제 9-1

헌혈에 참가한 300명을 혈액형으로 분류하여 도수를 관찰했더니 다음과 같았다.

혈액형	A	B	O	AB	합계
관측도수	85	93	98	24	300

주어진 자료를 이용하여 혈액형의 비율이 $A:B:O:AB=3:3:3:1$이 아니라고 할 수 있는지 유의수준 5%에서 검정하라.

풀이

- 가설 : $H_0: p_1 = p_2 = p_3 = \frac{3}{10},\ p_4 = \frac{1}{10} \quad vs \quad H_1: H_0$가 아니다

  귀무가설이 참일 때 기대도수는 $E_1 = E_2 = E_3 = 300\frac{3}{10} = 90$, $E_4 = 300\frac{1}{10} = 30$이다.

혈액형	A	B	O	AB	합계
관측도수(O)	85	93	98	24	300
확률	p_1	p_2	p_3	p_4	1
기대도수(E)	90	90	90	30	300

- 검정통계량 :

$$\chi_0^2 = \sum_{i=1}^{n} \frac{(O_i - E_i)^2}{E_i}$$

$$= \frac{(85-90)^2}{90} + \frac{(93-90)^2}{90} + \frac{(98-90)^2}{90} + \frac{(24-30)^2}{30}$$

$$\fallingdotseq 2.289$$

- 기각역 : $\chi^2 \ge \chi^2(k-1:\alpha)$이므로 $\chi^2 \ge \chi^2(4-1:0.05) = 7.815$
- 판단 : 검정통계량이 기각역에 포함되지 않으므로 즉, $\chi_0^2 = 2.289 < 7.815$이므로 귀무가설을 기각하지 않는다.
- 해석 : 따라서, 이 자료로부터 유의수준 0.05에서 귀무가설을 기각하지 못하므로 혈액형의 비율이 $A:B:O:AB=3:3:3:1$이 아니다라는 주장을 할 만한 근거가 충분하지 않다.

예제 9-2

R을 이용하여 (예제 9-1)을 해결하라.

풀이

① 변수 "obs"에 관측도수를 저장한다.

② 귀무가설의 확률값을 "pr"이라 한다.

③ 적합도 검정을 위한 R 명령어 chisq.test(관측도수, p=귀무가설 확률)을 사용한 chisq.test(obs, p=pr)을 적용한다.

④ 검정통계량은 X-squared=2.2889이고 유의확률은 p-value=0.5147이다. 유의확률이 유의수준보다 크므로 귀무가설을 기각하지 않는다(〈그림 9-1〉).

```
> obs=c(85,93,98,24)
> pr=c(0.3,0.3,0.3,0.1)
> chisq.test(obs,p=pr)

        Chi-squared test for given probabilities

data:  obs
X-squared = 2.2889, df = 3, p-value = 0.5147

> |
```

〈그림 9-1〉 R을 이용한 적합도 검정

9-3 동일성 검정

동일성 검정(test of homogeneity)은 모집단을 r개의 부모집단(subpopulation) $A_1, A_2, \cdots, A_r$로 분할하고, 각 부모집단의 표본크기 n_i로부터 서로 배반인 범주 $B_1, B_2, \cdots, B_c$에 속하는 도수 $n_{i1}, n_{i2}, \cdots, n_{ic}$를 관측한다. 자료구조는

부모집단	범주				표본 수
	B_1	B_2	$\cdots$	B_c	
A_1	n_{11}	n_{12}	$\cdots$	n_{1c}	n_1
A_2	n_{21}	n_{22}	$\cdots$	n_{2c}	n_2
$\vdots$	$\vdots$	$\vdots$	$\vdots$	$\vdots$	$\vdots$
A_r	n_{r1}	n_{r2}	$\cdots$	n_{rc}	n_r
합계	$n_{\cdot 1}$	$n_{\cdot 2}$	$\cdots$	$n_{\cdot c}$	n

으로, i번째 부모집단 A_i에 속하는 실험 대상이 j번째 범주 B_j에 속할 관측도수는 n_{ij}이고 확률은 p_{ij}로 $\sum_{j=1}^{c} p_{ij} = 1$이다. 귀무가설과 대립가설은

$$H_0 : (p_{i1}, p_{i2}, \cdots, p_{ic}) = (p_1, p_2, \cdots, p_c) \; i = 1,2,\cdots,r \quad vs \quad H_1 : H_0\text{가 아니다}$$

이다. 귀무가설에서 $p_1, p_2, \cdots, p_c$는 각각 범주 $B_1, B_2, \cdots, B_c$에 속하는 확률로 어느 부모집단이라도 범주 B_j에 속하는 확률이 동일하다는 의미이다. 즉, 귀무가설하에서는 $p_{1j} = p_{2j} = \cdots = p_{rj}$, $j = 1,2,\cdots,c$ 이다.

귀무가설하에서 i번째 부모집단의 도수 $(N_{i1}, N_{i2}, \cdots, N_{ic})$는 다항분포 $m(n_i, p_1, p_2, \cdots, p_c)$를 따르므로, i번째 부모집단 A_i에서 j번째 범주 B_j에 속할 기대도수 $E_{ij} = n_i p_j$이다. 다항분포의 성질에 의해 귀무가설이 참일 때

$$\chi_i^2 = \sum_{j=1}^{c} \frac{(n_{ij} - n_i p_j)^2}{n_i p_j} \div \chi^2(c-1)$$

이고, 모든 부모집단의 $\chi_1^2, \chi_2^2, \cdots, \chi_r^2$은 서로 독립이므로 카이제곱의 가법성에 의해

$$\sum_{i=1}^{r} \chi_i^2 = \sum_{i=1}^{r} \sum_{j=1}^{c} \frac{(n_{ij} - n_i p_j)^2}{n_i p_j} \div \chi^2(r(c-1))$$

이다. 여기서 p_j는 모수로 j번째 범주 B_j에 속할 확률이므로 그 추정값은 $\hat{p_j} = \frac{n_{\cdot j}}{n}$이다. 따라서 기대도수의 추정값은 $\widehat{E_{ij}} = n_i \hat{p_j} = n_i \frac{n_{\cdot j}}{n} = \frac{n_i n_{\cdot j}}{n}$이고, $\sum_{j=1}^{c} p_j = 1$이므로 $c-1$개의 p_j만 추정하면 된다. 모수를 추정하면 자유도는 추정된 모수의 갯수만큼 줄어든다.

범주	B_1	B_2	$\cdots$	B_c	합계
확률	p_1	p_2	$\cdots$	p_c	1
합계	$n_{\cdot 1}$	$n_{\cdot 2}$	$\cdots$	$n_{\cdot c}$	n
추정된 확률	$\hat{p_1} = \frac{n_{\cdot 1}}{n}$	$\hat{p_2} = \frac{n_{\cdot 2}}{n}$	$\cdots$	$\hat{p_c} = \frac{n_{\cdot c}}{n}$	1

따라서 귀무가설이 참일 때 검정통계량 χ_0^2은 근사적으로 자유도 $(r-1)(c-1)$인 카이제곱분포를 따른다. 즉,

$$\chi_0^2 = \sum_{i=1}^{r} \sum_{j=1}^{c} \frac{(O_{ij} - \widehat{E_{ij}})^2}{\widehat{E_{ij}}} = \sum_{i=1}^{r} \sum_{j=1}^{c} \frac{\left(n_{ij} - \frac{n_i n_{\cdot j}}{n}\right)^2}{\frac{n_i n_{\cdot j}}{n}} \sim \chi^2((r-1)(c-1))$$

이다. 여기서, 자유도는

$$\begin{aligned}\text{자유도} &= r(c-1) - (\text{추정되는 모수의 개수}) \\ &= r(c-1) - (c-1) = (r-1)(c-1)\end{aligned}$$

이다. 유의수준 α인 기각역은 $\chi^2 \geq \chi^2((r-1)(c-1):\alpha)$이고 $\chi_0^2 \geq \chi^2((r-1)(c-1):\alpha)$이면 귀무가설을 기각한다.

예제 9-3

슈퍼스타 K 준결승에 오른 3명의 참가자 길동, 영희, 철수는 인터넷 투표 결과 각각 510표, 720표, 460표를 얻었다. 지지를 얻은 표를 연령대별로 나눠 조사하였더니 다음과 같은 결과가 나왔다.

참가자	연령대			지지표수
	~ 20대	30대	40대~	
길동	230	190	90	510
영희	310	250	160	720
철수	185	195	80	460
합계	725	635	330	1690

길동, 영희, 철수를 지지하는 연령대가 다르다고 할 수 있는지 유의수준 5%에서 검정하라.

풀이

- 가설 :

  $H_0:(p_{11}, p_{12}, p_{13}) = (p_{21}, p_{22}, p_{23}) = (p_{31}, p_{32}, p_{33}) \quad vs \quad H_1: H_0$가 아니다

  추정된 기대도수는 다음과 같다.

참가자	연령대			지지표수
	~ 20대	30대	40대~	
길동	$\frac{510\times725}{1690} \fallingdotseq 218.79$	$\frac{510\times635}{1690} \fallingdotseq 191.63$	$\frac{510\times330}{1690} \fallingdotseq 99.59$	510
영희	$\frac{720\times725}{1690} \fallingdotseq 308.88$	$\frac{720\times635}{1690} \fallingdotseq 270.53$	$\frac{720\times330}{1690} \fallingdotseq 140.59$	720
철수	$\frac{460\times725}{1690} \fallingdotseq 197.34$	$\frac{460\times635}{1690} \fallingdotseq 172.84$	$\frac{460\times330}{1690} \fallingdotseq 89.82$	460
합계	725	635	330	1690

- 검정통계량 :

$$\chi_0^2 = \sum_{i=1}^{3}\sum_{j=1}^{3}\frac{(O_{ij}-\widehat{E_{ij}})^2}{\widehat{E_{ij}}}$$

$$= \frac{(230-218.79)^2}{218.79}+\frac{(190-191.63)^2}{191.63}+\frac{(90-99.59)^2}{99.59}$$

$$+\frac{(310-308.88)^2}{308.88}+\frac{(250-270.53)^2}{270.53}+\frac{(160-140.59)^2}{140.59}$$

$$+\frac{(185-197.34)^2}{197.34}+\frac{(195-172.84)^2}{172.84}+\frac{(80-89.82)^2}{89.82} \fallingdotseq 10.44$$

- 기각역 : $\chi^2 \geq \chi^2((r-1)(c-1) : \alpha)$이므로 $\chi^2 \geq \chi^2((3-1)(3-1) : 0.05) = 9.488$
- 판단 : 검정통계량이 기각역에 포함되므로 즉, $\chi_0^2 = 10.44 > 9.488$이므로 귀무가설을 기각한다.
- 해석 : 따라서, 이 자료로부터 유의수준 0.05에서 귀무가설을 기각하므로 길동, 영희, 철수를 지지하는 연령대가 다르다라는 주장을 할 만한 근거가 충분하다.

예제 9-4

R을 이용하여 (예제 9-3)을 해결하라.

풀이

① 관측도수를 변수 "obs"에 저장한다.

② "obs"를 3×3 행렬의 형태로 바꿔 새로운 변수이름 "mobs"로 저장한다.

③ 동일성 검정을 위한 R 명령어 chisq.test(mobs)를 적용한다.

④ 검정통계량은 X-squared=10.4394이고 유의확률은 p-value=0.03364이다. 유의확률이 유의수준보다 작으므로 귀무가설을 기각한다(〈그림 9-2〉). 〈그림 9-2〉에 있는 명령문 대신 〈그림 9-3〉에 있는 형식의 명령문을 사용해도 된다.

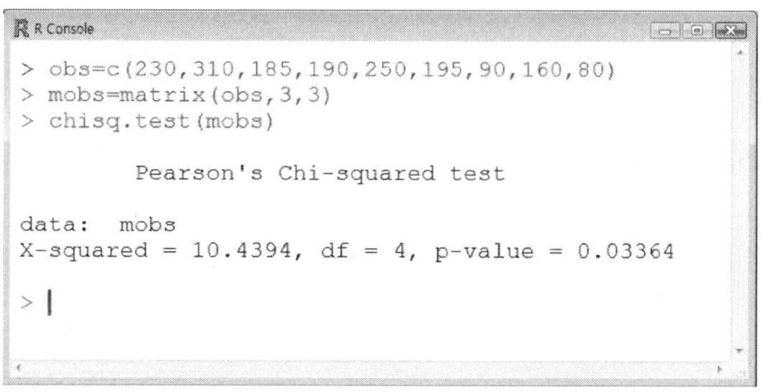

〈그림 9-2〉 R을 이용한 동일성 검정

```
> 길동=c(230,190,90)
> 영희=c(310,250,160)
> 철수=c(185,195,80)
> chisq.test(data.frame(길동,영희,철수))
```

〈그림 9-3〉 다른 형식의 R을 이용한 동일성 검정

9-4 독립성 검정

독립성 검정 (test of independence)은 n개의 실험대상을 택하여 요인 A의 i번째 범주 A_i , $i=1,2,\cdots,r$에 속하면서 요인 B의 j번째 범주 B_j , $j=1,2,\cdots,c$에 속하는 도수 N_{ij}를 관측한다. 자료구조는

요인 B / 요인 A	B_1	B_2	$\cdots$	B_c	합계
A_1	n_{11}	n_{12}	$\cdots$	n_{1c}	$n_{1\bullet}$
A_2	n_{21}	n_{22}	$\cdots$	n_{2c}	$n_{2\bullet}$
$\vdots$	$\vdots$	$\vdots$	$\vdots$	$\vdots$	$\vdots$
A_r	n_{r1}	n_{r2}	$\cdots$	n_{rc}	$n_{r\bullet}$
합계	$n_{\bullet 1}$	$n_{\bullet 2}$	$\cdots$	$n_{\bullet c}$	n

이다.

n_{ij}=범주 A_i와 B_j에 동시에 속하는 관측도수
p_{ij}=범주 A_i와 B_j에 동시에 속할 확률
$p_{i\bullet}$=범주 A_i에 속할 확률
$p_{\bullet j}$=범주 B_j에 속할 확률

이라 하면, 독립성 검정에서의 가설은

$$H_0 : p_{ij} = p_{i\bullet}\ p_{\bullet j} \qquad i=1,2,\cdots,r,\ \ j=1,2,\cdots,c \quad vs \quad H_1 : H_0\text{가 아니다}$$

이다. 귀무가설이 참이면 요인 A와 요인 B는 서로 독립으로 서로 영향을 미치지 않는다는 의미이다. 귀무가설하에서 $r\times c$개의 도수 $(N_{11}, N_{12}, \cdots, N_{rc})$는 다항분포 $m(n_i, p_1 \bullet p_{\bullet 1}, p_1 \bullet p_{\bullet 2}, \cdots, p_r \bullet p_{\bullet c})$를 따르므로, i번째 범주 A_i와 j번째 범주 B_j에 동시에 속할 기대도수는 $E_{ij} = np_{i\bullet}\ p_{\bullet j}$이다. 다항분포의 성질에 의해 귀무가설이

참일 때

$$\sum_{i=1}^{r}\sum_{j=1}^{c}\frac{(O_{ij}-E_{ij})^2}{E_{ij}}=\sum_{i=1}^{r}\sum_{j=1}^{c}\frac{(n_{ij}-np_{i\cdot}\,p_{\cdot j})^2}{np_{i\cdot}\,p_{\cdot j}}\sim\ \chi^2(rc-1)$$

이다. 여기서 $p_{i\cdot}$와 $p_{\cdot j}$는 모수이므로 그 추정값은 각각 $\hat{p}_{i\cdot}=\frac{n_{i\cdot}}{n}$, $\hat{p}_{\cdot j}=\frac{n_{\cdot j}}{n}$ 이다. 따라서 기대도수의 추정값은 $\widehat{E_{ij}}=n\hat{p}_{i\cdot}\,\hat{p}_{\cdot j}=\frac{n_{i\cdot}\,n_{\cdot j}}{n}$이다. $\sum_{i=1}^{r}p_{i\cdot}=1$, $\sum_{j=1}^{c}p_{\cdot j}=1$이므로 $r-1$개의 $p_{i\cdot}$와 $c-1$개의 $p_{\cdot j}$만 추정하면 된다.

따라서 귀무가설이 참일 때 검정통계량 χ_0^2은 근사적으로 자유도 $(r-1)(c-1)$인 카이제곱분포를 따른다. 즉,

$$\chi_0^2=\sum_{i=1}^{r}\sum_{j=1}^{c}\frac{(O_{ij}-\widehat{E_{ij}})^2}{\widehat{E_{ij}}}=\sum_{i=1}^{r}\sum_{j=1}^{c}\frac{\left(n_{ij}-\frac{n_{i\cdot}\,n_{\cdot j}}{n}\right)^2}{\frac{n_{i\cdot}\,n_{\cdot j}}{n}}\sim\ \chi^2((r-1)(c-1))$$

이다. 여기서, 자유도는

$$\begin{aligned}\text{자유도}&=rc-1-(\text{추정되는 모수의 갯수})\\&=rc-1-(r-1+c-1)=(r-1)(c-1)\end{aligned}$$

이다. 유의수준 α인 기각역은 $\chi^2\ge\chi^2((r-1)(c-1):\alpha)$이고 $\chi_0^2\ge\chi^2((r-1)(c-1):\alpha)$이면 귀무가설을 기각한다. 독립성 검정은 동일성 검정과 귀무가설 설정과 검정절차가 다르게 보이지만 검정결과는 동일하다.

예제 9-5

성별과 색깔 선호도간에 관계가 있는지 알아보기 위해 200명을 랜덤추출하여 조사한 결과 다음과 같은 표를 얻었다.

성별 \ 색	빨강	파랑	노랑	합계
남자	20	60	40	120
여자	30	22	28	80
합계	50	82	68	200

성별과 색깔 선호도 간에 관계가 있다고 할 수 있는지 유의수준 5%에서 검정하라.

풀이

- 가설 : $H_0 : p_{ij} = p_{i\cdot}\ p_{\cdot j} \quad i=1,2\ ,\ j=1,2,3 \quad vs \quad H_1 : H_0$가 아니다

  귀무가설이 참일 때 기대도수는 다음과 같다.

성별 \ 색	빨강	파랑	노랑	합계
남자	$\frac{120\times 50}{200}=30$	$\frac{120\times 82}{200}=49.2$	$\frac{120\times 68}{200}=40.8$	120
여자	$\frac{80\times 50}{200}=20$	$\frac{80\times 82}{200}=32.8$	$\frac{80\times 68}{200}\fallingdotseq 27.2$	80
합계	50	82	68	200

- 검정통계량 :

$$\chi_0^2 = \sum_{i=1}^{2}\sum_{j=1}^{3}\frac{(O_{ij}-\widehat{E_{ij}})^2}{\widehat{E_{ij}}} = \frac{(20-30)^2}{30}+\frac{(60-49.2)^2}{49.2}+\frac{(40-40.8)^2}{40.8}$$
$$+\frac{(30-20)^2}{20}+\frac{(22-32.8)^2}{32.8}+\frac{(28-27.2)^2}{27.2}\fallingdotseq 14.3$$

- 기각역 : $\chi^2 \geq \chi^2((r-1)(c-1):\alpha)$이므로 $\chi^2 \geq \chi^2((2-1)(3-1):0.05)=5.991$
- 판단 : 검정통계량이 기각역에 포함되므로 즉, $\chi_0^2 = 14.3 > 5.991$이므로 귀무가설을 기각한다.
- 해석 : 따라서, 이 자료로부터 유의수준 0.05에서 귀무가설을 기각하므로 성별과 색깔 선호도간에 관계가 있다고 할 만한 근거가 충분하다.

예제 9-6

R을 이용하여 (예제 9-5)를 해결하라.

풀이

독립성 검정을 위한 R 명령문은 동일성 검정과 동일하다.

① 관측도수를 변수 “col”에 저장한다.

② “col”를 2×3 행렬의 형태로 바꿔 새로운 변수이름 “mcol”로 저장한다.

③ 독립성 검정을 위한 R 명령어 chisq.test(mcol)을 적용한다.

④ 검정통계량은 X-squared=14.2994이고 유의확률은 p-value=0.0007851이다. 유의확률이 유의수준보다 작으므로 귀무가설을 기각한다(〈그림 9-4〉).

```
> col=c(20,30,60,22,40,28)
> mcol=matrix(col,2,3)
> chisq.test(mcol)

        Pearson's Chi-squared test

data:  mcol
X-squared = 14.2994, df = 2, p-value = 0.0007851

> |
```

〈그림 9-4〉 R을 이용한 독립성 검정

연습문제

9.1 다음은 계절별로 놀이공원을 이용한 입장객의 수를 조사한 자료이다.

계절	봄	여름	가을	겨울	합계
관측도수	140	110	130	70	450

겨울은 다른 계절보다 입장객의 수가 절반이 아니라고 할 수 있는지 유의수준 5%에서 검정하라. 또한 R을 이용하여 그 결과를 확인하라.

9.2 지역에 따른 후보자 선호도가 같은지 알아보기 위해 4 지역에 각각 400, 300, 350, 250명을 랜덤추출하여 조사한 결과 다음과 같은 분할표를 얻었다. 지역에 따른 후보자 선호도가 다르다고 할 수 있는지 유의수준 5%에서 검정하라. 또한 R을 이용하여 그 결과를 확인하라.

지역 \ 후보자	A	B	C	D	합계
서울	140	100	80	80	400
대전	80	110	40	70	300
부산	90	130	80	50	350
광주	60	80	60	50	250

10장

회귀분석

자료를 통해 변수들 간의 상호 연관성을 찾아내고, 그 연관성을 수학적인 함수 형태로 표현하며, 그 함수를 통해 어떤 변수의 변화가 다른 변수에 주는 변화를 예측하는 등의 시도가 많이 일어나고 있다. 즉, 어떤 승용차의 사용 연수와 자동차 가격과의 연관성, 근무연수와 연봉과의 연관성 등을 함수 형태로 나타내고, 주어진 사용 연수에 따른 가격을 예측하거나, 주어진 근무연수에 따른 연봉을 예측하곤 한다.

변수들 간의 연관성을 파악할 때 양적변수와 질적변수에 따라 적용되는 통계적인 분석 방법이 다르다. 9장에서는 독립성검정과 동일성검정을 통해 질적변수들 간의 연관성을 파악하였고, 이 장에서는 양적변수들 간의 연관성을 다루고 있다. 양적변수의 연관성을 파악하고 그 연관성을 함수 형태로 표현하기 위한 과정을 살펴보면 다음과 같다.

① 그림을 통해 두 변수들 사이의 연관성을 파악하는 단계 : 산점도 이용

② 변수들 사이의 연관성을 계량화된 측도로 파악하는 단계 : 상관계수

③ 인과관계를 지니는 경우 함수적인 관련성을 규명하기 위해 통계적 모형을 가정하고 측정된 변수들의 자료를 이용하여 모형에 대한 추론을 하고, 정밀성을 평가하고 가정을 검토하는 단계 : 회귀분석

회귀분석에서 사용되는 변수로 설명변수(explanatory variable)와 반응변수(response variable)가 있다. 설명변수는 독립변수(independent variable)라고도 하는데 다른 변수에 영향을 주는 변수이고, 반응변수는 종속변수(dependent variable)라고도 하는데 다른 변수의 영향을 받는 변수이다. 위의 예에서 어떤 승용차의 사용 연수와 근무연수는 설명변수이고, 자동차 가격과 연봉은 반응변수이다.

10-1 산점도와 상관계수

두 변수간의 연관성을 파악하는 첫 번째 단계로 산점도(scatter diagram)를 그려보는 것이다. 산점도를 통해 두 변수간의 관계가 직선관계인가 곡선관계인가 또는 다른 관계에 있는 가를 대략적으로 파악할 수 있다. 3장에서 언급한 것처럼 산점도는 두 변수에 대한 n개의 관측값 (x_i, y_i), $i = 1,2,\cdots,n$을 2차원 좌표 평면에서 점으로 나타낸 그림이고, 그 관계를 수치적인 측도로 표현한 것이 상관계수(correlation coefficient)이다.

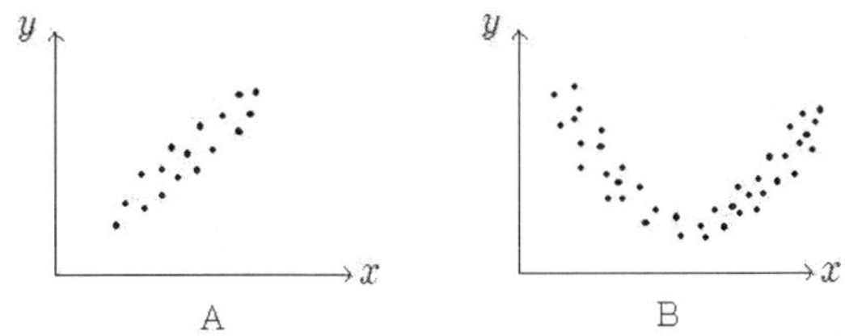

〈그림 10-1〉 직선관계와 곡선관계 산점도

〈그림 10-1〉 산점도에서 A의 x와 y의 관계는 직선임을 알 수 있으며 회귀분석에서 직선식을 적합시키는 것이 타당하고, B의 x와 y의 관계는 곡선으로 나타내는 것이 타당하므로 회귀분석에서 곡선식을 적합시키는 것이 타당하다. 산점도는 두 변수의 연관성의 방향과 정도를 파악할 수 있고, 전반적인 패턴에서 벗어나는 이상점(outlier)이나 영향점(influential point)의 존재 여부를 파악할 수 있으므로 자료의 특성을 미리 탐색하는 것이 필요하다. 〈표 10-1〉의 자료로 산점도를 그린 〈그림 10-2〉에서 실선은 20개 쌍 (x, y)의 추세선이고 점선은 ○표 안에 있는 자료값 (40, 69)를 제거한 19개 쌍의 추세선이다. 이 그림에서 ○표 안에 있는 자료값은 영향점이고 △표 안에 있는 자료값은 이상점이다. 이상점은 산점도의 y 축 방향의 이상값으로 회귀분석 단계에서 언급하겠지만 이상점은 잔차가 다른 값보다 큰 값을 가지기도 한다. 영향점은 산점도의 x 축 방향의 이상값으로 종종 존재 유무에 따라 추세선이 영향을 받는다.

〈표 10-1〉 임의의 (x, y) 자료

x	10	12	25	11	8	14	20	21	40	22
y	101	97	85	95	104	92	93	90	69	105
x	28	23	16	12	10	13	8	17	15	14
y	83	89	91	93	97	98	97	92	93	97

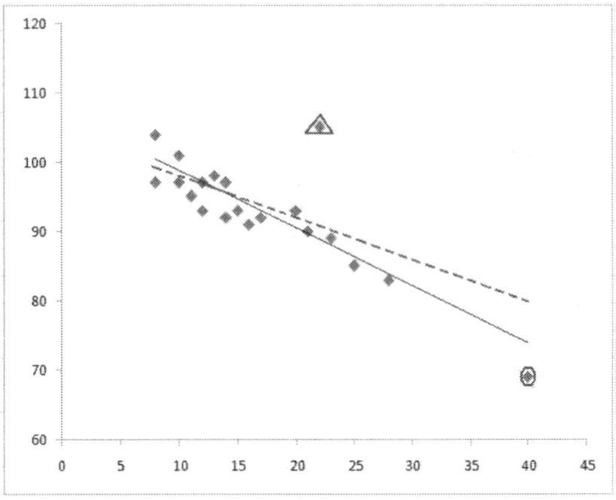

〈그림 10-2〉 산점도와 추세선

엑셀과 R을 이용하여 산점도를 그리는 것과 상관계수를 구하는 것은 3장을 참고하고 여기서는 그 결과만을 언급한다. 엑셀에서 [데이터]탭–[분석]그룹–[데이터 분석]을 선택하여 (예제 3-18)처럼 [상관분석]을 수행하면 다음과 같은 결과가 출력된다. 상관계수가 −0.82422이므로 강한 음의 상관관계가 존재함을 알 수 있다. 따라서, 산점도와 상관계수를 유추해보건데 회귀분석시 직선모형을 사용하여 적합하면 타당할 것으로 여겨진다.

	x	y
x	1	
y	−0.82422	1

예제 10-1

〈표 10-1〉의 자료를 이용하여 상관계수를 구하라.

풀이

번호	x	y	x^2	y^2	xy
1	10	101	100	10201	1010
2	12	97	144	9409	1164
3	25	85	625	7225	2125
4	11	95	121	9025	1045
5	8	104	64	10816	832
6	14	92	196	8464	1288
7	20	93	400	8649	1860
8	21	90	441	8100	1890
9	40	69	1600	4761	2760
10	22	105	484	11025	2310
11	28	83	784	6889	2324
12	23	89	529	7921	2047
13	16	91	256	8281	1456
14	12	93	144	8649	1116
15	10	97	100	9409	970
16	13	98	169	9604	1274
17	8	97	64	9409	776
18	17	92	289	8464	1564
19	15	93	225	8649	1395
20	14	97	196	9409	1358
합	339	1861	6931	174359	30564

$$s_{xy} = \sum_{i=1}^{n} x_i y_i - \frac{\sum_{i=1}^{n} x_i \sum_{i=1}^{n} y_i}{n} = 30564 - \frac{339 \times 1861}{20} = -979.95$$

$$s_{xx} = \sum_{i=1}^{n} {x_i}^2 - \frac{(\sum_{i=1}^{n} x_i)^2}{n} = 6931 - \frac{339^2}{20} = 1184.95$$

$$s_{yy} = \sum_{i=1}^{n} {y_i}^2 - \frac{(\sum_{i=1}^{n} y_i)^2}{n} = 174359 - \frac{1861^2}{20} = 1192.95$$

$$r = \frac{s_{xy}}{\sqrt{s_{xx}}\sqrt{s_{yy}}} = \frac{-979.95}{\sqrt{1184.95}\sqrt{1192.95}} \doteqdot -0.82422$$

여기서 언급하는 상관계수는 피어슨의 상관계수(Pearson's correlation coefficient)로 두 변수간의 선형관계를 재는 측도이므로 비선형관계를 가지는 경우 상관계수가 0에 가까운 값을 갖게 된다. 상관계수는 이상점의 영향에 민감하다.

10-2 회귀분석

인과관계를 갖는 변수들 간에 그 관계를 함수식으로 표현한다면 여러 가지로 유용하다. 회귀분석에서 독립변수(설명변수 : X)는 실험자에 의해 임의로 조절할 수 있는 변수이지만 종속변수(반응변수 : Y)는 독립변수에 의해 영향을 받는 부분과 여러 종류의 오차가 복합적으로 수반되어 나타난다. 회귀모형은 독립변수의 개수와 변수들간의 여러 형태의 관계에 따라 단순회귀, 곡선회귀, 중회귀, 다항회귀, 비선형회귀 등으로 구분되는데 단순회귀모형(simple regression model)을 주로 언급하고, 중회귀모형(multiple regression model)은 엑셀과 R을 통한 분석과정만 언급하도록 할 것이다. 단순회귀분석은 1개의 독립변수가 종속변수에 영향을 주는 선형모형을 사용한 회귀분석이고, 중회귀분석은 2개 이상의 독립변수가 종속변수에 영향을 주는 선형모형을 사용한 회귀분석이다. 즉,

단순회귀모형 : $y = \alpha + \beta x + \epsilon$

중회귀모형 : $y = \alpha + \beta_1 x_1 + \beta_2 x_2 + \cdots + \beta_k x_k + \epsilon$

회귀분석 과정은 제시한 회귀모형의 계수를 추정하는 단계, 회귀선을 적합시키는 단계, 회귀선의 유의성을 검정하는 단계, 회귀선의 정밀성을 평가하는 단계, 회귀모형의 가정을 검토하는 단계, 적절한 회귀모형을 설명하는 단계로 나눌 수 있다.

인과관계를 갖는 두 변수의 자료로 산점도를 그려보면 자료 점들이 직선모양으로 흩어진 형태를 띠는 경우 자료를 잘 표현 할 수 있는 함수로 직선을 생각할 수 있다. x는 독립변수 X의 정해진 값이고, y는 독립변수에 영향을 받는 종속변수 Y의 측정값이다. 독립변수의 정해진 값 $x_1, x_2, \cdots, x_n$에서 측정한 종속변수 $Y_1, Y_2, \cdots, Y_n$에 대해 직선 관계를 갖는 단순회귀모형은 다음과 같은 식으로 표현하고 오차에 대해서 몇 가지 가정을 한다.

$$Y_i = \alpha + \beta x_i + \epsilon_i, \quad i = 1, 2, \cdots, n$$

여기서, 오차 $\epsilon_1, \epsilon_2, \cdots, \epsilon_n$은 서로 독립이고 $\epsilon_i \sim N(0, \sigma^2)$이며, 회귀계수 α, β와 오차의 분산 σ^2은 미지의 모수이다. 모형이 정해지면 미지의 모수를 추정하는 단계로 진행된다. 오차 ϵ이 측정할 수 없는 확률변수이므로 종속변수 Y도 확률변수이다.

(1) 모수 추정과 회귀직선을 적합시키는 단계

미지의 회귀계수를 추정할 때 오차제곱합을 최소로 하는 최소제곱법을 사용한다. $Y_1, Y_2, \cdots, Y_n$의 측정값 $y_1, y_2, \cdots, y_n$을 이용하여, 오차제곱합 $S = \sum_{i=1}^{n} \epsilon_i^2 = \sum_{i=1}^{n} (y_i - \alpha - \beta x_i)^2$을 최소로 하는 α와 β를 추정하기 위해 S를 α와 β에 대하여 각각 편미분하면

$$\frac{\partial S}{\partial \alpha} = -2 \sum_{i=1}^{n} (y_i - \alpha - \beta x_i) = 0$$

$$\frac{\partial S}{\partial \beta} = -2 \sum_{i=1}^{n} x_i (y_i - \alpha - \beta x_i) = 0$$

이다. 편미분 값을 0으로 하는 α와 β의 추정값을 $\hat{\alpha}, \hat{\beta}$라 하고 식을 정리하면

$$\begin{cases} n\hat{\alpha} + \hat{\beta} \sum_{i=1}^{n} x_i = \sum_{i=1}^{n} y_i \\ \hat{\alpha} \sum_{i=1}^{n} x_i + \hat{\beta} \sum_{i=1}^{n} x_i^2 = \sum_{i=1}^{n} x_i y_i \end{cases}$$

을 얻게 되는데, 이 연립방정식을 정규방정식(normal equations)이라 한다. 따라서 $\hat{\alpha}$, $\hat{\beta}$에 대해 풀면

$$\hat{\beta}=\frac{S_{xy}}{S_{xx}}\ , \qquad \hat{\alpha}=\overline{y}-\hat{\beta}\overline{x}$$

를 얻게 된다. 회귀계수의 추정값 $\hat{\alpha}, \hat{\beta}$을 사용한 직선식 $\hat{y}=\hat{\alpha}+\hat{\beta}x$를 적합된 회귀직선식이라고 한다.

예제 10-2

(예제 10-1)을 사용하여 적합된 회귀직선식을 구하라.

풀이

회귀계수의 추정값이

$$\hat{\beta}=\frac{S_{xy}}{S_{xx}}=\frac{-979.95}{1184.95}=-0.827,$$

$$\hat{\alpha}=\overline{y}-\hat{\beta}\overline{x}=\frac{\sum_{i=1}^{n}y_i}{n}-\hat{\beta}\frac{\sum_{i=1}^{n}x_i}{n}=\frac{1861}{20}-(-0.827)\frac{339}{20}\fallingdotseq 107.068$$

이므로 적합된 회귀직선식은 $\hat{y}=107.068-0.827x$이다.

또 다른 미지의 모수인 오차의 분산 σ^2을 추정하자. Y_i와 $E(Y_i)=\alpha+\beta x_i$의 추정량 $\widehat{Y}_i=\hat{\alpha}+\hat{\beta}x_i$의 차 $e_i=Y_i-\widehat{Y}_i$를 잔차라 하고 그 측정값을 이용했을 때는 $e_i=y_i-\hat{y}_i$이다. 잔차제곱합(residual sum of squares) 또는 오차제곱합(sum of squares of error : SSE)은 오차의 분산에 대한 정보를 준다.

$$SSE=\sum_{i=1}^{n}e_i^2=\sum_{i=1}^{n}(y_i-\hat{y}_i)^2=S_{yy}-\frac{S_{xy}^2}{S_{xx}}$$

σ^2의 추정량은 SSE를 (n−2)로 나눈 잔차평균제곱(residual mean squre:MSE) $\hat{\sigma}^2=MSE=\frac{SSE}{n-2}$이다. 두 개의 모수 α, β를 추정함으로써 자유도 2개를 잃었다.

예제 10-3

(예제 10-1)을 사용하여 오차의 분산 σ^2을 추정하라.

풀이

$$SSE = S_{yy} - \frac{S_{xy}^2}{S_{xx}} = 1192.95 - \frac{(-979.95)^2}{1184.95} = 382.5344$$

$$\hat{\sigma}^2 = MSE = \frac{SSE}{n-2} = \frac{382.5344}{18} \fallingdotseq 21.252$$

(2) 회귀선의 유의성을 검정하는 단계

회귀계수를 추정하여 회귀직선식을 적합시켰으면 그 다음으로 회귀직선식의 유의성을 검정하는 단계이다. 적합된 회귀직선식이 모두 의미가 있는 것은 아니므로 회귀직선식을 적합시킨 후 주어진 자료로 회귀직선식의 유의성을 점검해야 한다. 이 과정이 유의성 검정이다.

A. $\hat{\beta}$은 β를 어느 정도 잘 추정하고 있는가?

B. $\hat{\alpha}$은 α를 어느 정도 잘 추정하고 있는가?

C. $\hat{y} = \hat{\alpha} + \hat{\beta}x$은 $E(Y) = \alpha + \beta x$를 어느 정도 잘 추정하고 있는가?

이 질문에 답하기 위해서는 $\hat{\beta}$, $\hat{\alpha}$, $\hat{Y}$의 표본분포를 알아야 한다. 구체적인 풀이 과정은 생략하고 표본분포를 정리하면 다음과 같다.

A. $\hat{\beta}$는 정규분포를 따른다. 즉, $\hat{\beta} \sim N(\beta, \frac{\sigma^2}{S_{xx}})$

$Var(\hat{\beta})$의 추정량은 $\frac{MSE}{S_{xx}}$이다.

$\frac{\hat{\beta} - \beta}{\sqrt{MSE/S_{xx}}}$는 자유도가 $n-2$인 t-분포를 따른다. 즉, $\frac{\hat{\beta} - \beta}{\sqrt{MSE/S_{xx}}} \sim t(n-2)$

B. $\hat{\alpha}$는 정규분포를 따른다. 즉, $\hat{\alpha} \sim N(\alpha, (\frac{1}{n} + \frac{(\bar{x})^2}{S_{xx}})\sigma^2)$

$Var(\hat{\alpha})$의 추정량은 $(\frac{1}{n} + \frac{(\bar{x})^2}{S_{xx}})MSE$ 이다.

$$\frac{\hat{\alpha} - \alpha}{\sqrt{(\frac{1}{n} + \frac{(\bar{x})^2}{S_{xx}})MSE}} \sim t(n-2)$$

C. $\hat{y} = \hat{\alpha} + \hat{\beta}x$는 정규분포를 따른다. 즉, $\hat{\alpha} + \hat{\beta}x \sim N(\alpha + \beta x, (\frac{1}{n} + \frac{(x - \bar{x})^2}{S_{xx}})\sigma^2)$

$Var(\hat{\alpha}+\hat{\beta}x)$의 추정량은 $(\frac{1}{n}+\frac{(x-\overline{x})^2}{S_{xx}})MSE$ 이다.

$$\frac{\hat{\alpha}+\hat{\beta}x-(\alpha+\beta x)}{\sqrt{(\frac{1}{n}+\frac{(x-\overline{x})^2}{S_{xx}})MSE}} \sim t(n-2)$$

회귀계수 α, β에 대한 가설검정은 다음과 같다.

〈표 10-2〉 회귀계수 α, β에 대한 가설검정

가설	$H_0:\beta=0 \quad vs \quad H_1:\beta\neq 0$	$H_0:\alpha=0 \quad vs \quad H_1:\alpha\neq 0$
검정통계량	$T_0=\frac{\hat{\beta}}{\sqrt{\frac{MSE}{S_{xx}}}} \sim t(n-2)$	$T_0=\frac{\hat{\alpha}}{\sqrt{(\frac{1}{n}+\frac{(\overline{x})^2}{S_{xx}})MSE}} \sim t(n-2)$
기각역	$\lvert T\rvert \geq t_{\alpha/2}(n-2)$	
판단	$\lvert T_0\rvert \geq t_{\alpha/2}(n-2)$ 이면 귀무가설 기각	

회귀계수 β는 회귀직선모형에서 기울기에 해당하므로 귀무가설이 사실이면 반응변수 Y를 설명하는데 설명변수 X가 필요없으므로 현재의 자료로 단순회귀분석을 수행하는 것은 무의미하다. 따라서 회귀계수 β에 대한 가설에서 귀무가설을 기각해야 회귀직선은 유의하다고 할 수 있다.

예제 10-4

(예제 10-1)을 사용하여 유의수준 5%에서 회귀계수 α, β에 대한 가설검정을 수행하라.

풀이

가설	$H_0:\beta=0 \quad vs \quad H_1:\beta\neq 0$	$H_0:\alpha=0 \quad vs \quad H_1:\alpha\neq 0$
검정통계량	$T_0=\frac{\hat{\beta}}{\sqrt{\frac{MSE}{S_{xx}}}}$ $=\frac{-0.827}{\sqrt{\frac{21.252}{1184.95}}} \fallingdotseq -6.175$	$T_0=\frac{\hat{\alpha}}{\sqrt{(\frac{1}{n}+\frac{(\overline{x})^2}{S_{xx}})MSE}}$ $=\frac{107.068}{\sqrt{(\frac{1}{20}+\frac{(339/20)^2}{1184.95})\times 21.252}} \fallingdotseq 42.946$
기각역	$\lvert T\rvert \geq t_{0.025}(18)=2.101$	
판단	$\lvert T_0\rvert=6.175>2.101$ 이므로 귀무가설을 기각한다	$\lvert T_0\rvert=42.946>2.101$ 이므로 귀무가설을 기각한다

직선식에서 기울기에 해당하는 회귀계수 β에 대한 가설에서 귀무가설을 기각하므로 회귀직선모형은 유의하다. 또한 y 절편에 해당하는 회귀계수 α에 대한 가설에서도 귀무가설을 기각하므로 유의수준 0.05에서 회귀직선식 $\hat{y}=107.068-0.827x$는 유의하다고 할 수 있다.

분산분석(analysis of variance : ANOVA)을 통해 직선모형의 유의성을 점검하자. 단순회귀분석에서는 회귀계수 β에 대한 유의성을 점검하는 것과 같은 결론이 나온다. 반응변수 Y_i의 측정값 y_i와 표본평균 $\bar{y}$의 차인 편차를 다음과 같이 분해할 수 있다.

$$y_i-\bar{y}=(y_i-\hat{y}_i)+(\hat{y}_i-\bar{y})$$

〈그림 10-3〉은 그 분해를 나타낸 그림이다. 회귀선에 의한 예측이 정확하다면 잔차 $(y_i-\hat{y}_i)$은 0에 가까워질 것이다. 즉 모든 자료 점들이 회귀선 위에 놓여 있다면 모든 잔차는 0이다.

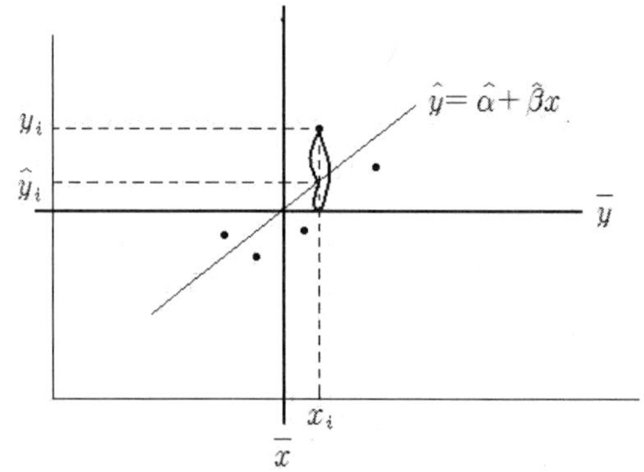

〈그림 10-3〉 $y_i-\bar{y}$ 분해

편차를 분해한 식의 양변을 제곱하여 합하면 $\sum_{i=1}^{n}(y_i-\hat{y}_i)(\hat{y}_i-\bar{y})=0$이 되므로

$$\sum_{i=1}^{n}(y_i-\bar{y})^2=\sum_{i=1}^{n}(y_i-\hat{y}_i)^2+\sum_{i=1}^{n}(\hat{y}_i-\bar{y})^2$$

$$SST = SSE + SSR$$

으로 총변동 또는 총제곱합(total sum of squares :SST)이 분해 된다. SSR은 회귀변동 또는 회귀제곱합(regression sum of squares)으로 회귀선에 의한 예측이 정확하다

면 SSR은 SST에 가깝게 될 것이다. 제곱합 SST, SSE, SSR의 자유도는 각각 n-1, n-2, 1이고 제곱합을 자유도로 나눈 것을 평균제곱이라 하는데, $MSE = SSE/(n-2)$을 잔차평균제곱(residual mean square), $MSR = SSR/1$을 회귀평균제곱(regression mean square)이라고 한다.

단순회귀모형 $Y_i = \alpha + \beta x_i + \epsilon_i$, $i = 1, 2, \cdots, n$이 유의한가에 대한 귀무가설은

$$H_0 : \beta = 0$$

이다. 귀무가설이 참이면 검정통계량 $F_0 = \dfrac{MSR}{MSE}$은 자유도가 (1, n-2)인 F-분포 $F(1, n-2)$를 따른다. 회귀선이 유의하면 MSR이 MSE보다 상대적으로 크게 나타날 것이다. 따라서 $F_0 = \dfrac{MSR}{MSE} \geq F(1, n-2 : \alpha)$이면 귀무가설을 기각하고 회귀직선은 유의하다. 단순회귀의 분산분석표는 〈표 10-3〉과 같다.

〈표 10-3〉 단순회귀의 분산분석표

요인	제곱합	자유도	평균제곱	F비	$F(\alpha)$	p값
회귀	SSR	1	MSR	$F_0 = \dfrac{MSR}{MSE}$	$F(1, n-2 : \alpha)$	
잔차	SSE	$n-2$	MSE			
계	SST	$n-1$				

예제 10-5

(예제 10-1)을 사용하여 분산분석표를 완성하고 유의수준 5%에서 회귀직선이 유의한지 검정하라.

풀이

- 귀무가설 : $H_0 : \beta = 0$

$$SST = \sum_{i=1}^{n}(y_i - \bar{y})^2 = \sum_{i=1}^{n} y_i^2 - \frac{(\sum_{i=1}^{n} y_i)^2}{n} = 174359 - \frac{1861^2}{20} = 1192.95$$ 이고,

(예제 10-3)에서 $SSE = 382.5344$ 이므로

$$SSR = SST - SSE = 1192.95 - 382.5344 = 810.4156$$

이다.

검정통계량 : $F_0 = \frac{MSR}{MSE} = \frac{810.4156/1}{382.5344/18} \fallingdotseq 38.1338$ 이다.

판단 : $F_0 = 38.1338 \geq F(1, 18 : 0.05) = 4.41$ 이므로 귀무가설을 기각한다.

따라서 0.05에서 귀무가설을 기각하므로 회귀직선이 유의하다고 할 수 있다. 분산분석표는 다음과 같다.

요인	제곱합	자유도	평균제곱	F비	$F(\alpha)$
회귀	810.4156	1	810.4156	38.1338	4.41
잔차	382.5344	18	21.2519		
계	1192.95	19			

(3) 회귀선의 정밀성을 평가하는 단계

회귀선이 유의하더라도 그 회귀선이 주어진 자료를 어느 정도 설명하는 지를 파악하는 것이 필요하다. 산점도에서 자료 점들이 회귀선 주변에 모여 있는 정도에 따라 회귀선이 자료를 설명하는 정도가 다를 것이다. 즉, 〈그림 10-4〉의 (가)와 (나)는 유의한 회귀직선이라고 해도 자료를 설명하는 정도는 다르다. 자료 점들이 (나) 회귀직선 주변보다 (가) 회귀직선의 주변에 더 밀집되어 있으므로 (가) 회귀직선의 설명력이 더 좋다. 일반적으로 회귀분석에서 회귀선에 의해 반응변수가 설명되어지는 정도를 나타내는 측도는 결정계수로

$$r^2 = \frac{SSR}{SST}$$

이다. 이 결정계수는 표본상관계수의 제곱과도 같은 값이다. 총변동 SST중에서 회귀직선에 의하여 설명되어지는 부분을 언급한다. 결정계수 r^2은 0과 1사이의 수이고 1에 가까울수록 산점도에서 자료 점들이 직선주위에 밀집되어 나타남을 뜻하고 회귀모형에 의한 설명력이 좋음을 뜻한다.

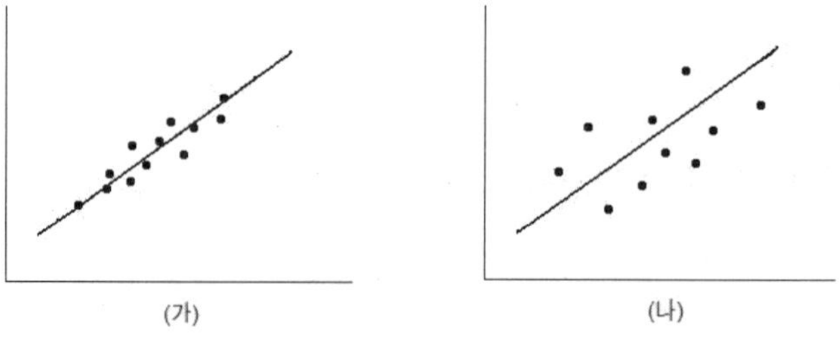

〈그림 10-4〉 설명력이 다른 두 회귀선

예제 10-6

(예제 10-5)의 분산분석표를 통해 결정계수를 구하라.

풀이

결정계수는

$$r^2 = \frac{SSR}{SST} = \frac{810.4156}{1192.95} \fallingdotseq 0.6793$$

로 총변동 중에서 회귀직선에 의하여 설명되는 부분이 약 67.93%이다.

회귀분석을 수행할 때 결정계수 값만으로 회귀모형이 자료를 충분히 설명하는 것으로 판단해서는 안된다. 산점도, 유의성 검정, 정밀성 평가와 더불어 다음에 언급할 잔차 검토 등을 종합적으로 판단하여 결정을 내려야 한다.

(4) 회귀모형의 가정을 검토하는 단계

산점도를 보고 단순회귀모형을 세울 때 오차에 대해 몇 가지 가정을 했었다. 즉,

A. 선형성 : $Y_i = \alpha + \beta x_i + \epsilon_i$

B. 정규성 : $\epsilon_i \sim N(0, \sigma^2)$

C. 등분산성 : $Var(\epsilon_1) = Var(\epsilon_2) = \cdots = Var(\epsilon_n) = \sigma^2$

D. 독립성 : $\epsilon_1, \epsilon_2, \cdots, \epsilon_n$은 서로 독립이다.

회귀계수 추정, 적합된 회귀직선식 유도, 유의성 검정, 정밀성 평가 등의 단계는 위의 가정들이 맞다는 가정에서의 결과이므로 주어진 자료가 회귀모형에서의 가정이 맞지 않다면 회귀분석의 결과들이 의미가 없을 수 있다. 따라서 이러한 회귀모형의 가정들을 검토하는 것이 필요한데 잔차를 통해 그 검토가 이루어지므로 잔차분석이라고 한다. 잔차의 잔차도(residual plot)를 그려 시각적으로 오차의 분포에 대한 가정의 타당성을 검토하는데 잔차도의 가로축은 일반적으로 설명변수의 값 x_i나 $\hat{y_i}$를 세로축은 잔차 e_i나 표준화된 잔차 $\frac{e_i}{\hat{\sigma}}$를 사용한다. 선형성은 산점도, 유의성검정, 결정계수를 통해 파악하였으므로 오차의 분포에 대한 가정인 정규성, 등분산성, 독립성의 타당성을 검토한다. 〈그림 10-5〉는 잔차의 몇 가지 유형의 잔차도를 나타내고 있다. 본 교재에서는 이 잔차도를 검토하는 방법 정도만 소개하기로 한다. (가) 처럼 잔차들 사이에 특정한 패턴이 없는 경우는 독립성을 의심할 만한 현상이 보이지 않을 것이라고 할 수 있

다. (나)는 등분산성에 의심이 가는 경우이고, (다)는 독립성이 의심이 가거나 단순회귀 모형이 아니라 설명변수 x의 2차 이상의 항이 포함하는 회귀모형

$$Y_i = \alpha + \beta_1 x_i + \beta_2 x_i^2 + \beta_3 x_i^3 + \cdots + \epsilon_i$$

을 고려해야 한다. (라)는 고려한 설명변수 이외의 다른 설명변수를 함께 고려해야 하는 경우이다. 이상점, 영향점과 같은 이상값을 식별하는데도 잔차가 이용된다. 표준화된 잔차의 절대값이 3보다 큰 측정값은 이상값으로 간주할 수 있다. 이상값으로 판명된 측정값은 별도의 검토가 필요하고, 경우에 따라서는 이 값을 제외한 나머지 자료들로 회귀모형을 적합시켜 분석하게 된다.

한번더 언급하지만 회귀분석을 수행할 때는 산점도, 유의성 검정, 정밀성 평가와 잔차 분석 등을 종합적으로 검토하여 판단을 내려야 한다.

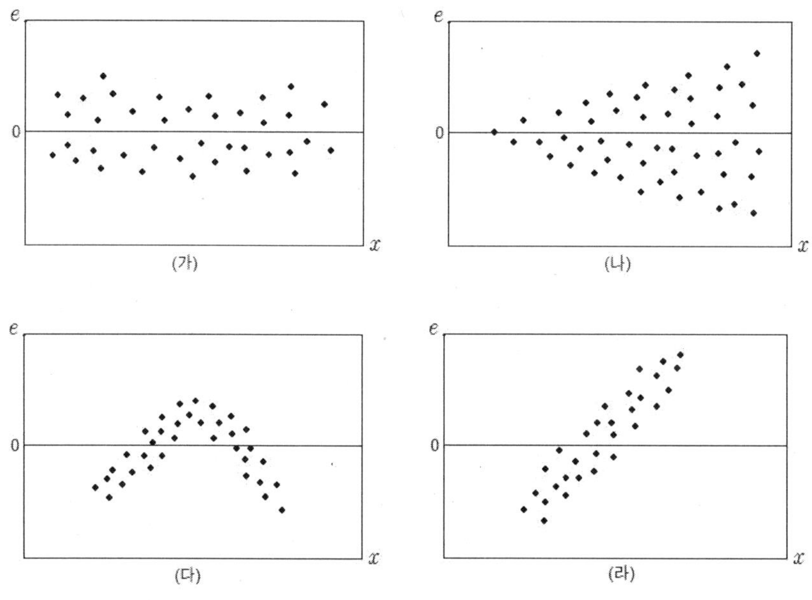

〈그림 10-5〉 잔차도

예제 10-7

엑셀을 이용하여 〈표 10-1〉의 자료에 대한 회귀분석을 수행하라.

풀이

① [데이터]탭-[분석]그룹-[데이터 분석]을 클릭하여 통계 데이터 분석 대화상자가 뜨면 [회귀분석]을 선택한다.

② 회귀분석 대화상자가 뜨면 반응변수 Y와 설명변수 X의 자료 범위를 각각 입력하고

〈그림 10-6〉처럼 해당 부분에 체크를 하고 확인을 클릭한다.

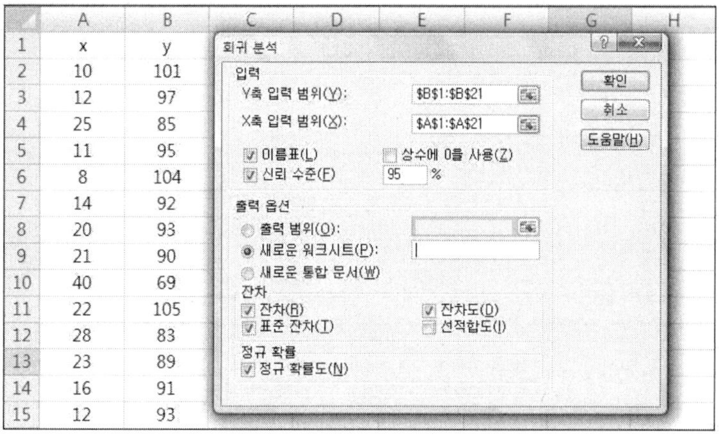

〈그림10-6〉 통계 데이터 분석 대화상자

③ 〈그림 10-7〉과 같은 결과, 〈그림 10-8〉과 같은 잔차도, 〈그림 10-9〉와 같은 정규확률도가 출력된다. 〈그림 10-7〉의 분산분석에서 유의한 F는 유의확률인데 그 값이 7.89×10^{-6}으로 유의수준 0.05보다 매우 작은 값이므로 회귀선이 유의하다고 할 수 있다. 회귀계수가 출력된 부분에서 Y 절편에 있는 계수는 $\hat{\alpha}=107.0676$을 x에 있는 계수는 $\hat{\beta}=-0.826997$을 나타낸다. 그 부분의 p-값은 회귀계수 α, β에 대한 유의확률로 둘다 유의수준 0.05보다 매우 작으므로 회귀계수가 0이라는 귀무가설을 기각한다. 따라서 적합된 회귀직선식은 $\hat{y}=107.0676-0.826997x$이다.

잔차 출력에서 예측치 y는 $\hat{y_i}=107.0676-0.826997x_i$로 각 설명변수의 측정값 x_i에 대한 $\hat{y_i}$ 값을, 잔차는 $e_i=y_i-\hat{y_i}$ 값을 출력한 것이다. 또한 엑셀의 표준 잔차 $\frac{e_i}{\hat{\sigma}}$에서 분모 $\hat{\sigma}$는 $\hat{\sigma}=\sqrt{\frac{1}{n-1}\sum_{i=1}^{n}e_i^2}$ 이다.

〈그림 10-8〉 잔차도에서 ○표 안의 측정값은 산점도에서 언급한 영향점이고 △표 안의 측정값은 이상점이다. 이상점의 잔차가 다른 잔차에 비해 매우 큼을 알 수 있다. 자료수가 적어 여기의 잔차도 만으로 결론을 내리기가 어렵지만 특별한 패턴을 구성한다고 보기는 어렵다.

요약 출력

회귀분석 통계량	
다중 상관계수	0.8242193
결정계수	0.6793375
조정된 결정계수	0.6615229
표준 오차	4.6099793
관측수	20

분산 분석

	자유도	제곱합	제곱 평균	F 비	유의한 F
회귀	1	810.4156	810.4156	38.13378	7.89E-06
잔차	18	382.5344	21.25191		
계	19	1192.95			

	계수	표준 오차	t 통계량	P-값	하위 95%	상위 95%	하위 95.0%	상위 95.0%
Y 절편	107.0676	2.493055	42.94634	1.37E-19	101.8299	112.3053	101.8299	112.3053
x	-0.826997	0.133921	-6.17526	7.89E-06	-1.10835	-0.54564	-1.10835	-0.54564

잔차 출력 / 확률 출력

관측수	예측치 y	잔차	표준 잔차		백분율	y
1	98.797629	2.202371408	0.490831		2.5	69
2	97.143635	-0.143634753	-0.03201		7.5	83
3	86.392675	-1.392674796	-0.31038		12.5	85
4	97.970632	-2.970631672	-0.66205		17.5	89
5	100.45162	3.548377569	0.790809		22.5	90
6	95.489641	-3.489640913	-0.77772		27.5	91
7	90.527659	2.472340605	0.550998		32.5	92
8	89.700662	0.299337525	0.066712		37.5	92
9	73.987721	-4.987721001	-1.11159		42.5	93
10	88.873666	16.12633444	3.593993		47.5	93
11	83.911684	-0.911684037	-0.20318		52.5	93
12	88.046669	0.953331364	0.212464		57.5	95
13	93.835647	-2.835647074	-0.63197		62.5	97
14	97.143635	-4.143634753	-0.92347		67.5	97
15	98.797629	-1.797628592	-0.40063		72.5	97
16	96.316638	1.683362167	0.375162		77.5	97
17	100.45162	-3.451622431	-0.76925		82.5	98
18	93.00865	-1.008650154	-0.22479		87.5	101
19	94.662644	-1.662643993	-0.37054		92.5	104
20	95.489641	1.510359087	0.336606		97.5	105

〈그림 10-7〉 R에 의한 회귀분석 결과

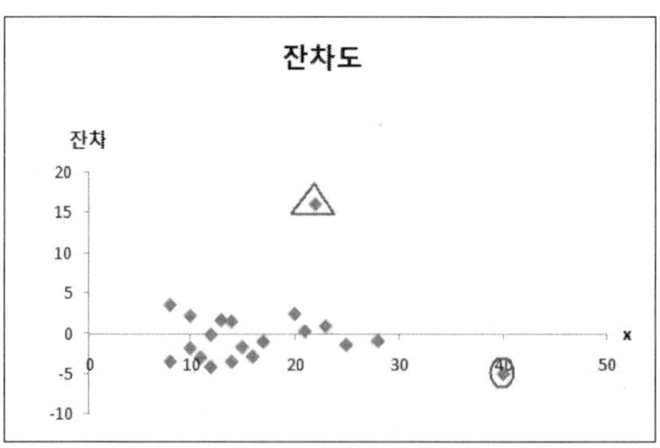

〈그림 10-8〉 잔차도

〈그림 10-9〉는 정규 확률도를 나타내는데 점들이 직선 경향을 나타내면 정규성을 따른다고 할 수 있다. 〈그림 10-7〉에서 확률출력부분의 백분율을 가로축으로 하고 반응변수의 측정값 y를 작은 것에서 큰 것까지 순서화한 것을 세로축으로 사용했다. 맨 왼쪽에 있는 점이 산점도에서 본 영향점으로 이 점을 제외한다면 점들이 직선 경향을 보인다고 할 수 있다. 영향점과 이상점은 통계분석에 많은 영향을 주는 값이 되므로 원인을 검토해야 한다.

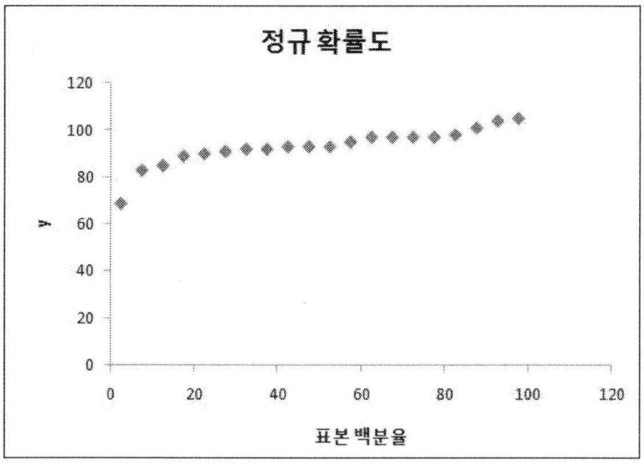

〈그림 10-9〉 정규확률도

예제 10-8

R셀을 이용하여 〈표 10-1〉의 자료에 대한 회귀분석을 수행하라.

풀이

① 산점도 출력 : plot(x,y)

② 회귀분석의 회귀계수와 회귀선 유의성 검정 결과 출력 : lm(y~x)

〈그림 10-10〉에서는 lm(y~x)의 결과를 계속 사용하기위해 'fit'에 저장해 놓고, 그 결과를 summary(fit)를 사용해 출력하고 있다.

〈그림 10-10〉의 (가)부분은 회귀계수에 대한 부분이다. 유의확률 Pr(> |t|) 옆에 별표가 세 개가 붙은 것은 유의확률이 0.001보다 작은 값이라는 것이다. 즉,

	유의확률
공란 :	0.1 ~ 1
점 :	0.05 ~ 0.1
별 1개 :	0.01 ~ 0.05
별 2개 :	0.001 ~ 0.01
별 3개 :	0 ~ 0.001

```
> x=c(10,12,25,11,8,14,20,21,40,22,28,23,16,12,10,13,8,17,15,14)
> y=c(101,97,85,95,104,92,93,90,69,105,83,89,91,93,97,98,97,92,93,97)
> plot(x,y)
> fit=lm(y~x)
> summary(fit)

Call:
lm(formula = y ~ x)

Residuals:
    Min      1Q  Median      3Q     Max
-4.9877 -2.8694 -0.9602  1.5536 16.1263

Coefficients:
            Estimate Std. Error t value Pr(>|t|)
(Intercept) 107.0676     2.4931  42.946  < 2e-16 ***
x            -0.8270     0.1339  -6.175 7.89e-06 ***
---
Signif. codes:  0 '***' 0.001 '**' 0.01 '*' 0.05 '.' 0.1 ' ' 1          (가)

Residual standard error: 4.61 on 18 degrees of freedom
Multiple R-squared: 0.6793,     Adjusted R-squared: 0.6615              (나)
F-statistic: 38.13 on 1 and 18 DF,  p-value: 7.887e-06

> |
```

〈그림 10-10〉 R을 이용한 회귀분석 결과

이다. (나)는 분산분석표의 일부와 결정계수를 표현한다. Residual standard error는 $\sqrt{MSE}$를 의미하며 그 값은 4.61이다. Multiple R-squared는 결정계수를 의미하며 그 값은 0.6793이다. 또한 F-statistic은 분산분석표의 F비로 유의확률은 7.887×10^{-6}로 유의수준 0.05보다 매우 작으므로 회귀직선이 유의하다고 할 수 있다.

③ 〈그림 10-11〉에서

적합된 회귀직선식 표현 : abline(fit)는 산점도 plot(x,y) 위에 적합된 회귀직선식을 나타나게 하는 함수로 그 결과는 〈그림 10-12〉에 있다.

④ 잔차 출력 : resid(fit)

```
> abline(fit)
> resid(fit)
         1          2          3          4          5          6          7
 2.2023714 -0.1436348 -1.3926748 -2.9706317  3.5483776 -3.4896409  2.4723406
         8          9         10         11         12         13         14
 0.2993375 -4.9877210 16.1263344 -0.9116840  0.9533314 -2.8356471 -4.1436348
        15         16         17         18         19         20
-1.7976286  1.6833622 -3.4516224 -1.0086502 -1.6626440  1.5103591
> par(mfrow=c(2,2))
> plot(fit)
> |
```

〈그림 10-11〉 잔차분석

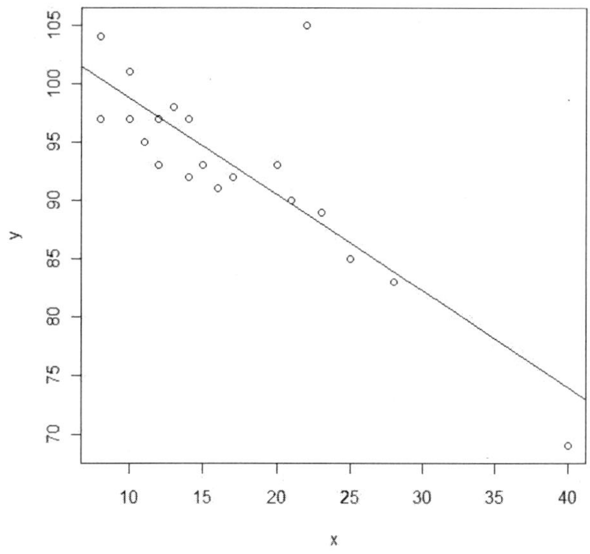

〈그림 10-12〉 산점도와 적합된 회귀직선식

⑤ 잔차분석 : 〈그림 10-13〉

par(mfrow=c(2,2)) : 잔차분석에 관련된 그림이 4개 출력되는데 그 그림의 배치를 2행 2열의 형태로 하라는 것이다.

plot(fit) : 잔차도, 정규확률도 등 잔차분석에 관련된 그림이 출력된다.

⑥ 잔차도, 정규확률도 등 잔차분석을 위한 그림 : 〈그림 10-14〉

4개의 그림 중 아래 2개는 본 교재의 내용을 벗어나는 부분이라 설명을 제외하고 위의 2개 그림을 설명하도록 한다. (가)는 잔차도로 가로축은 $\hat{y_i}$를 세로축은 잔차를 이용하여 그린 그림이라 가로축을 설명변수의 값 x를 사용한 〈그림 10-5〉와 엑셀 그림과 차이를 보이나 점들이 형성하는 패턴을 파악하는 것은 동일하다. 9, 10, 14는 회귀선에 특별히 영향을 보인 자료의 번호를 나타낸 것이다. 9번은 산점도에서 영향점이라 언급했던 점이며, 10번은 이상점으로 언급한 점이다. (나)는 잔차에 대한 정규확률도를 나타낸 그림으로 직선에 가까우면 정규분포로 볼 수 있다. 이 그림의 세로축은 표준화 잔차를 사용한 것으로 10번의 자료를 제외한다면 직선에 가까워 정규분포를 따른다고 할 수 있다. 가로축은 표준정규분포 그래프의 z 축위에 표본수 20개의 점에 의하여 만들어진 같은 확률을 갖는 영역 21개를 분할시키는 z 관측값이다. 만일 $n=4$이면 4개의 점에 의하여 표준정규분포의 그래프를 분할하면 5개의 영역으로 나눠지고, 〈그림 10-15〉에서 처럼 z 관측값은 $Z_{0.8}=-0.84$, $Z_{0.6}=-0.25$, $Z_{0.4}=0.25$, $Z_{0.2}=0.84$로 잔차에 대한 정규확률도에서 가로축을 차지한다.

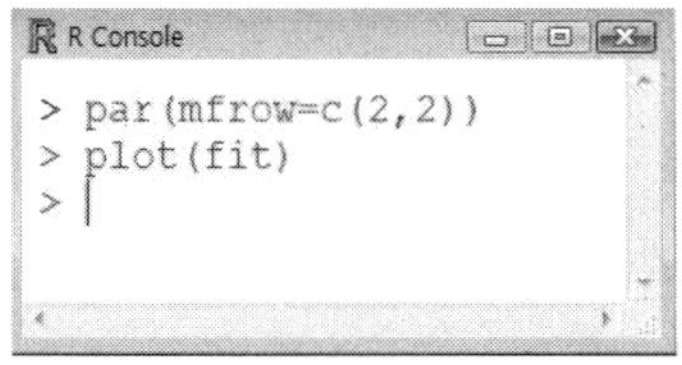

〈그림 10-13〉 잔차분석을 위한 R 함수

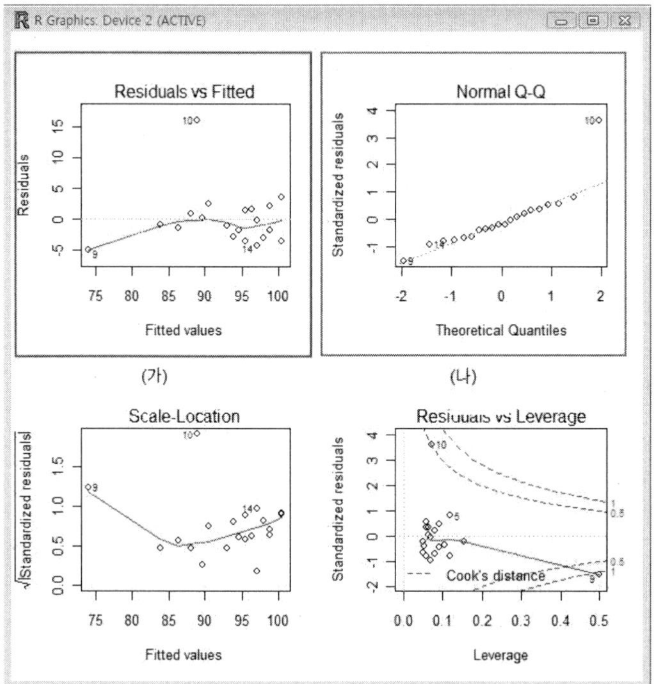

〈그림 10-14〉 잔차분석을 위한 그림

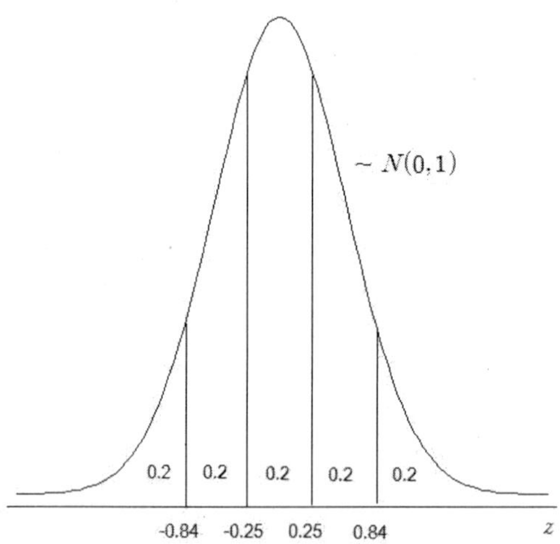

〈그림 10-15〉 표준정규분포의 z 관측값

새로운 측정값 x^*에 대한 y값을 예측하는 하는 경우 적합된 회귀직선식에 x^*를 대입한 $y^* = \hat{\alpha} + \hat{\beta} x^*$를 예측 값으로 이용하면 된다. 그런데 적합된 회귀직선식은 주어진 자료에 의해 추정된 식이므로 주어진 자료의 x 값의 범위로부터 멀리 떨어진 x^*를 이용할 때는 예상을 빗나갈 가능성이 높기 때문에 주의해야 한다. (예제 10-2)의 적합된 회귀직선식 $\hat{y} = 107.068 - 0.827x$을 이용하여 $x = 9.5$일 때 y를 예측하면 $107.068 - 0.827 \times 9.5 \fallingdotseq 99.21$이다. 이것을 R을 이용하면 〈그림 10-16〉의 predict 함수를 사용하면 된다.

```
R Console
> predict(fit,newdata=data.frame(x=9.5))
       1
99.21113
> |
```

〈그림 10-16〉 예측을 위한 R 함수

지금까지 반응변수를 설명하는데 선형모형을 가정하고 회귀분석을 수행했었다. 그러나 산점도를 그려보면 다른 형태의 관계를 갖는 경우도 많으므로 여기서 소개한 단순회귀분석을 그대로 적용할 수 없는 경우가 흔히 발생한다. 본 교재에서는 선형관계가 아닌 형태의 관계를 변수변환(variable transformation)을 통하여 선형관계로 변형시킨 후 소개한 단순회귀분석을 적용하는 경우를 소개하고자 한다.

〈표 10-4〉

x	y	$\log y$
6	1680	3.2253
5.5	1205	3.0810
2.3	128	2.1072
5	515	2.7118
4.6	420	2.6232
4.1	365	2.5623
5.9	1449	3.1611
2.7	175	2.2430
6.3	1800	3.2553
3.3	220	2.3424
3.8	275	2.4393
6.8	2350	3.3711
5.2	700	2.8451
7	2400	3.3802
2	120	2.0792

〈표 10-4〉의 자료에서 (x, y)로 산점도를 그리면 〈그림 10-17〉과 같은 곡선형태의 추세선이 그려진다. 만일 이 자료를 그대로 단순회귀모형을 적용하여 분석을 수행한다면 〈그림 10-18〉과 같은 결과가 나온다. 이 그림은 엑셀을 이용한 결과로 상관계수, 결정계수, 분산분석을 통한 유의성검정, 회귀계수의 유의성 검정을 보면 단순회귀분석을 수행해도 바람직한 것으로 보인다. 그러나 〈그림 10-19〉의 잔차도와 정규확률도를 보면 단순회귀모형을 수행한 결과가 바람직하지 않다는 것을 알 수 있다. 〈표 10-4〉의 측정값 y_i를 $y_i' = \log y_i$로 변수변환하여 단순회귀분석을 수행해 보자. (x, y')로 산점도를 그리면 〈그림 10-20〉과 같다. $y_i' = \log y_i$를 이용한 단순회귀모형은

$$Y_i' = \alpha + \beta x_i + \epsilon_i, \quad i = 1, 2, \cdots, 15$$

으로 엑셀을 이용한 회귀분석을 수행하면 〈그림 10-21〉, 〈그림 10-22〉와 같다. 측정값 y_i를 사용한 것보다 $y_i' = \log y_i$로 변수변환한 회귀분석 결과가 더 바람직함을 알 수 있다. 〈그림 10-21〉의 분석 결과로부터 적합된 회귀직선식이 $\log y = 1.435 + 0.282x$이므로

$$y = 10^{1.435 + 0.282x} = (10^{1.435})(10^{0.282})^x = 27.227 \cdot 1.914^x$$

이다. 이 예에서도 알 수 있듯이 회귀분석을 수행할 때는 산점도, 유의성 검정, 정밀성 평가와 잔차분석 등을 종합적으로 검토하여 판단해야 한다. 〈표 10-5〉는 변수변환을 사용하여 단순회귀분석을 적용할 수 있는 몇 가지 경우를 열거한 표이다. 변수변환을 취한 측정값을 사용하여 단순회귀분석을 수행하여 적합된 회귀직선식을 구한 후 다시 원래의 함수 형태로 변형시켜 준다.

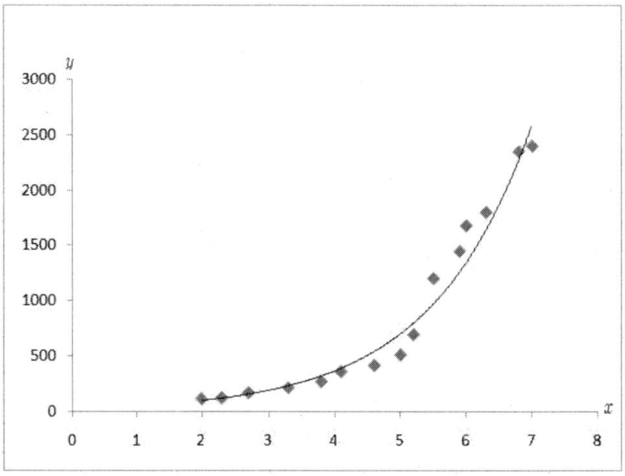

〈그림 10-17〉 〈표 10-4〉에서 자료 (x, y)를 이용한 산점도

요약 출력

회귀분석 통계량	
다중 상관계수	0.910894
결정계수	0.829729
조정된 결정계수	0.816631
표준 오차	351.7622
관측수	15

분산 분석

	자유도	제곱합	제곱 평균	F 비	유의한 F
회귀	1	7838553	7838553	63.34867	2.36E-06
잔차	13	1608577	123736.7		
계	14	9447130			

	계수	표준 오차	t 통계량	P-값	하위 95%	상위 95%	하위 95.0%	상위 95.0%
Y 절편	-1256.14	288.1186	-4.35979	0.000773	-1878.58	-633.694	-1878.58	-633.694
x	463.0361	58.1763	7.959187	2.36E-06	337.3538	588.7184	337.3538	588.7184

〈그림 10-18〉 〈표 10-4〉에서 자료 (x, y)를 이용한 단순회귀분석

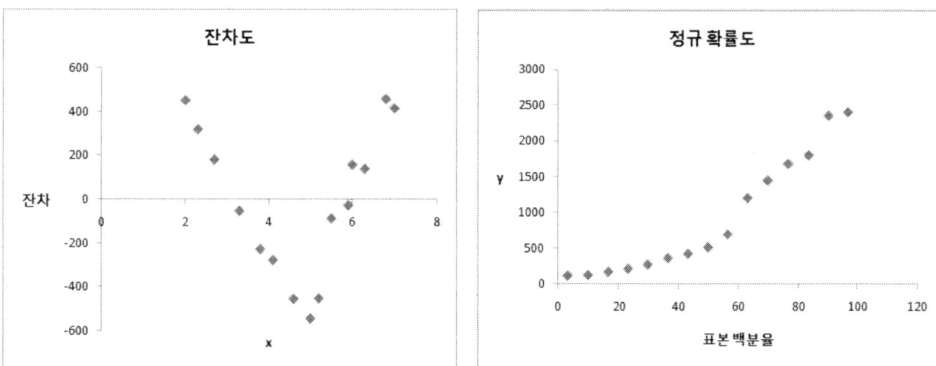

〈그림 10-19〉 (x, y)를 단순회귀모형을 사용한 잔차도와 정규확률도

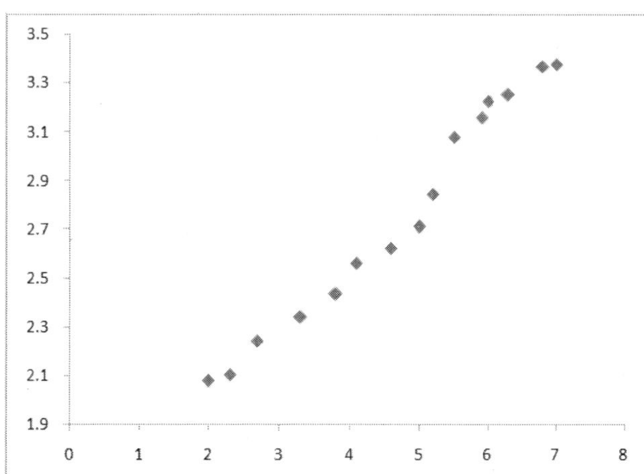

〈그림 10-20〉 〈표 10-4〉에서 자료 $(x, \log y)$를 이용한 산점도

요약 출력

회귀분석 통계량	
다중 상관계수	0.987621
결정계수	0.975395
조정된 결정계수	0.973503
표준 오차	0.075166
관측수	15

분산 분석

	자유도	제곱합	제곱 평균	F 비	유의한 F
회귀	1	2.911713	2.911713	515.3548	7.64E-12
잔차	13	0.073449	0.00565		
계	14	2.985162			

	계수	표준 오차	t 통계량	P-값	하위 95%	상위 95%	하위 95.0%	상위 95.0%
Y 절편	1.435453	0.061566	23.31556	5.44E-12	1.302447	1.568459	1.302447	1.568459
x	0.282209	0.012431	22.70143	7.64E-12	0.255353	0.309065	0.255353	0.309065

〈그림 10-21〉 〈표 10-4〉에서 자료 $(x, \log y)$를 이용한 단순회귀분석

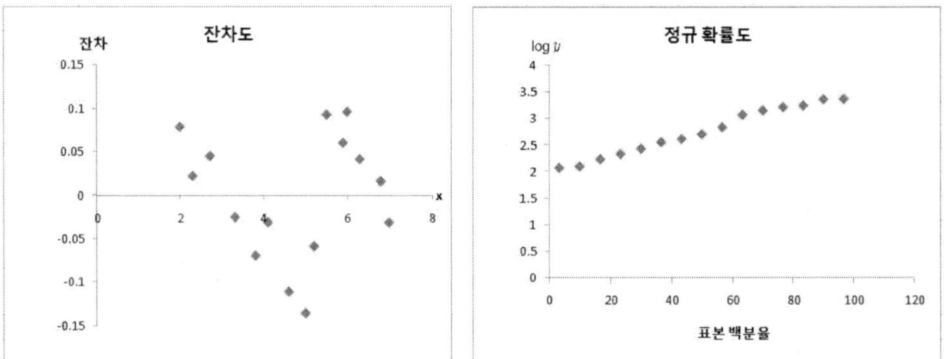

〈그림 10-22〉 $(x, \log y)$를 단순회귀모형을 사용한 잔차도와 정규확률도

〈표 10-5〉 변수변환

x와 y의 함수 관계	변수변환
$y=\alpha\beta^x$	$y' = \log y$
$y=\alpha+\beta\sqrt{x}$	$x' = \sqrt{x}$
$y=\alpha x^\beta$	$y' = \log y,\ x' = \log x$
$y=\dfrac{1}{\alpha+\beta x}$	$y' = \dfrac{1}{y}$

중회귀분석은 k개의 설명변수가 반응변수에 영향을 주는 선형모형을 사용한 회귀분석이다. 모형은 $y_i = \alpha + \beta_1 x_{1i} + \beta_2 x_{2i} + \cdots + \beta_k x_{ki} + \epsilon_i$이고, 오차항에 대한 가정은 단순회귀모형과 동일하다. 중회귀에 의한 결과 분석은 단순회귀분석과 유사하므로 엑셀과 R을 통한 분석과정만 간략히 언급한다. 설명변수가 k개이므로 엑셀의 회귀분석 대화상자에서 자료를 입력할 때 'x 축 입력범위'에 설명변수가 있는 모든 영역을 선택해 주고, R에서는 $k=2$이라면 lm함수 괄호안에 y~x1+x2을 입력한다. 즉, lm(y~x1+x2)

연습문제

10.1 다음과 같은 자료가 있다.

x	3	6	2	7	5	8	5
y	20	35	18	32	30	36	28

(1) 산점도를 그려라.

(2) 회귀분석 단계에 따른 여러 과정을 수행하라.

(3) R을 이용하여 회귀분석을 수행하라.

(4) x가 4일 때 y값을 예측하라.

11장

분산분석

8장에서는 두 모평균에 대한 추론문제를 다루었고, 이 장에서는 3개 이상의 모평균을 비교하는 문제를 다루게 된다. 두 모평균에 대한 추론문제는 t-분포를 사용한 t-검정을 사용하였지만 3개 이상의 모평균을 비교하는 문제에서는 R. A. Fisher(1890~1962)에 의해 고안된 분산분석(analysis of variance : ANOVA)을 사용하여 다루고자 한다. 분산분석은 두 모평균 문제를 확장한 개념으로 F-분포를 사용한다. 원래 분산분석은 실험계획법(experimental design)에서 사용하던 분석방법이므로 분산분석에 사용되는 용어들은 실험과 관련되어 있다. 실험계획법은 실험을 실시하는 방법, 자료를 추출하는 방법, 최소의 비용으로 최대의 정밀한 정보를 얻기 위해 사용하는 통계적인 분석방법 등에 대한 계획을 세우는 방법을 연구하는 분야이다. 어떤 실험에서 측정값에 영향을 주는 조건의 종류를 인자 또는 요인(factor)이라 하며 각 인자가 취할 수 있는 여러 종류의 값들을 수준(level)이라 하고, 인자의 각 수준을 처리(treatment)라고 한다.

이 장에서는 일원배치법(oneway ANOVA)과 이원배치법(twoway ANOVA)을 다룰 것이다. 일원배치법은 요인이 하나인 실험계획법이고, 이원배치법은 요인이 두 개인 실험계획법이다. 이 장에서 언급하는 일원배치법과 이원배치법의 인자들의 처리수준은 변량이 아니고 상수인 경우만을 다루기로 한다.

11-1 일원배치법

일원배치법은 한 인자에 대해 k개의 처리효과를 비교하기 위한 것으로 자료구조는 〈표 11-1〉과 같다. i번째 처리에서 얻어지는 측정값 y_{ij}들은 정규분포 $N(\mu_i, \sigma^2)$에서 얻어지는 크기 n_i인 랜덤표본의 측정값으로 가정되어 진다. 즉, y_{ij}는 i번째 처리의 j째 측정값으로 확률변수 Y_{ij}는 $Y_{ij} = \mu_i + \epsilon_{ij}$로 표현된다. μ_i는 i번째 처리의 모평균으로 $\mu_i = \mu + \alpha_i$로 표현되고, μ는 실험전체의 모평균이고, α_i는 i번째 처리효과(treatment effect)라고 한다. $\sum_{i=1}^{k} n_i = N$개의 측정값들을 측정하기 위해서 실험을 랜덤하게 선택된 순서에 의하여 시행되어야 한다. N개의 실험단위에 1에서 N까지 번호를 부여한 다음 난수표 등을 통해 나온 번호 순서대로 실험을 진행하여 측정값을 구한다.

〈표 11-1〉 일원배치법의 자료구조

	처리 1	⋯	처리 i	⋯	처리 k	
	y_{11}	⋯	y_{i1}	⋯	y_{k1}	
	⋮	⋮	⋮	⋮	⋮	
	y_{1j}	⋯	y_{ij}	⋯	y_{kj}	
	⋮	⋮	⋮	⋮	⋮	
	y_{1n_1}	⋯	y_{in_i}	⋯	y_{kn_k}	
평균	$\overline{y}_1$	⋯	$\overline{y_i}=\frac{1}{n_i}\sum_{j=1}^{n_i}y_{ij}$	⋯	$\overline{y}_k$	총평균 $\overline{y}=\frac{1}{N}\sum_{i=1}^{k}\sum_{j=1}^{n_i}y_{ij}$

k개의 처리효과를 비교하기 위한 모집단 모형은

$$Y_{ij}=\mu+\alpha_i+\epsilon_{ij}\ ,\quad i=1,2,\cdots,k\quad ,\ j=1,2,\cdots,n_i$$

이다. 단, $\sum_{i=1}^{n}\alpha_i=0$

ϵ_{ij}는 실험오차로 서로 독립이면서 정규분포 $N(0,\sigma^2)$를 따른다.

k개의 처리효과에 차이가 있는지를 알아보는 검정에서 귀무가설과 대립가설은

$H_o:\mu_1=\mu_2=\cdots=\mu_k$ 또는 $H_0:\alpha_1=\alpha_2=\cdots=\alpha_k=0$

H_1 : 모든 μ_i가 다 같은 것은 아니다. 또는 H_1 : 모든 α_i가 다 같은 것은 아니다.

가 된다. 이를 위한 검정법을 유도하기 위해 편차 $(y_{ij}-\overline{y})$를 분해하여

$$y_{ij}-\overline{y}=(y_{ij}-\overline{y}_i)+(\overline{y}_i-\overline{y})$$

로 표현한다. $(\overline{y_i}-\overline{y})$는 i번째 수준의 효과에 의한 편차로 처리들간의 모평균들이 같을 경우 $(\overline{y_i}-\overline{y})$의 값은 작을 것이며, $(y_{ij}-\overline{y_i})$는 실험에서 나타나는 불확실한 오차를 나타내는 편차로 잔차(residual)를 나타낸다. 분해된 식의 양변을 제곱하여 합하면

$$\sum_{i=1}^{k}\sum_{j=1}^{n_i}(y_{ij}-\overline{y})^2=\sum_{i=1}^{k}\sum_{j=1}^{n_i}(y_{ij}-\overline{y_i})^2+\sum_{i=1}^{k}\sum_{j=1}^{n_i}(\overline{y_i}-\overline{y})^2+2\sum_{i=1}^{k}\sum_{j=1}^{n_i}(y_{ij}-\overline{y_i})(\overline{y_i}-\overline{y})$$

이 되는데 $2\sum_{i=1}^{k}\sum_{j=1}^{n_i}(y_{ij}-\overline{y_i})(\overline{y_i}-\overline{y})=2\sum_{i=1}^{k}(\overline{y_i}-\overline{y})\sum_{j=1}^{n_i}(y_{ij}-\overline{y_i})=0$이므로

$$\sum_{i=1}^{k}\sum_{j=1}^{n_i}(y_{ij}-\overline{y})^2 = \sum_{i=1}^{k}\sum_{j=1}^{n_i}(y_{ij}-\overline{y_i})^2 + \sum_{i=1}^{k}n_i(\overline{y_i}-\overline{y})^2$$

$$\text{총제곱합}(SST) = \text{잔차제곱합}(SSE) + \text{처리제곱합}(SS_t)$$

가 된다. 총제곱합은 SST(total sum of squares), 잔차제곱합은 SSE(residual sum of squares), 처리제곱합은 SSt(treatment sum of squares)이다. 귀무가설이 참이면 처리제곱합이 총제곱합에서 차지하는 비율이 낮을 것이며, 반대로 귀무가설이 참이 아니면 비율이 커질 것이다.

제곱합의 자유도를 알아보자. 자유도는 편차의 개수에서 편차들의 선형제약조건을 뺀 것으로 〈표 11-2〉와 같다.

〈표 11-2〉 제곱합의 자유도

제곱합	편차의 개수	선형제약조건	자유도
$SST=\sum_{i=1}^{k}\sum_{j=1}^{n_i}(y_{ij}-\overline{y})^2$	N	$\sum_{i=1}^{k}\sum_{j=1}^{n_i}(y_{ij}-\overline{y})=0$: 1개	$N-1$
$SS_t=\sum_{i=1}^{k}n_i(\overline{y_i}-\overline{y})^2$	k	$\sum_{i=1}^{k}(\overline{y_i}-\overline{y})=0$: 1개	$k-1$
$SSE=\sum_{i=1}^{k}\sum_{j=1}^{n_i}(y_{ij}-\overline{y_i})^2$	N	모든 i에 대해 $\sum_{j=1}^{n_i}(y_{ij}-\overline{y_i})=0$: k개	$N-k$

제곱합을 자유도로 나누면 미지의 분산의 추정량이 되는데 이를 평균제곱(mean square)이라고 한다.

$$\text{처리 평균제곱 : } MS_t = SS_t/(k-1)$$

$$\text{잔차 평균제곱 : } MSE = SSE/(N-k) = \hat{\sigma}^2$$

귀무가설하에서는 k개의 처리효과에 차이가 없으므로 처리 평균제곱이 작을 것이며, 귀무가설이 옳지 않다면 이 값은 크게 될 것이다. 잔차 평균제곱은 σ^2의 추정량이다. 따라서 주어진 가설에 대한 F-검정은 다음과 같다. 귀무가설 기각여부를 검정하는 기준으로 되는 검정통계량은 F비

$$F_0 = \frac{MS_t}{MSE}$$

으로 귀무가설하에서 자유도 $(k-1, N-k)$인 F-분포를 따른다. 검정법은

$$F_0 \ge F(k-1, N-k : \alpha) \text{ 이면 귀무가설을 기각한다}$$

이다. 이와 같은 결과를 표로 요약한 분산분석표(ANOVA table)는 〈표 11-3〉과 같다. 유의확률은 F-분포를 이용하여 계산되어지고, 유의확률을 통하여 가설에 대한 판정을 내릴 수 있다.

〈표 11-3〉 k개의 처리효과를 비교하기 위한 분산분석표 : 일원배치법

요인	제곱합	자유도	평균제곱	F비	$F(\alpha)$	p값
처리	SS_t	$k-1$	MS_t	$F_0 = \dfrac{MS_t}{MSE}$	$F(k-1, N-k : \alpha)$	
잔차	SSE	$N-k$	MSE			
계	SST	$N-1$				

예제 11-1

다음 자료는 세 종류의 기계에서 생산된 철선의 인장강도(kg/cm^2)를 측정한 결과이다.

기계 A	기계 B	기계 C
56	69	70
50	60	63
58	68	59
52	52	62
47	65	63

분산분석표를 작성하고, 기계에 따라 철선의 인장강도가 다르다고 할 수 있는 지 유의수준 5%에서 검정하라.

풀이

세 종류의 기계간에 차이가 있는지를 알아보는 검정에서 가설은

$H_o : \mu_1 = \mu_2 = \mu_3$ 또는 $H_0 : \alpha_1 = \alpha_2 = \alpha_3 = 0$

H_1 : 모든 μ_i가 다 같은 것은 아니다. 또는 H_1 : 모든 α_i가 다 같은 것은 아니다.

이다.

	기계 A	기계 B	기계 C
	56	69	70
	50	60	63
	58	68	59
	52	52	62
	47	65	63
합	$\sum_{j=1}^{n_1} y_{1j} = 263$	$\sum_{j=1}^{n_2} y_{2j} = 314$	$\sum_{j=1}^{n_3} y_{3j} = 317$
평균	$\overline{y_1} = 52.6$	$\overline{y_2} = 62.8$	$\overline{y_3} = 63.4$
$\sum_{j=1}^{n_i} (y_{ij} - \overline{y_i})^2$	$\sum_{j=1}^{5} (y_{1j} - \overline{y_1})^2 = 79.2$	$\sum_{j=1}^{5} (y_{2j} - \overline{y_2})^2 = 194.8$	$\sum_{j=1}^{5} (y_{3j} - \overline{y_3})^2 = 65.2$

- 총평균 : $\bar{y} = \frac{1}{N} \sum_{i=1}^{k} \sum_{j=1}^{n_i} y_{ij} = \frac{1}{15}(263 + 314 + 317) = 59.6$

- 잔차제곱합 : $\sum_{j=1}^{n_i} (y_{ij} - \overline{y_i})^2 = \sum_{i=1}^{n_i} y_{ij}^2 - n_i \overline{y_i^2}$

$$\sum_{j=1}^{5} (y_{1j} - \overline{y_1})^2 = (56^2 + 50^2 + 58^2 + 52^2 + 47^2) - 5(52.6)^2 = 79.2$$

$$\sum_{j=1}^{5} (y_{2j} - \overline{y_2})^2 = (69^2 + 60^2 + 68^2 + 52^2 + 65^2) - 5(62.8)^2 = 194.8$$

$$\sum_{j=1}^{5} (y_{2j} - \overline{y_2})^2 = (70^2 + 63^2 + 59^2 + 62^2 + 63^2) - 5(63.4)^2 = 65.2$$

$$SSE = \sum_{i=1}^{k} \sum_{j=1}^{n_i} (y_{ij} - \overline{y_i})^2 = 79.2 + 194.8 + 65.2 = 339.2$$

- 처리제곱합 :

$$SS_t = \sum_{i=1}^{k} n_i (\overline{y_i} - \bar{y})^2 = 5(52.6 - 59.6)^2 + 5(62.8 - 59.6)^2 + 5(63.4 - 59.6)^2$$

$$= 368.4$$

- 총제곱합 : $SST = SSE + SS_t = 339.2 + 368.4 = 707.6$

이 결과를 요약한 분산분석표는 〈표 11-4〉와 같다. 분산분석표에서 F비 $F_0 = 6.52$가 기각치 $F(2, 12 : 0.05) = 3.89$보다 크므로 유의수준 0.05에서 귀무가설을 기각시킨다. 따라서 이 표본으로부터 유의수준 5%하에서 귀무가설을 기각하므로 3종류의 기계에 따라 철선의 인장강도가 다르다고 할 수 있다.

〈표 11-4〉 (예제 11-1)의 분산분석표

요인	제곱합	자유도	평균제곱	F비	$F(\alpha)$
처리	368.4	2	184.2	6.52	3.89
잔차	339.2	12	28.27		
계	707.6	14			

F-검정을 통하여 처리효과간에 유의한 차이가 있다는 판정이 내려지면 과연 어떤 처리의 평균값이 다른 처리들과 달라서 그런 결과가 나왔는지 밝혀야 한다. 비교 가능한 ${}_kC_2 = \dfrac{k!}{2!(k-2)!}$개의 모든 처리 쌍의 평균 $(\mu_i, \mu_{i'})$들을 동시에 비교하는 검정을 다중비교 검정(multiple comparison test)이라고 하는데, Tukey 검정, SNK(Student-Newman-Keuls) 검정 등이 있다. Tukey 검정법은 다른 검정법에 비해 가장 보수적인 검정방법이다. 다중비교에서는 전체 비교에 대한 유의수준을 α로 고정시키려면 각 쌍별 비교에 대한 유의수준 α_0를 조절해 줘야 한다. 예를 들어 처리수준이 4개인 일원배치법에서 F-검정 결과 처리효과의 차이가 있는 것으로 판정되면 비교 가능한 $m = {}_4C_2 = 6$개의 쌍별 비교 검정을 유의수준 0.05하에서 수행하려고 하면 각 쌍별 비교를 위한 검정시 유의수준을

$$\alpha_0 = \frac{\alpha}{m} = \frac{0.05}{6} = 0.00833$$

로 조절하여 사용한다. 일반적으로 사용하고 있는 다중비교는 분산분석의 F-검정과 독립적으로 개발된 것이므로 F-검정 결과 귀무가설을 기각하지 않는 자료에 대해서도 다중비교를 하면 처리 평균 간에 차이가 있다는 판정을 내릴 수 있으므로, 분산분석에서 유의한 결과가 나온 경우 시행하는 것이 자연스럽다. 본 교재에서는 조절한 유의수준 α_0를 사용한 t-검정을 이용하여 처리수준간의 비교를 검정한다. 다른 검정법과 기각치 값이 약간의 차이를 보이나, 분산분석을 통하여 처리효과의 차이가 있다는 판정이 내려지면 더 나아가 다중비교 검정을 해야 하는 필요성을 보이기 위해 언급하는 것임을 밝힌다.

- 가설 : $H_0 : \mu_i = \mu_{i'} \quad vs \quad H_1 : \mu_i \neq \mu_{i'}$
- 검정통계량 : $T_0 = \dfrac{(\overline{y_i} - \overline{y_{i'}})}{\sqrt{MSE}\sqrt{\dfrac{1}{n_i} + \dfrac{1}{n_{i'}}}}$
- 기각역 : $|T_0| \geq t_{\alpha/2m}(N-k)$

예제 11-2

(예제 11-1)의 결과를 이용하여 어떤 처리간에 유의한 차이가 있는지 유의수준 5%에서 검정하라.

풀이

비교할 처리 쌍들은 $m = {}_3C_2 = 3$개다.

(예제 11-1)의 자료는 각 수준별 자료수가 동일($n_1 = n_2 = n_3 = n$)하므로 기각역

$$|T_0| = \left| \frac{\overline{y_i} - \overline{y_{i'}}}{\sqrt{MSE}\sqrt{\frac{1}{n_i} + \frac{1}{n_{i'}}}} \right| \geq t_{\alpha/2m}$$

을

$$|\overline{y_i} - \overline{y_{i'}}| \geq t_{\alpha/2m}\sqrt{MSE}\sqrt{\frac{2}{n}}$$

로 대체할 수 있다. 부록 〈표 3〉에서 $t_{\alpha/2m}(N-k) = t_{0.00833}(12) = 2.780$으로 기각역은

$$|\overline{y_i} - \overline{y_{i'}}| \geq t_{\alpha/2m}\sqrt{MSE}\sqrt{\frac{2}{n}} = 2.780 \times \sqrt{28.27}\sqrt{\frac{2}{5}} \fallingdotseq 9.35$$

이다. 기계 종류에 따른 평균이 다음과 같으므로

수준	기계 A	기계 B	기계 C
평균	$\overline{y_1} = 52.6$	$\overline{y_2} = 62.8$	$\overline{y_3} = 63.4$

기각역 $|\overline{y_i} - \overline{y_{i'}}| \geq 9.35$ 범위에 들어가는 평균 차이를 보이는 쌍들은 (기계 A, 기계 B)와 (기계 A, 기계 C)이다. 따라서 이 표본으로부터 유의수준 0.05하에서 기계 A와 기계 B, 기계 A와 기계C의 인장강도가 다르다고 할 수 있다.

상자그림(box plot)을 통하여 시각적으로 처리효과를 비교할 수 있다. 엑셀과 R을 사용하여 분산분석하는 방법을 알아보자. 엑셀에서 [데이터]탭–[분석]그룹–[데이터 분석]을 선택하면 [통계 데이터 분석] 대화상자가 나타나고, 〈그림 11-1〉처럼 분산분석에 대한 세 가지 유형을 선택할 수 있다. 그런데 엑셀에서는 반복이 있는 이원배치법의 반복수가 각 처리들마다 동일해야 한다.

예제 11-3

엑셀을 이용하여 (예제 11-1)의 자료에 대한 분산분석을 수행하라.

풀이

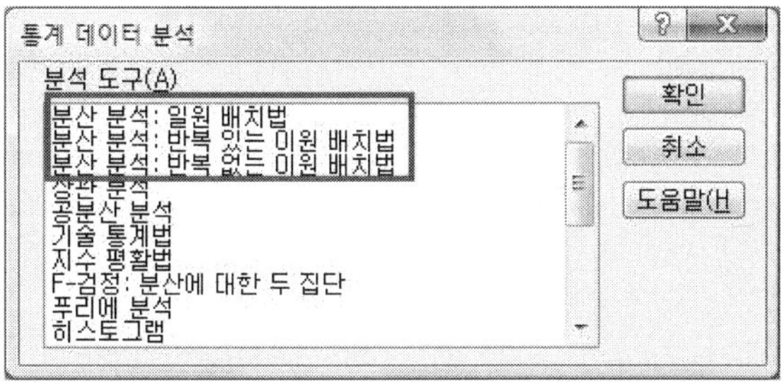

〈그림 11-1〉 세 가지 유형의 분산분석

① 〈그림 11-1〉의 [통계 데이터 분석] 대화상자에서 '분산분석 : 일원배치법'을 선택하고 확인을 클릭한다.

② 〈그림 11-2〉처럼 입력범위에 자료가 있는 셀을 블록으로 지정해 주고, 첫째 행 이름표 사용에 체크하고 유의수준에 적절한 값을 입력한 뒤 확인을 클릭한다.

③ 〈그림 11-3〉 결과가 나타나고, 유의확률(p-값)이 0.01213이므로 유의수준 0.05하에서 귀무가설을 기각한다. 또한 'F비 ≥ F 기각치'이면 귀무가설을 기각하는데 분산분석 결과 이 부등식을 만족하므로 귀무가설을 기각한다.

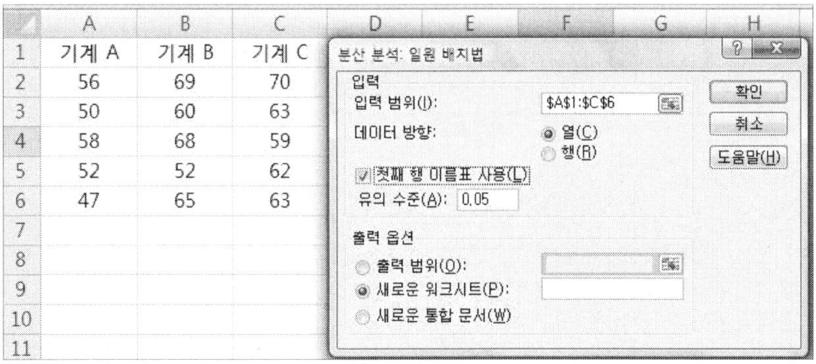

〈그림 11-2〉 분산분석 : 일원배치법 대화상자

예제 11-4

R을 이용하여 (예제 11-1)의 자료에 대한 분산분석을 수행하라.

풀이

① 수준에 따른 인장강도를 입력하여 '기계'라는 변수로 지정한다.

② 기계 A, 기계 B, 기계 C를 각각 수준 1, 2, 3이라 하고, 인장강도에 따른 수준을 입력하여 '수준'이라는 변수로 지정한다.

③ '수준'이 요인이라는 것을 명시하기위해 factor 함수를 사용하여 'fac' 변수로 지정한다.

④ anova 함수를 사용하여 분산분석을 수행한다 ; anova(lm(　　~　　))
유의확률 옆에 있는 별표 한개는 유의확률이 0.01과 0.05 사이에 있다는 의미이다. 분산분석표 아래에 유의확률에 따른 기호를 언급하고 있다.

분산 분석: 일원 배치법						
요약표						
인자의 수준	관측수	합	평균	분산		
기계 A	5	263	52.6	19.8		
기계 B	5	314	62.8	48.7		
기계 C	5	317	63.4	16.3		
분산 분석						
변동의 요인	제곱합	자유도	제곱 평균	F 비	P-값	F 기각치
처리	368.4	2	184.2	6.51651	0.01213	3.88529
잔차	339.2	12	28.2667			
계	707.6	14				

〈그림 11-3〉 엑셀을 이용한 일원배치법 결과

```
R Console
> 기계=c(56,50,58,52,47,69,60,68,52,65,70,63,59,62,63)
> 수준=c(1,1,1,1,1,2,2,2,2,2,3,3,3,3,3)
> fac=factor(수준)
> anova(lm(기계~fac))
Analysis of Variance Table

Response: 기계
          Df Sum Sq Mean Sq F value  Pr(>F)
fac        2  368.4 184.200  6.5165 0.01213 *
Residuals 12  339.2  28.267
---
Signif. codes:  0 '***' 0.001 '**' 0.01 '*' 0.05 '.' 0.1 ' ' 1
> |
```

〈그림 11-4〉 R을 이용한 일원배치법 결과

엑셀을 이용하여 분산분석을 할 때는 데이터 입력방식에 제약이 많아 불편한 점이 있다. 만약 엑셀 자료가 〈그림 11-5〉처럼 입력되어 있을 경우 이 자료를 이용하여 엑셀의 분산분석 절차를 따르려면 필터링 과정을 거쳐 〈그림 11-2〉의 자료 입력 방식 등으로 해야 한다. 그러나 R은 〈그림 11-5〉를 그대로 적용해도 된다. 만약 이 자료를 D 디스크에 '예제11-1.csv'로 저장했다면 〈그림 11-6〉처럼 R을 수행하면 된다.

	A	B
1	기계	인장강도
2	기계 A	56
3	기계 B	69
4	기계 C	70
5	기계 A	50
6	기계 B	60
7	기계 C	63
8	기계 A	58
9	기계 A	52
10	기계 C	59
11	기계 A	47
12	기계 B	68
13	기계 B	52
14	기계 C	62
15	기계 B	65
16	기계 C	63

〈그림 11-5〉 엑셀 자료

```
> exam=read.csv('d:/예제11-1.csv')
> fac1=factor(exam$기계)
> anova(lm(exam$인장강도~fac1))
```

〈그림 11-6〉 R에서 분산분석 과정

11-2 이원배치법

이원배치법은 두 개의 인자가 측정값에 미치는 영향을 동시에 검정하는 분석방법이다. 인자 A는 r개의 처리수준을, 인자 B는 c개의 처리수준을 가지므로 인자 A의 한 수준과 인자 B의 한 수준의 조합이 한 처리가 되므로 전체는 rc개의 처리가 생긴다. 한 조합에서 1회의 실험을 시행하는 반복이 없는 경우와 2회 이상의 실험을 시행하는 반복이 있는 경우로 나눌 수 있다.

11-2-1 반복 없는 이원배치법

반복 없는 이원배치법의 자료구조는 〈표 11-5〉와 같다. rc개의 실험을 랜덤하게 선택된 순서에 의해 시행하여 측정값 y_{ij}를 얻는다.

반복 없는 이원배치법의 모집단 모형은

$$Y_{ij} = \mu + \alpha_i + \beta_j + \epsilon_{ij} \ , \quad i = 1,2,\cdots,r \quad , \ j = 1,2,\cdots,c$$

이다. 단, α_i는 A의 i번째 처리효과로서 $\sum_{i=1}^{r}\alpha_i = 0$

β_j는 B의 j번째 처리효과로서 $\sum_{j=1}^{c}\beta_j = 0$

ϵ_{ij}는 실험오차로 서로 독립이면서 정규분포 $N(0,\sigma^2)$를 따른다.

〈표 11-5〉 반복 없는 이원배치법의 자료구조

인자 B의 수준 / 인자 A의 수준	B_1	$\cdots$	B_j	$\cdots$	B_c	평균
A_1	y_{11}	$\cdots$	y_{1j}	$\cdots$	y_{1c}	$\overline{y}_{1.}$
$\vdots$	$\vdots$	$\vdots$	$\vdots$	$\vdots$	$\vdots$	$\vdots$
A_i	y_{i1}	$\cdots$	y_{ij}	$\cdots$	y_{ic}	$\overline{y}_{i.}=\frac{1}{c}\sum_{j=1}^{c}y_{ij}$
$\vdots$	$\vdots$	$\vdots$	$\vdots$	$\vdots$	$\vdots$	$\vdots$
A_r	y_{r1}	$\cdots$	y_{rj}	$\cdots$	y_{rc}	$\overline{y}_{r.}$
평균	$\overline{y}_{.1}$	$\cdots$	$\overline{y}_{.j}=\frac{1}{r}\sum_{i=1}^{r}y_{ij}$	$\cdots$	$\overline{y}_{.c}$	총평균 $\overline{y}=\frac{1}{rc}\sum_{i=1}^{r}\sum_{j=1}^{c}y_{ij}$

관심있는 인자 A의 처리효과간에 차이가 있는지와 인자 B의 처리효과간에 차이가 있는지를 알아보는 검정에서 귀무가설과 대립가설은

인자 A : $H_0 : \alpha_1 = \alpha_2 = \cdots = \alpha_r = 0 \quad vs \quad H_1$: 모든 α_i가 다 같은 것은 아니다

인자 B : $H_0 : \beta_1 = \beta_2 = \cdots = \beta_c = 0 \quad vs \quad H_1$: 모든 β_j가 다 같은 것은 아니다

가 된다. 이를 위한 검정법을 유도하기 위해 편차 $(y_{ij} - \overline{y})$를 분해하여

$$y_{ij} - \overline{y} = (\overline{y}_{i.} - \overline{y}) + (\overline{y}_{.j} - \overline{y}) + (y_{ij} - \overline{y}_{i.} - \overline{y}_{.j} + \overline{y})$$

로 표현한다. $(\overline{y}_{i.} - \overline{y})$는 인자 A의 i번째 수준의 효과에 의한 편차이며, $(\overline{y}_{.j} - \overline{y})$는 인자 B의 j번째 수준의 효과에 의한 편차이고, $(y_{ij} - \overline{y}_{i.} - \overline{y}_{.j} + \overline{y})$는 오차를 나타내는 편차로 잔차(residual)를 나타낸다. 분해된 식의 양변을 제곱하여 합하면 곱의 합 부분은 0이 되고

$$\sum_{i=1}^{r}\sum_{j=1}^{c}(y_{ij} - \overline{y})^2 = \sum_{i=1}^{r}\sum_{j=1}^{c}(\overline{y}_{i.} - \overline{y})^2 + \sum_{i=1}^{r}\sum_{j=1}^{c}(\overline{y}_{.j} - \overline{y})^2 + \sum_{i=1}^{r}\sum_{j=1}^{c}(y_{ij} - \overline{y}_{i.} - \overline{y}_{.j} + \overline{y})^2$$

이 되므로

총제곱합(SST) = 인자 A의 제곱합(SS_A)+인자 B의 제곱합(SS_B)+잔차제곱합(SSE)

라 한다.

제곱합의 자유도를 알아보자. 자유도는 편차의 개수에서 편차들의 선형제약조건을

뺀 것으로 〈표 11-6〉과 같다. SSE의 자유도를 구할 때 중복된 선형제약조건 1개는 더해 줘야 하므로 $rc-r-c+1=(r-1)(c-1)$이다.

〈표 11-6〉 제곱합의 자유도

제곱합	편차의 개수	선형제약조건	자유도
$SST=\sum_{i=1}^{r}\sum_{j=1}^{c}(y_{ij}-\bar{y})^2$	rc	$\sum_{i=1}^{r}\sum_{j=1}^{c}(y_{ij}-\bar{y})=0$: 1개	$rc-1$
$SS_A=c\sum_{i=1}^{r}(\bar{y}_{i.}-\bar{y})^2$	r	$\sum_{i=1}^{r}(\bar{y}_{i.}-\bar{y})=0$: 1개	$r-1$
$SS_B=r\sum_{i=1}^{c}(\bar{y}_{.j}-\bar{y})^2$	c	$\sum_{j=1}^{c}(\bar{y}_{.j}-\bar{y})=0$: 1개	$c-1$
$SSE=\sum_{i=1}^{r}\sum_{j=1}^{c}(y_{ij}-\bar{y}_{i.}-\bar{y}_{.j}+\bar{y})^2$	rc	모든 i에 대해 $\sum_{j=1}^{c}(y_{ij}-\bar{y}_{i.}-\bar{y}_{.j}+\bar{y})=0$: r개 모든 j에 대해 $\sum_{i=1}^{r}(y_{ij}-\bar{y}_{i.}-\bar{y}_{.j}+\bar{y})=0$: c개 중복된 조건 $\sum_{i=1}^{r}\sum_{j=1}^{c}(y_{ij}-\bar{y}_{i.}-\bar{y}_{.j}+\bar{y})=0$:1개	$(r-1)(c-1)$

평균제곱은 $MS_A=SS_A/(r-1)$, $MS_B=SS_B/(c-1)$, $MSE=SSE/(r-1)(c-1)$이다. 이와 같은 결과를 표로 요약한 분산분석표(ANOVA table)는 〈표 11-7〉과 같다.

〈표 11-7〉 분산분석표 : 반복이 없는 이원배치법

요인	제곱합	자유도	평균제곱	F비	$F(\alpha)$
인자 A	SS_A	$r-1$	MS_A	$\frac{MS_A}{MSE}$	$F(r-1,(r-1)(c-1):\alpha)$
인자 B	SS_B	$c-1$	MS_B	$\frac{MS_B}{MSE}$	$F(c-1,(r-1)(c-1):\alpha)$
잔차	SSE	$(r-1)(c-1)$	MSE		
계	SST	$N-1$			

F비 MS_A/MSE, MS_B/MSE는 각각의 귀무가설하에서 자유도가 각각 $(r-1, (r-1)(c-1))$, $(c-1,(r-1)(c-1))$인 F-분포를 따른다. 검정법은

인자 A : $\frac{MS_A}{MSE}\geq F(r-1,(r-1)(c-1):\alpha)$이면 귀무가설을 기각한다

인자 B : $\dfrac{MS_B}{MSE} \geq F(c-1,(r-1)(c-1):\alpha)$이면 귀무가설을 기각한다

이다.

예제 11-5

다음 자료는 어떤 반복이 없는 이원배치법의 실험에서 측정한 값들이다.

인자 A \ 인자 B	B_1	B_2	B_3
A_1	6	9	6
A_2	10	8	12
A_3	7	8	9
A_4	4	6	5

분산분석표를 작성하고, 인자 A와 B의 처리효과간에 유의한 차이가 있다고 할 수 있는지 유의수준 5%에서 검정하라.

풀이

인자 A : $H_0: \alpha_1 = \alpha_2 = \alpha_3 = \alpha_4 = 0 \quad vs \quad H_1:$ 모든 α_i가 다 같은 것은 아니다

인자 B : $H_0: \beta_1 = \beta_2 = \beta_3 = 0 \quad vs \quad H_1:$ 모든 β_j가 다 같은 것은 아니다

인자 A \ 인자 B	B_1	B_2	B_3	평균
A_1	6	9	6	7
A_2	10	8	12	10
A_3	7	8	9	8
A_4	4	6	5	5
평균	6.75	7.75	8	7.5

총제곱합(SST) :

$$SST = \sum_{i=1}^{r}\sum_{j=1}^{c}(y_{ij}-\bar{y})^2 = \sum_{i=1}^{r}\sum_{j=1}^{c}y_{ij}^2 - rc\bar{y}^2$$

$$= (6^2+9^2+6^2+10^2+8^2+12^2+7^2+8^2+9^2+4^2+6^2+5^2) - 4\times3\times7.5^2$$

$$= 732 - 675 = 57$$

인자 A의 제곱합(SS_A)

$$\sum_{i=1}^{r}(\overline{y}_{i.}-\overline{y})^2=(7-7.5)^2+(10-7.5)^2+(8-7.5)^2+(5-7.5)^2=13$$

$$SS_A=c\sum_{i=1}^{r}(\overline{y}_{i.}-\overline{y})^2=3\times13=39$$

인자 B의 제곱합(SS_B)

$$\sum_{j=1}^{c}(\overline{y}_{.j}-\overline{y})^2=(6.75-7.5)^2+(7.75-7.5)^2+(8-7.5)^2=0.875$$

$$SS_B=r\sum_{j=1}^{c}(\overline{y}_{.j}-\overline{y})^2=4\times0.875=3.5$$

잔차제곱합(SSE)

$$SSE=SST-SS_A-SS_B=57-39-3.5=14.5$$

이 결과를 요약한 분산분석표는 〈표 11-8〉과 같다.

〈표 11-8〉 (예제 11-5)의 분산분석표

요인	제곱합	자유도	평균제곱	F비	$F(\alpha)$
인자 A	39	3	13	5.379	4.76
인자 B	3.5	2	1.75	0.724	5.14
잔차	14.5	6	2.417		
계	57	11			

부록 〈표 5〉의 F-분포표로 부터 $F(3,6:0.05)=4.76$, $F(2,6:0.05)=5.14$를 얻을 수 있다. 인자 A의 처리효과에 유의한 차이가 있는지 알아보기 위한 기각역은

$$\frac{MS_A}{MSE}\geq F(r-1,(r-1)(c-1):\alpha)$$

로, 검정통계량 $\frac{MS_A}{MSE}=\frac{13}{2.417}=5.379$와 비교하면 $\frac{MS_A}{MSE}=5.379>F(3,6:0.05)$ $=4.76$이므로 귀무가설을 기각한다. 따라서 이 표본으로부터 유의수준 5%하에서 귀무가설을 기각하므로 인자 A의 처리효과에 유의한 차이가 있다고 할 수 있다.

인자 B의 처리효과에 유의한 차이가 있는지 알아보기 위한 기각역은

$$\frac{MS_B}{MSE} \geq F(c-1, (r-1)(c-1):\alpha)$$

로, 검정통계량 $\frac{MS_B}{MSE} = \frac{1.75}{2.417} = 0.724$와 비교하면 $\frac{MS_B}{MSE} = 0.724 < F(2,6:0.05) = 5.14$이므로 귀무가설을 기각하지 않는다. 따라서 이 표본으로부터 유의수준 5%하에서 귀무가설을 기각하지 않으므로 인자 B의 처리효과에 유의한 차이가 있다고 할 수 없다.

일원배치법처럼 F-검정을 통하여 처리효과간에 유의한 차이가 있다는 판정이 내려지면 다중비교검정을 실시해야 한다. 여기서도 일원배치법에서 언급한 방법인 조절한 유의수준 α_0를 사용한 t-검정을 적용한다. 요인 A의 비교 가능한 $p = {}_rC_2 = \frac{r!}{2!(r-2)!}$개의 모든 처리 쌍들의 평균 $(\mu_i, \mu_{i'})$들을 동시에 비교하는 다중비교 검정법은

- 가설 : $H_0 : \mu_i = \mu_{i'} \quad vs \quad H_1 : \mu_i \neq \mu_{i'}$
- 검정통계량 : $T_0 = \dfrac{\bar{y}_{i.} - \bar{y}_{i'.}}{\sqrt{MSE}\sqrt{\dfrac{2}{c}}}, \quad i \neq i' = 1,2,\cdots,r$
- 기각역 : $|T_0| \geq t_{\alpha/2p}((r-1)(c-1))$ 또는 $|\bar{y}_{i.} - \bar{y}_{i'.}| \geq t_{\alpha/2p}\sqrt{MSE}\sqrt{\dfrac{2}{c}}$

이다. 요인 B의 비교 가능한 $q = {}_cC_2 = \frac{c!}{2!(c-2)!}$개의 모든 처리 쌍들의 평균 $(\mu_j, \mu_{j'})$들을 동시에 비교하는 다중비교 검정법은

- 가설 : $H_0 : \mu_j = \mu_{j'} \quad vs \quad H_1 : \mu_j \neq \mu_{j'}$
- 검정통계량 : $T_0 = \dfrac{\bar{y}_{.j} - \bar{y}_{.j'}}{\sqrt{MSE}\sqrt{\dfrac{2}{r}}}, \quad j \neq j' = 1,2,\cdots,c$
- 기각역 : $|T_0| \geq t_{\alpha/2q}((r-1)(c-1))$ 또는 $|\bar{y}_{.j} - \bar{y}_{.j'}| \geq t_{\alpha/2q}\sqrt{MSE}\sqrt{\dfrac{2}{r}}$

이다. 여기서도 잔차 평균제곱 MSE는 σ^2의 추정량이다.

예제 11-6

(예제 11-5)의 결과를 이용하여 어떤 처리간에 유의한 차이가 있는지 유의수준 5%에서 검정하라.

풀이

(예제 11-5)의 자료로부터 유의수준 5%하에서 인자 A의 처리효과에는 유의한 차이가 있다고 할 수 있었지만, 인자 B의 처리효과에는 유의한 차이가 있다고 할 수 없었다. 그래서 유의한 차이가 있는 인자 A에 대해서 다중비교 검정을 실시한다, 비교 가능한 모든 처리 쌍들은 $p = {}_4C_2 = 6$개이고, 부록 〈표 3〉에서 $t_{\alpha/2p}((r-1)(c-1)) = t_{0.00417}(6) = 3.862$이므로 기각역은

$$|\bar{y}_{i.} - \bar{y}_{i'.}| \geq t_{\alpha/2p}\sqrt{MSE}\sqrt{\frac{2}{c}} = 3.862 \times \sqrt{2.417}\sqrt{\frac{2}{3}} \fallingdotseq 4.90$$

이다. 인자 A의 수준에 따른 평균이 다음과 같으므로

인자 A의 수준	A_1	A_2	A_3	A_4
평균	$\bar{y}_{1.} = 7$	$\bar{y}_{2.} = 10$	$\bar{y}_{3.} = 8$	$\bar{y}_{4.} = 5$

기각역 $|\bar{y}_{i.} - \bar{y}_{i'.}| \geq 4.90$ 범위에 들어가는 평균 차이를 보이는 쌍들은 (A_2, A_4)이다. 따라서 이 표본으로부터 유의수준 0.05하에서 인자 A의 수준 A_2와 A_4의 평균이 다르다고 할 수 있다.

예제 11-7

엑셀을 이용하여 (예제 11-5)의 자료에 대한 분산분석을 수행하라.

풀이

① 〈그림 11-1〉의 [통계 데이터 분석] 대화상자에서 '분산분석 : 반복 없는 이원배치법'을 선택하고 확인을 클릭한다.

② 〈그림 11-7〉처럼 입력범위에 자료가 있는 셀을 블록으로 지정해 주고, 첫째 행 이름표 사용에 체크하고 유의수준에 적절한 값을 입력한 뒤 확인을 클릭한다.

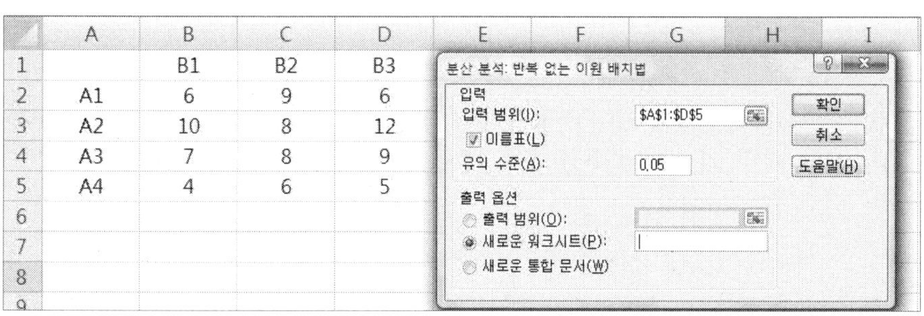

〈그림 11-7〉 분산분석 : 반복 없는 이원배치법 대화상자

③ 〈그림 11-8〉 결과가 나타나고, 인자 A의 유의확률(p-값)은 0.038852이고, 인자 B의 유의확률은 0.522741이므로 유의수준 0.05하에서 인자 A인 경우만 귀무가설을 기각한다. 따라서, 유의수준 5%하에서 인자 A의 처리효과에 유의한 차이가 있다고 할 수 있다.

분산 분석: 반복 없는 이원 배치법

요약표	관측수	합	평균	분산
A1	3	21	7	3
A2	3	30	10	4
A3	3	24	8	1
A4	3	15	5	1
B1	4	27	6.75	6.25
B2	4	31	7.75	1.583333
B3	4	32	8	10

분산 분석

변동의 요인	제곱합	자유도	제곱 평균	F 비	P-값	F 기각치
인자 A(행)	39	3	13	5.37931	0.038852	4.757063
인자 B(열)	3.5	2	1.75	0.724138	0.522741	5.143253
잔차	14.5	6	2.416667			
계	57	11				

〈그림 11-8〉 엑셀을 이용한 반복 없는 이원배치법 결과

예제 11-8

R을 이용하여 (예제 11-5)의 자료에 대한 분산분석을 수행하라.

풀이

① 각 수준 조합에 해당하는 측정값을 입력하여 'y'라는 변수로 지정한다.

② 인자 A의 4개 수준을 1, 2, 3, 4라 하고, y에 따른 수준을 입력하여 'a'라는 변수로 지정한다.

③ 인자 B의 3개 수준을 1, 2, 3이라 하고, y에 따른 수준을 입력하여 'b'라는 변수로 지정한다.

④ 'a'와 'b'가 요인이라는 것을 명시하기위해 factor 함수를 사용하여 각각 'fa'와 'fb' 변수로 지정한다.

⑤ anova 함수를 사용하여 분산분석을 수행한다 ; anova(lm(~ +))
반복 없는 이원배치법의 분산분석을 할 때는 두 요인을 '+'로 연결하고, 다음 절의 반복있는 이원배치법은 두 요인을 '*'로 연결한다. 그 결과는 〈그림 11-9〉와 같다.

```
R Console
> y=c(6,9,6,10,8,12,7,8,9,4,6,5)
> a=c(1,1,1,2,2,2,3,3,3,4,4,4)
> b=c(1,2,3,1,2,3,1,2,3,1,2,3)
> fa=factor(a)
> fb=factor(b)
> anova(lm(y~fa+fb))
Analysis of Variance Table

Response: y
          Df Sum Sq Mean Sq F value  Pr(>F)
fa         3   39.0 13.0000  5.3793 0.03885 *
fb         2    3.5  1.7500  0.7241 0.52274
Residuals  6   14.5  2.4167
---
Signif. codes:  0 '***' 0.001 '**' 0.01 '*' 0.05 '.' 0.1 ' ' 1
>
```

〈그림 11-9〉 R을 이용한 반복 없는 이원배치법 결과

엑셀을 이용하여 (예제 11-5)의 자료를 〈그림 11-10〉처럼 입력하여 D 디스크에 '예제11-5.csv'로 저장했다면 〈그림 11-11〉과 같은 R 함수를 사용한다.

	A	B	C
1	요인A	요인B	y
2	A1	B1	6
3	A1	B2	9
4	A1	B3	6
5	A2	B1	10
6	A2	B2	8
7	A2	B3	12
8	A3	B1	7
9	A3	B2	8
10	A3	B3	9
11	A4	B1	4
12	A4	B2	6
13	A4	B3	5

〈그림 11-10〉엑셀로 입력한 자료

```
> ex=read.cav('d:/예제11-5.csv')
>f1=factor(ex$요인A)
>f2=factor(ex$요인B)
>anova(lm(ex$y~f1+f2))
```

〈그림 11-11〉 R에서 분산분석 과정

11-2-2 반복 있는 이원배치법

인자 A의 한 수준과 인자 B의 한 수준의 조합에서 2회 이상의 실험을 반복해서 시행하는 경우이다. A_i와 B_j 조합의 반복수를 n라 하면 전체 관측 개수는 $rcn = N$이다. 총 N개의 실험을 랜덤하게 선택된 순서에 의해 시행하여 측정값 y_{ijk}를 얻는다. 반복 있는 이원배치법은 두 인자수준의 조합에서 생기는 효과를 분리하여 구할 수 있다. 이때 생기는 효과를 교호작용(interaction)이라 한다. 〈그림 11-12〉의 오른쪽처럼 인자 A

의 각 수준의 패턴이 일정한 경우는 교호작용이 없는 경우이며, 왼쪽처럼 인자 A의 각 수준의 패턴이 일정하지 않은 경우는 교호작용이 있는 경우이다.

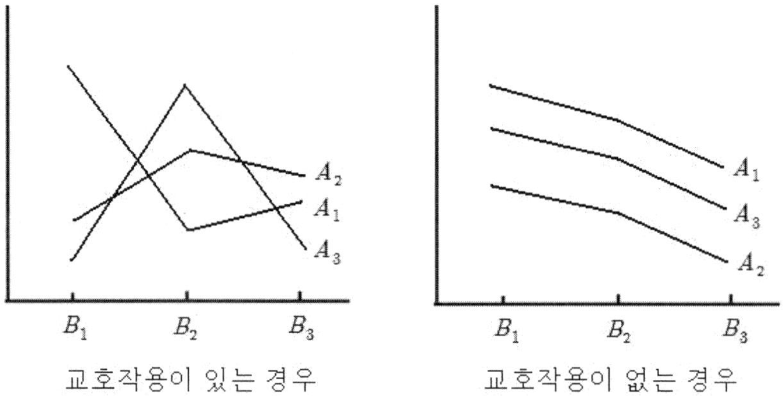

〈그림 11-12〉 교호작용

반복 있는 이원배치법의 자료구조는 〈표 11-9〉와 같다. 표에서 평균은 다음과 같다.

$$\overline{y_{i..}} = \frac{1}{cn}\sum_{j=1}^{c}\sum_{k=1}^{n} y_{ijk}, \qquad \overline{y_{.j.}} = \frac{1}{rn}\sum_{i=1}^{r}\sum_{k=1}^{n} y_{ijk}$$

$$\overline{y_{ij.}} = \frac{1}{n}\sum_{k=1}^{n} y_{ijk}, \qquad \bar{y} = \frac{1}{N}\sum_{i=1}^{r}\sum_{j=1}^{c}\sum_{k=1}^{n} y_{ijk}$$

반복 있는 이원배치법의 모집단 모형은

$$Y_{ijk} = \mu + \alpha_i + \beta_j + \gamma_{ij} + \epsilon_{ijk}\ , \quad i = 1,2,\cdots,r\ ,\ j = 1,2,\cdots,c\ ,\ k = 1,2,\cdots,n$$

이다. 단, α_i는 A의 i번째 처리효과로서 $\sum_{i=1}^{r}\alpha_i = 0$

β_j는 B의 j번째 처리효과로서 $\sum_{j=1}^{c}\beta_j = 0$

γ_{ij}는 A_i와 B_j의 교호작용 효과로서 $\sum_{i=1}^{r}\gamma_{ij} = \sum_{j=1}^{c}\gamma_{ij} = 0$

ϵ_{ij}는 실험오차로 서로 독립이면서 정규분포 $N(0,\sigma^2)$를 따른다.

관심있는 인자 A의 처리효과간에 차이, 인자 B의 처리효과간에 차이, 교호작용 존재 여부를 알아보는 검정에서 귀무가설과 대립가설은

〈표 11-9〉 반복있는 이원배치법의 자료구조

인자 B의 수준 / 인자 A의 수준	B_1	$\cdots$	B_j	$\cdots$	B_c	평균
	y_{111}		y_{1j1}		y_{1c1}	
	y_{112}	$\cdots$	y_{1j2}	$\cdots$	y_{1c2}	
A_1	$\vdots$		$\vdots$		$\vdots$	$\overline{y}_{1..}$
	y_{11n}		y_{1jn}		y_{1cn}	
	$\overline{y}_{11.}$	$\cdots$	$\overline{y}_{1j.}$	$\cdots$	$\overline{y}_{1c.}$	
$\vdots$	$\vdots$	$\vdots$	$\vdots$	$\vdots$	$\vdots$	$\vdots$
	y_{i11}		y_{ij1}		y_{ic1}	
	y_{i12}	$\cdots$	y_{ij2}	$\cdots$	y_{ic2}	
A_i	$\vdots$		$\vdots$		$\vdots$	$\overline{y}_{i..}$
	y_{i1n}		y_{ijn}		y_{icn}	
	$\overline{y}_{i1.}$	$\cdots$	$\overline{y}_{ij.}$	$\cdots$	$\overline{y}_{ic.}$	
$\vdots$	$\vdots$	$\vdots$	$\vdots$	$\vdots$	$\vdots$	$\vdots$
	y_{r11}		y_{rj1}		y_{rc1}	
	y_{r12}	$\cdots$	y_{rj2}	$\cdots$	y_{rc2}	
A_r	$\vdots$		$\vdots$		$\vdots$	$\overline{y}_{r.}$
	y_{r1n}		y_{rjn}		y_{rcn}	
	$\overline{y}_{r1.}$	$\cdots$	$\overline{y}_{rj.}$	$\cdots$	$\overline{y}_{rc.}$	
평균	$\overline{y}_{.1.}$	$\cdots$	$\overline{y}_{.j.}$	$\cdots$	$\overline{y}_{.c}$	$\overline{y}$

인자 A : $H_0 : \alpha_1 = \alpha_2 = \cdots = \alpha_r = 0 \quad vs \quad H_1$: 모든 α_i가 다 같은 것은 아니다

인자 B : $H_0 : \beta_1 = \beta_2 = \cdots = \beta_c = 0 \quad vs \quad H_1$: 모든 β_j가 다 같은 것은 아니다

교호작용 : $H_o : \gamma_{ij} = 0,\ i = 1,2,\cdots,r,\ \ j = 1,2,\cdots,c \quad vs \quad H_1$: not H_0

가 된다. 이를 위한 검정법을 유도하기 위해 편차 $(y_{ijk} - \overline{y})$를 분해하여

$$y_{ijk} - \overline{y} = (\overline{y}_{i..} - \overline{y}) + (\overline{y}_{.j.} - \overline{y}) + (\overline{y}_{ij.} - \overline{y}_{i.} - \overline{y}_{.j} + \overline{y}) + (y_{ijk} - \overline{y}_{ij.})$$

로 표현한다. $(\overline{y}_{i..} - \overline{y})$는 인자 A의 i번째 수준의 효과에 의한 편차, $(\overline{y}_{.j.} - \overline{y})$는 인자 B의 j번째 수준의 효과에 의한 편차, $(\overline{y}_{ij.} - \overline{y}_{i.} - \overline{y}_{.j} + \overline{y})$는 교호작용의 효과에 의한 편차이고, $(y_{ijk} - \overline{y}_{ij.})$는 오차를 나타내는 편차로 잔차(residual)를 나타낸다. 분해된 식의 양변을 제곱하여 합하면 곱의 합 부분은 0이 되고

$$\sum_{i=1}^{r}\sum_{j=1}^{c}\sum_{k=1}^{n}(y_{ijk}-\overline{y})^2 = cn\sum_{i=1}^{r}(\overline{y_{i..}}-\overline{y})^2 + rn\sum_{j=1}^{c}(\overline{y_{.j.}}-\overline{y})^2 + \sum_{i=1}^{r}\sum_{j=1}^{c}(\overline{y_{ij.}}-\overline{y_{i.}}-\overline{y_{.j}}+\overline{y})^2 + \sum_{i=1}^{r}\sum_{j=1}^{c}\sum_{k=1}^{n}(y_{ijk}-\overline{y_{ij.}})^2$$

이 된다.

총제곱합 $SS_T = \sum_{i=1}^{r}\sum_{j=1}^{c}\sum_{k=1}^{n_{ij}}(y_{ijk}-\overline{y})^2$

인자 A의 제곱합 $SS_A = cn\sum_{i=1}^{r}(\overline{y_{i..}}-\overline{y})^2$

인자 B의 제곱합 $SS_B = rn\sum_{j=1}^{c}(\overline{y_{.j.}}-\overline{y})^2$

교호작용 제곱합 $SS_{A\times B} = n\sum_{i=1}^{r}\sum_{j=1}^{c}(\overline{y_{ij.}}-\overline{y_{i.}}-\overline{y_{.j}}+\overline{y})^2$

잔차제곱합 $SSE = \sum_{i=1}^{r}\sum_{j=1}^{c}\sum_{k=1}^{n}(y_{ijk}-\overline{y_{ij.}})^2$

이와 같은 결과를 표로 요약한 분산분석표(ANOVA table)는 〈표 11-10〉과 같다.

〈표 11-10〉 분산분석표 : 반복 있는 이원배치법

요인	제곱합	자유도	평균제곱	F비	$F(\alpha)$
인자 A	SS_A	$r-1$	MS_A	$\frac{MS_A}{MSE}$	$F(r-1, N-rc:\alpha)$
인자 B	SS_B	$c-1$	MS_B	$\frac{MS_B}{MSE}$	$F(c-1, N-rc:\alpha)$
교호작용	$SS_{A\times B}$	$(r-1)(c-1)$	$MS_{A\times B}$	$\frac{MS_{A\times B}}{MSE}$	$F((r-1)(c-1), N-rc:\alpha)$
잔차	SSE	$N-rc$	MSE		
계	SST	$N-1$			

검정법

인자 A : $\frac{MS_A}{MSE} \geq F(r-1, N-rc:\alpha)$이면 귀무가설을 기각한다

인자 B : $\frac{MS_B}{MSE} \geq F(c-1, N-rc:\alpha)$이면 귀무가설을 기각한다

교호작용 : $\dfrac{MS_{A\times B}}{MSE} \geq F((r-1)(c-1), N-rc:\alpha)$ 이면 귀무가설을 기각한다

이다.

예제 11-9

세 종류의 기계와 두 명의 기능공이 제품의 품질에 미치는 영향을 조사하고자 다음의 자료를 얻었다. 분산분석표를 작성하고 기계의 종류 효과, 기능공 효과와 교호작용 효과를 유의수준 5%에서 검정하라.

인자 B(기능공) / 인자 A(기계)	B_1	B_2
A_1	9, 15, 12	13, 11, 15
A_2	14, 7, 9	16, 18, 14
A_3	15, 10, 8	17, 13, 15

풀이

인자 A : $H_0 : \alpha_1 = \alpha_2 = \alpha_3 = 0 \quad vs \quad H_1$: 모든 α_i가 다 같은 것은 아니다

인자 B : $H_0 : \beta_1 = \beta_2 = 0 \quad vs \quad H_1$: 모든 β_j가 다 같은 것은 아니다

교호작용 : $H_o : \gamma_{ij} = 0,\ i = 1,2,3,\ \ j = 1,2 \quad vs \quad H_1$: not H_0

인자 B(기능공) / 인자 A(기계)	B_1	B_2	평균
A_1	9, 15, 12	13, 11, 15	12.5
	$\overline{y}_{11.} = 12$	$\overline{y}_{12.} = 13$	
A_2	14, 7, 9	16, 18, 14	13
	$\overline{y}_{21.} = 10$	$\overline{y}_{22.} = 16$	
A_3	15, 10, 8	17, 13, 15	13
	$\overline{y}_{31.} = 11$	$\overline{y}_{32.} = 15$	
평균	11	14.6667	12.8333

총제곱합

$$SST = \sum_{i=1}^{r}\sum_{j=1}^{c}\sum_{k=1}^{n}(y_{ijk} - \overline{y})^2 = \sum_{i=1}^{r}\sum_{j=1}^{c}\sum_{k=1}^{n} y_{ijk}^2 - N\overline{y}^2$$
$$= (9^2 + 15^2 + \cdots + 15^2) - 18 \times 12.8333^2 = 174.5$$

인자 A의 제곱합

$$SS_A = cn\sum_{i=1}^{r}(\overline{y_{i..}} - \overline{y})^2$$
$$= 2\times 3\{(12.5 - 12.8333)^2 + (13 - 12.8333)^2 + (13 - 12.8333)^2\} = 1$$

인자 B의 제곱합

$$SS_B = rn\sum_{j=1}^{c}(\overline{y_{.j.}} - \overline{y})^2$$
$$= 3\times 3\{(11 - 12.8333)^2 + (14.6667 - 12.8333)^2\} = 60.5$$

잔차제곱합

$$SSE = \sum_{i=1}^{r}\sum_{j=1}^{c}\sum_{k=1}^{n}(y_{ijk} - \overline{y_{ij.}})^2$$

$$= (9-12)^2 + (15-12)^2 + \cdots + (13-15)^2 + (15-15)^2 = 94$$

교호작용 제곱합

$$SS_{A\times B} = SST - SS_A - SS_B - SSE = 174.5 - 1 - 60.5 - 94 = 19$$

이 결과를 요약한 분산분석표는 다음과 같다.

변동의 요인	제곱합	자유도	평균제곱	F 비	F 기각치
기계	1	2	0.5	0.0638	3.89
기능공	60.5	1	60.5	7.7234	4.75
교호작용	19	2	9.5	1.2128	3.89
잔차	94	12	7.8333		
계	174.5	17			

부록 〈표 5〉의 F-분포표로 부터 $F(2, 12 : 0.05) = 3.89$, $F(1,12 : 0.05) = 4.75$를 얻을 수 있다. 인자 A의 처리효과에 유의한 차이가 있는지 알아보기 위한 기각역은

$$\frac{MS_A}{MSE} \geq F(r-1, N-rc : \alpha)$$

로, 검정통계량 $\frac{MS_A}{MSE} = \frac{0.5}{7.8333} \fallingdotseq 0.0638$과 비교하면 $\frac{MS_A}{MSE} = 0.0638 < F(2,12 : 0.05)$ $= 3.89$이므로 귀무가설을 기각하지 않는다. 따라서 이 표본으로부터 유의수준 5%하에

서 귀무가설을 기각하지 않으므로 인자 A인 기계의 종류에 따라 제품의 품질이 다르다고 할 수 없다.

인자 B의 처리효과에 유의한 차이가 있는지 알아보기 위한 기각역은

$$\frac{MS_B}{MSE} \geq F(c-1, N-rc : \alpha)$$

로, 검정통계량 $\frac{MS_B}{MSE} = \frac{60.5}{7.8333} = 7.7234$와 비교하면 $\frac{MS_B}{MSE} = 7.7234 > F(1,12 : 0.05)$ $= 4.75$이므로 귀무가설을 기각한다. 따라서 이 표본으로부터 유의수준 5%하에서 귀무가설을 기각하므로 인자 B인 기능공에 따라 제품의 품질이 다르다고 할 수 있다.

교호작용 효과가 존재하는지 알아보기 위한 기각역은

$$\frac{MS_{A\times B}}{MSE} \geq F((r-1)(c-1), N-rc : \alpha)$$

로, 검정통계량 $\frac{MS_{A\times B}}{MSE} = \frac{9.5}{7.8333} \fallingdotseq 1.2128$와 비교하면 $1.2128 < F(2,12 : 0.05) =$ 3.89이므로 귀무가설을 기각하지 않는다. 따라서 이 표본으로부터 유의수준 5%하에서 귀무가설을 기각하지 않으므로 교호작용 효과가 존재한다고 할 수 없다.

예제 11-10

엑셀을 이용하여 (예제 11-9)의 자료에 대한 분산분석을 수행하라.

풀이

① 〈그림 11-1〉의 [통계 데이터 분석] 대화상자에서 '분산분석 : 반복 있는 이원배치법'을 선택하고 확인을 클릭한다.

② 〈그림 11-13〉처럼 입력범위에 자료가 있는 셀을 블록으로 지정해 주고, 첫째 행 이름표 사용에 체크하고 유의수준에 적절한 값을 입력한 뒤 확인을 클릭한다. 표본당 행수에 반복수 '3'을 입력한다. 엑셀은 A_i와 B_j 조합의 반복수 n_{ij}가 동일한 경우에 적용이 가능하다.

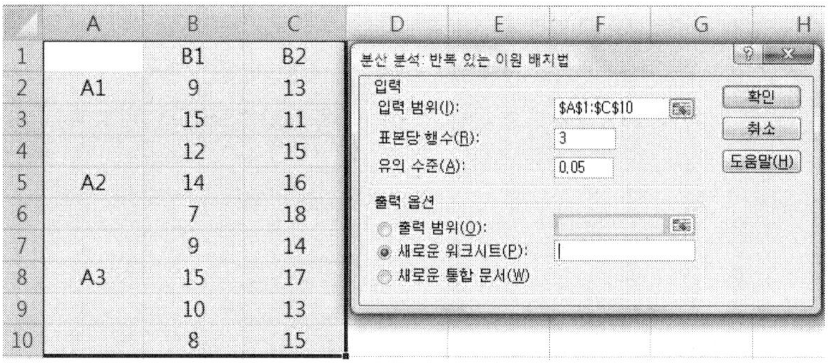

〈그림 11-13〉 분산분석 : 반복 있는 이원배치법 대화상자

③ 〈그림 11-8〉 결과가 나타나고, 인자 A의 유의확률(p-값)은 0.938481, 인자 B의 유의확률은 0.016678이고, 교호작용의 유의확률은 0.331357이므로 유의수준 0.05하에서 인자 B인 경우만 귀무가설을 기각한다.

분산 분석: 반복 있는 이원 배치법

요약표	B1	B2	계
A1			
관측수	3	3	6
합	36	39	75
평균	12	13	12.5
분산	9	4	5.5
A2			
관측수	3	3	6
합	30	48	78
평균	10	16	13
분산	13	4	17.6
A3			
관측수	3	3	6
합	33	45	78
평균	11	15	13
분산	13	4	11.6

계		
관측수	9	9
합	99	132
평균	11	14.66667
분산	9.5	4.75

분산 분석

변동의 요인	제곱합	자유도	제곱 평균	F 비	P-값	F 기각치
인자 A(행)	1.00000	2	0.5	0.06383	0.938481	3.885294
인자 B(열)	60.50000	1	60.5	7.723404	0.016678	4.747225
교호작용	19.00000	2	9.5	1.212766	0.331357	3.885294
잔차	94.00000	12	7.833333			
계	174.50000	17				

〈그림 11-14〉 엑셀을 이용한 반복 있는 이원배치법 결과

예제 11-11

R을 이용하여 (예제 11-9)의 자료에 대한 분산분석을 수행하라.

풀이

〈그림 11-10〉처럼 엑셀에서 자료를 입력하여 사용할 수 있고 다음과 같이 R에서 직접 입력하여 사용할 수도 있다.

① 각 수준 조합에 해당하는 측정값을 입력하여 'y'라는 변수로 지정한다.

② 인자 A의 3개 수준을 1, 2, 3라 하고, y에 따른 수준을 입력하여 'a'라는 변수로 지

정한다.

③ 인자 B의 2개 수준을 1, 2이라 하고, y에 따른 수준을 입력하여 'b'라는 변수로 지정한다.

④ 'a'와 'b'가 요인이라는 것을 명시하기위해 factor 함수를 사용하여 각각 'fa'와 'fb' 변수로 지정한다.

⑤ anova 함수를 사용하여 분산분석을 수행한다 ; anova(lm(~ *))
반복 있는 이원배치법의 분산분석을 할 때는 두 요인을 '*'로 연결한다. 그 결과는 〈그림 11-15〉와 같다.

```
R Console
> y=c(9,15,12,13,11,15,14,7,9,16,18,14,15,10,8,17,13,15)
> a=c(1,1,1,1,1,1,2,2,2,2,2,2,3,3,3,3,3,3)
> b=c(1,1,1,2,2,2,1,1,1,2,2,2,1,1,1,2,2,2)
> fa=factor(a)
> fb=factor(b)
> anova(lm(y~fa*fb))
Analysis of Variance Table

Response: y
          Df Sum Sq Mean Sq F value  Pr(>F)
fa         2    1.0   0.500  0.0638 0.93848
fb         1   60.5  60.500  7.7234 0.01668 *
fa:fb      2   19.0   9.500  1.2128 0.33136
Residuals 12   94.0   7.833
---
Signif. codes:  0 '***' 0.001 '**' 0.01 '*' 0.05 '.' 0.1 ' ' 1
> |
```

〈그림 11-15〉 R을 이용한 반복 있는 이원배치법 결과

연습문제

11.1 방직회사에서는 여러 직조기를 설치하여 직물을 생산한다. 직조기 4대를 랜덤 선정하여, 각 직조기에서 생산되는 직물의 강도를 다음 같이 조사하였다.

직조기 A	직조기 B	직조기 C	직조기 D
95	90	99	93
96	92	98	94
97	91	97	95
98	93	96	
	90		

(1) 분산분석표를 작성하고, 직조기에 따라 직물의 인장강도가 다르다고 할 수 있는지 유의수준 5%에서 검정하라.

(2) 어떤 처리간에 유의한 차이가 있는지 유의수준 5%에서 검정하라.

(3) 엑셀을 이용하여 그 결과를 확인하라.

11.2 어떤 야채를 생산하는 농가에서 3종류의 품종과 3 종류의 비료가 생산량에 영향을 주는지를 조사하기 위해 다음과 같은 자료를 얻었다. 분산분석표를 작성하고 품종 효과, 비료 효과와 교호작용 효과를 유의수준 5%에서 검정하라. 또한 R을 이용하여 그 결과를 확인하라.

비료 / 품종	B_1	B_2	B_3
A_1	10, 14, 18	18, 16, 17	17, 15, 16
A_2	12, 10, 14	14, 16, 15	16, 16, 18
A_3	20, 18, 18	17, 16, 19	15, 17, 16

12장

비모수 통계

11장까지의 통계적 추론에서 모집단의 분포가 정규분포를 따른다는 가정을 전제로 통계량을 구했었다. 즉, 한 모집단의 평균과 두 모집단의 평균차에 대한 검정에서 t-검정을, 한 모집단의 분산에 대한 검정에서 χ^2-검정을, 두 모집단의 분산비에 대한 검정과 분산분석에 대한 검정에서 F-검정을 사용할 때 모집단의 분포가 정규분포를 따른다고 가정했었다. 7장에서 언급한 것처럼 t-분포는 모집단이 근사적으로 정규분포를 따르는 경우 그 결과에 대한 오차가 적기 때문에 널리 사용되는 검정법이나 χ^2-검정 등은 모집단이 정규분포를 따른다는 가정에 강하게 의존한다. 그러므로 모집단이 정규분포를 따르지 않거나 이상값이 존재하는 경우 추정이나 검정의 효율은 급격히 떨어지게 된다.

모집단에 대한 구체적인 분포를 가정하는 것이 무리일 때는 모집단에 대한 가정을 약화시킨 비모수적 방법에 의한 추론을 수행한다. 비모수적 방법에서 사용하는 모집단에 대한 가정은 "모집단의 분포함수가 연속이다" 또는 "모집단의 분포함수가 연속이고 대칭이다"는 가정을 가장 많이 사용한다. 비모수적 방법은 최소한의 가정하에서 개발된 통계적 방법으로 모수적 방법에서 사용하는 통계량 계산보다 단순한 경우가 많다. 그러나 비모수적 추론에 사용되는 통계량의 분포는 일반적으로 복잡하며, 점근분포의 성질에 의존하는 경우가 많다.

비모수적 방법과 비슷한 용어로 분포무관방법이 있다. 분포무관 검정법은 귀무가설이 참일 때의 검정통계량의 분포가 모집단의 분포와 무관한 검정법이다. 일반적으로 비모수 방법이 모두 분포무관 방법이 되는 것은 아니다. 비모수적 방법은 일반적으로 측정값의 부호(sign)나 순위(rank) 등을 사용한다.

본 교재에서는 일표본 중심위치문제, 이표본 중심위치문제와 두 변수 사이의 연관성 문제 만을 다루도록 한다. 1945년 윌콕슨(Wilcoxon)이 소개한 윌콕슨 검정을 바탕으로 비모수검정 연구가 본격화 되었다.

12-1 일표본 위치문제

한 모집단의 위치모수에 대한 추론문제를 언급하자. 모수적 방법으로 한 모집단의 모평균에 대한 추정량과 검정은 7장에서 언급한 표본평균과 z-검정, t-검정이 대표적이고, 비모수적 방법으로는 부호검정(sign test)과 윌콕슨 부호순위검정(Wilcoxon signed-rank test)이 널리 이용되는 검정법이다.

12-1-1 부호검정

부호검정은 위치모수에 대한 비모수적 검정법 중에서 가장 오래되고 간단한 검정법으로 R. A. Fisher(1890~1962)에 의해 1925년부터 사용되었다. 연속분포를 따르는 모집단으로부터 추출한 크기 n인 랜덤표본 $X_1, X_2, \cdots, X_n$의 위치모수 θ에 대한 부호검정은 다음과 같다. 〈표 12-1〉은 귀무가설 $H_0 : \theta = \theta_0$와 세 종류의 대립가설에 대한 부호검정법을 소개하고 있다. b와 b^*는 이항분포 $B(n, \frac{1}{2})$일 때 $P(B \geq b(1-\alpha;n, \frac{1}{2})) = P(B \leq b^*(\alpha;n, \frac{1}{2})) = \alpha$를 만족하는 값으로, 부록 〈표 1〉을 이용하여 구하면 된다.

〈표 12-1〉 부호검정법

	$H_1 : \theta > \theta_0$	$H_1 : \theta < \theta_0$	$H_1 : \theta \neq \theta_0$
부호검정 통계량	$B = \sum_{i=1}^{n} \psi_i$ 로 θ_0보다 큰 측정값의 개수이다. 단, ψ_i는 다음과 같이 정의된 함수이다. $\psi_i = \begin{cases} 1, & X_i > \theta_0 \\ 0, & X_i \leq \theta_0 \end{cases}$ 귀무가설하에서 부호검정통계량 B는 이항분포 $B(n, \frac{1}{2})$을 따른다.		
기각역과 판정	$B \geq b(1-\alpha : n, \frac{1}{2})$ 이면 H_0를 기각	$B \leq b^*(\alpha : n, \frac{1}{2})$ 이면 H_0를 기각	$B \geq b(1-\frac{\alpha}{2} : n, \frac{1}{2})$ 또는 $B \leq b^*(\frac{\alpha}{2} : n, \frac{1}{2})$ 이면 H_0를 기각

귀무가설하에서 부호검정통계량 B의 평균과 분산은 각각 $\frac{n}{2}$, $\frac{n}{4}$이고, B는 평균 $\frac{n}{2}$에 대하여 대칭인 분포를 갖는다. 즉, $b - \frac{n}{2} = \frac{n}{2} - b^*$이므로 $b^* = n - b$이다. 대표본에서는 부호검정을 이항분포의 정규근사를 이용하여 수행할 수 있다. 귀무가설하에서 표준화된 통계량 $Z = \frac{B - \frac{n}{2}}{\sqrt{\frac{n}{4}}}$는 근사적으로 표준정규분포를 따른다. 다음은 대립가설에 따른 기각역을 표현하고 있다.

$H_1 : \theta > \theta_0$ 일 때 $Z \geq Z_\alpha$

$H_1 : \theta < \theta_0$ 일 때 $Z \leq -Z_\alpha$

$H_1 : \theta \neq \theta_0$ 일 때 $|Z| \geq Z_{\alpha/2}$

동점 처리 표본 중에서 θ_0와 같은 측정값이 있는 경우에는 그 측정값을 제외시키고, 그 개수만큼 줄인 후에 부호검정을 실시한다.

예제 12-1

다음은 통계학 점수를 나타낸 것이다.

75, 46, 84, 60, 68, 80, 75, 81, 58, 65, 68, 70, 47, 55, 74

부호검정을 이용하여 유의수준 5%에서 통계학 점수가 65점보다 크다고 할 수 있는지 검정하라.

풀이

- 가설 : $H_0 : \theta = 65 \quad vs \quad H_1 : \theta > 65$
- 부호검정통계량 : $B = 9$인데, 측정값 중 $\theta_0 = 65$와 같은 값이 한 개 있으므로 제거하여 표본수가 15개에서 한 개 줄어 14개가 된다.
- 기각역과 판정 : 부록 〈표 1〉의 $n = 14,\ p = 0.5$인 누적이항분포표에서

$$P(B \geq 11) = 1 - P(B \leq 10) = 1 - 0.971 = 0.029$$
$$P(B \geq 10) = 1 - P(B \leq 9) = 1 - 0.910 = 0.090$$

이므로 $\alpha = 0.05$이하로 조절하고 싶으면 기각역은 $B \geq 11$이다. 부호검정 통계량의 값이 $B = 9$로 유의수준 0.029에서 기각역에 들어가지 못하므로 귀무가설을 기각하지 못한다. 따라서, 유의수준 2.9%에서 통계학 점수가 65점보다 크다고 할 만한 근거가 충분하지 않다.

- 유의확률 : B는 $\frac{n}{2} = \frac{14}{2} = 7$에 대칭이고

$$P(B \geq 9) = 1 - P(B \leq 8) = 1 - 0.788 = 0.212$$

로 유의수준 0.05보다 크므로 귀무가설을 기각하지 못한다.

(예제 12-1)을 표준화된 통계량을 이용한다면

$$Z = \frac{9 - \frac{n}{2}}{\sqrt{\frac{n}{4}}} = \frac{9 - \frac{14}{2}}{\sqrt{\frac{14}{4}}} \fallingdotseq 1.07$$

이므로 부록 〈표 2〉인 표준정규분포표를 이용하여 유의확률을 구하면

$$P(Z \geq 1.07) = 1 - P(Z \leq 1.07) = 1 - 0.8577 = 0.1423$$

이다.

12-1-2 윌콕슨 부호순위검정

부호검정통계량 B는 측정값이 θ_0보다 큰지 작은지 여부만 고려하고 측정값의 크기는 고려하지 않으므로 정보 손실이 생긴다. 그러나 윌콕슨 부호 순위 검정은 측정값이 θ_0보다 크고 작은 여부와 측정값의 상대적인 크기도 고려하여 검정을 실시하는 방법으로 일표본 위치문제에서 가장 널리 사용되는 비모수적 방법이다. 연속이고 위치모수 θ에 대해 대칭인 분포를 따르는 모집단으로부터 추출한 크기 n인 랜덤표본 $X_1, X_2, \cdots, X_n$의 θ에 대한 윌콕슨 부호순위검정 절차는 다음과 같다.

① 귀무가설 $H_0 : \theta = \theta_0$에 대해 $X_i' = X_i - \theta_0$, $i = 1, 2, \cdots, n$을 구한다.

② 절대값 $|X_i'|$을 작은 값에서 큰 값으로 순서화하여 순위 R_i^+를 매긴다.

③ X_i'이 양수인 것들의 순위 R_i^+ 만의 합을 구하고 그 값을 윌콕슨 부호순위검정통계량 W^+라고 한다.

〈표 12-2〉는 세 종류의 대립가설에 대한 윌콕슨 부호순위검정법을 소개하고 있다. w와 w^*는 윌콕슨 부호순위통계량의 확률분포표에서

$$\alpha = P(W^+ \geq w(\alpha; n)) = P(W^+ \leq w^*(\alpha; n))$$

를 만족하는 값으로 부록 〈표 6〉을 이용하면 된다.

〈표 12-2〉 윌콕슨 부호순위검정법

	$H_1 : \theta > \theta_0$	$H_1 : \theta < \theta_0$	$H_1 : \theta \neq \theta_0$
윌콕슨 부호순위 검정통계량	$W^+ = \sum_{i=1}^{n} \psi_i R_i^+ = X_i'$ 이 양수인 것들의 순위 R_i^+의 합 단, ψ_i는 다음과 같이 정의된 함수이다. $\psi_i = \begin{cases} 1, & X_i' = X_i - \theta_0 > 0 \\ 0, & X_i' = X_i - \theta_0 \leq 0 \end{cases}$ R_i^+는 절대값 $\lvert X_i' \rvert$의 순위		
기각역과 판정	$W^+ \geq w(\alpha;n)$ 이면 H_0를 기각	$W^+ \leq w^*(\alpha;n)$ 이면 H_0를 기각	$W^+ \geq w(\frac{\alpha}{2};n)$ 또는 $W^+ \leq w^*(\frac{\alpha}{2};n)$ 이면 H_0를 기각

귀무가설하에서 윌콕슨 부호순위검정통계량 W^+의 평균과 분산은 각각 $\frac{n(n+1)}{4}$, $\frac{n(n+1)(2n+1)}{24}$이고, W^+는 평균 $\frac{n(n+1)}{4}$에 대하여 대칭인 분포를 갖는다. 즉, $w - \frac{n(n+1)}{4} = \frac{n(n+1)}{4} - w^*$이므로 $w^* = \frac{n(n+1)}{2} - w$이다. 대표본에서는 정규근사를 이용하여 수행할 수 있다. 귀무가설하에서 표준화된 통계량

$$Z = \frac{W^+ - \frac{n(n+1)}{4}}{\sqrt{\frac{n(n+1)(2n+1)}{24}}}$$

는 근사적으로 표준정규분포를 따른다.

동점 처리 다음 같은 두 가지 형태의 동점이 생길 수 있다.

① 표본 중에서 θ_0와 같은 측정값이 있는 경우에는 그 측정값을 제외시키고, 표본수를 그 개수만큼 줄인 후에 부호 순위 검정을 실시한다.

② X_i'이 0이 아닌 것 중에서 절대값 $\lvert X_i' \rvert$이 동점인 경우 순위 R_i^+를 구할 때 평균순위를 사용한다. 이 경우 대표본 근사를 사용하는 경우 W^+의 분산을 수정하여 사용하나 본 교재에서는 고려하지 않는다.

예제 12-2

(예제 12-1) 통계학 점수 자료로 윌콕슨 부호순위검정을 이용하여 유의수준 5%에서 통계학 점수가 60점이 아니라고 할 수 있는지 검정하라.

풀이

- 가설 : $H_0 : \theta = 60 \quad vs \quad H_1 : \theta \neq 60$
- 윌콕슨 부호순위검정통계량 : 측정값 중 $\theta_0 = 60$과 같은 값이 한 개 있으므로 제거하면 표본수는 14개가 된다.

X_i	75	46	84	68	80	75	81	58	65	68	70	47	55	74
$X_i' = X_i - 60$	15	−14	24	8	20	15	21	−2	5	8	10	−13	−5	14
R_i^+	10.5	8.5	14	4.5	12	10.5	13	1	2.5	4.5	6	7	2.5	8.5

양수인 X_i'	R_i^+
5	2.5
8	4.5
8	4.5
10	6
14	8.5
15	10.5
15	10.5
20	12
21	13
24	14
합	$W^+ = 86$

음수인 X_i'	R_i^+
−2	1
−5	2.5
−13	7
−14	8.5

윌콕슨 부호순위검정통계량은

$$W^+ = 2.5 + 4.5 + 4.5 + 6 + 8.5 + 10.5 + 10.5 + 12 + 13 + 14 = 86$$

이다.

- 기각역과 판정 : 부록 〈표 6〉 윌콕슨 부호순위통계량의 확률분포표에서 $n = 14$일 때

$$P(W^+ \geq 84) = P(W^+ \leq 21) = 0.025$$

이므로 유의수준 0.05에서 기각역은 $W^+ \geq 84$ 또는 $W^+ \leq 21$ 이다. 윌콕슨 부호 순위 통계량의 값이 $W^+ = 86$로 유의수준 0.05에서 기각역에 들어가므로 귀무가설을 기각한다. 따라서, 유의수준 5%에서 통계학 점수가 60점이 아니라고 할 만한 근거가 충분하다.

- 유의확률 : W^+는 $\frac{n(n+1)}{4} = 52.5$에 대칭이므로

$$2P(W^+ \geq 86) = 2 \times 0.018 = 0.036$$

로 유의수준 0.05보다 작으므로 귀무가설을 기각한다.

(예제 12-2)를 표준화된 통계량을 이용한다면

$$Z = \frac{W^+ - \frac{n(n+1)}{4}}{\sqrt{\frac{n(n+1)(2n+1)}{24}}} = \frac{86 - \frac{14 \times 15}{4}}{\sqrt{\frac{14 \times 15 \times 29}{24}}} \fallingdotseq 2.10$$

이므로 부록 〈표 2〉인 표준정규분포표를 이용하여 유의확률을 구하면

$$2P(Z \geq 2.10) = 2\{1 - P(Z \leq 2.10)\} = 2(1 - 0.9821) = 0.0358$$

이다.

R을 이용한 윌콕슨 부호순위검정을 수행하는 과정을 살펴보자. R 함수는 wilcox.test로 7장의 모수적인 방법의 t.test처럼 적용하면 된다. 즉, wilcox.test(x, mu= , alt= ' ')로 양측검정이면 alt=' '는 생략한다. (예제 12-2)를 R을 이용하여 수행한 결과가 〈그림 12-1〉과 〈그림 12-2〉에 있다. 〈그림 12-1〉은 (예제 12-1)에 있는 15개 자료를 모두 사용한 결과인데 측정값 중 $\theta_0 = 60$와 같은 값이 존재하므로 경고문이 나타나져 있다. 〈그림 12-2〉은 측정값 중 $\theta_0 = 60$와 같은 값을 제외한 14개의 자료를 사용한 결과이다.

```
R Console
> x=c(75,46,84,60,68,80,75,81,58,65,68,70,47,55,74)
> wilcox.test(x,mu=60)

        Wilcoxon signed rank test with continuity correction

data:  x
V = 86, p-value = 0.03811
alternative hypothesis: true location is not equal to 60

Warning messages:
1: In wilcox.test.default(x, mu = 60) :
  ties가 있기때문에, 정확한 p값을 돌려줍니다
2: In wilcox.test.default(x, mu = 60) :
  zeroes 값 때문에 수가 없습니다, 정확한 p 값을 계산할 수가 없습니다
> |
```

〈그림 12-1〉 R을 이용한 윌콕슨 부호순위검정($n = 15$)

```
> x=c(75,46,84,68,80,75,81,58,65,68,70,47,55,74)
> wilcox.test(x,mu=60)

        Wilcoxon signed rank test with continuity correction

data:  x
V = 86, p-value = 0.03811
alternative hypothesis: true location is not equal to 60

Warning message:
In wilcox.test.default(x, mu = 60) :
  ties가 있기때문에, 정확한 p값을 돌려줍니다
> |
```

〈그림 12-2〉 R을 이용한 윌콕슨 부호순위검정($n = 14$)

12-2 이표본 위치문제

두 모집단의 위치모수 차에 대한 추론문제를 언급하자. 8장에서 언급한 두 모집단의 모평균 차에 대한 추정량과 검정법은 모수적 방법으로 독립표본과 쌍체표본으로 나눠 분석했었다. 비모수적 방법도 모수적 방법과 마찬가지로 독립표본과 쌍체표본으로 나눠 고려한다. 독립표본인 경우는 윌콕슨 순위합검정(Wilcoxon rank-sum test)이 널리 사용되며, 쌍체표본인 경우는 일표본에서 언급한 부호검정과 윌콕슨 부호순위검정이 사용된다.

윌콕슨 순위합검정은 이표본 위치문제에서 가장 널리 사용되는 비모수적 검정법이다. 연속분포를 따르는 두 모집단 I, II로부터 추출한 각각 크기가 n_1과 n_2인 랜덤표본을 $X_1, X_2, \cdots, X_{n_1}$과 $Y_1, Y_2, \cdots, Y_{n_2}$라 하고, 편의상 $n_1 \le n_2$로 한다. 크기가 $n_1 > n_2$이면 서로 바꾸어 생각하면 된다.

귀무가설과 대립가설은 다음과 같다.

H_0 : 두 모집단의 분포는 같다.

(i) H_1 : 모집단 I이 모집단 II의 오른쪽에 위치하고 있다.

(ii) H_1 : 모집단 I이 모집단 II의 왼쪽에 위치하고 있다.

(iii) H_1 : 두 모집단의 분포가 다르다.

윌콕슨 순위합검정은 두 표본을 섞은 혼합표본을 작은 값에서 큰 값으로 순서화하여 순위를 매겨 I의 순위 R_i에 대한 순위합을 통계량 $W = \sum_{i=1}^{n_1} R_i$으로 한다. 〈표 12-3〉은 세 종류의 대립가설에 대한 윌콕슨 순위합검정법을 소개하고 있다. x와 x^*는 윌콕슨 순위합통계량의 확률분포표에서

$$\alpha = P(W \geq x(\alpha;n)) = P(W \leq x^*(\alpha;n))$$

를 만족하는 값으로 부록 〈표 7〉을 이용하면 된다.

〈표 12-3〉 윌콕슨 순위합검정법

대립가설	(i)	(ii)	(iii)
윌콕슨 순위합 검정통계량	$W = \sum_{i=1}^{n_1} R_i$ 단, R_i는 혼합표본에서 X_i의 순위		
기각역과 판정	$W \geq x(\alpha;n)$ 이면 H_0를 기각	$W \leq x^*(\alpha;n)$ 이면 H_0를 기각	$W \geq x(\frac{\alpha}{2};n)$ 또는 $W \leq x^*(\frac{\alpha}{2};n)$ 이면 H_0를 기각

귀무가설하에서 윌콕슨 순위합검정통계량 W의 평균과 분산은 각각 $\frac{n_1(n_1+n_2+1)}{2}$, $\frac{n_1 n_2(n_1+n_2+1)}{12}$이고, W는 평균 $\frac{n_1(n_1+n_2+1)}{2}$에 대하여 대칭인 분포를 갖는다. 즉, $x - \frac{n_1(n_1+n_2+1)}{2} = \frac{n_1(n_1+n_2+1)}{2} - x^*$이므로 $x^* = n_1(n_1+n_2+1) - x$이다. 대표본에서는 정규근사를 이용하여 수행할 수 있다. 귀무가설하에서 표준화된 통계량

$$Z = \frac{W - \frac{n_1(n_1+n_2+1)}{2}}{\sqrt{\frac{n_1 n_2(n_1+n_2+1)}{12}}}$$

는 근사적으로 표준정규분포를 따른다.

동점 처리 혼합표본에서 동점이 있는 경우 평균 순위를 사용한다. 이 경우 대표본 근사를 사용하는 경우 W의 분산을 수정하여 사용하나 본 교재에서는 고려하지 않는다.

예제 12-3

다음은 두 기계 A, B에서 만드는 철선의 인장 강도(kg/cm^2)를 나타낸 자료이다. 윌콕슨 순위합검정법을 사용하여 기계 B의 인장강도가 기계 A의 인장강도보다 강하다고 할 수 있는지 유의수준 5%에서 검정하라.

기계 A	62	50	58	65	47	
기계 B	69	54	68	52	65	65

풀이

• 가설 : H_0 : 두 모집단의 분포는 같다.

H_1 : 모집단 A가 모집단 B의 왼쪽에 위치하고 있다.

• 윌콕슨 순위합검정통계량 :

혼합표본에서 순위를 매긴 후 기계 A의 순위합 W를 구한다.

기계 A	R_i
47	1
50	2
58	5
62	6
65	8
합	$W=22$

기계 B	R_i
52	3
54	4
65	8
65	8
68	10
69	11

• 기각역과 판정 : 부록 〈표 7〉 윌콕슨 순위합통계량의 확률분포표에서 작은 표본수 5와 큰 표본수 6에 해당하는 확률을 보면 된다. $P(W \le 20) = 0.041$이므로 유의수준 0.05이하에서 기각역은 $W \le 20$이다. 윌콕슨 순위합통계량의 값이 $W=22$로 유의수준 0.041에서 기각역에 들어가지 않으므로 귀무가설을 기각하지 않는다. 따라서, 유의수준 4.1%에서 기계 B의 인장강도가 기계 A의 인장강도보다 강하다고 할 만한 근거가 충분하지 않다.

• 유의확률 : W는 $\dfrac{n_1(n_1+n_2+1)}{2} = \dfrac{5\times(5+6+1)}{2} = 30$에 대칭이다.

$P(W \le 22) = 0.089$로 유의수준 0.05보다 크므로 귀무가설을 기각하지 않는다.

(예제 12-3)을 표준화된 통계량을 이용한다면

$$Z = \frac{W - \dfrac{n_1(n_1+n_2+1)}{2}}{\sqrt{\dfrac{n_1 n_2(n_1+n_2+1)}{12}}} = \frac{22 - \dfrac{5\times(5+6+1)}{2}}{\sqrt{\dfrac{5\times 6\times(5+6+1)}{12}}} \fallingdotseq -1.46$$

이므로 부록 〈표 2〉인 표준정규분포표를 이용하여 유의확률을 구하면

$$P(Z \le -1.46) = P(Z \ge 1.46) = 1 - P(Z < 1.46) = 1 - 0.9279 = 0.0721$$

이다.

쌍체표본에서 두 모집단의 위치모수에 대한 비모수적 방법은 두 측정값의 차 $D_i = X_i - Y_i,\ i = 1,2,\cdots,n$을 이용하여 일표본 위치문제를 적용하면 된다. 쌍체표본에 대한 귀무가설과 대립가설을 일표본 위치모수로 적용하기 위해 〈표 12-4〉처럼 전환한 가설로 고려한다. 일표본 위치문제에서 X_i'는 쌍체표본에서 $X_i' = D_i - \theta_0 = D_i$이므로 $D_i = 0$인 것은 제외시키고 그 제외시킨 수만큼 표본수를 줄여 부호검정이나 윌콕슨 부호순위검정을 수행한다. 쌍체표본에서는 $X_i' = D_i$이므로 이후 D_i로 고려한다.

〈표 12-4〉 쌍체표본의 가설과 그에 대응하는 일표본의 가설

쌍체표본에서 위치모수문제	일표본 위치모수문제로 전환
H_0 : 두 모집단의 분포는 같다.	$H_0 : \theta = 0$
H_1 : 모집단 I이 모집단 II의 오른쪽에 위치하고 있다	$H_1 : \theta > 0$
H_1 : 모집단 I이 모집단 II의 왼쪽에 위치하고 있다	$H_1 : \theta < 0$
H_1 : 두 모집단의 분포가 다르다	$H_1 : \theta \ne 0$

다음 예를 통해 쌍체표본인 경우의 비모수적 방법을 적용하는 과정을 살펴본다.

예제 12-4

다음은 왼손으로 글을 쓰는 사람들 중 12명을 랜덤추출하여 오른손과 왼손의 악력을 조사한 결과이다. 왼손 악력이 오른손 악력보다 크다고 할 수 있는지 적절한 검정법을 선택하여 유의수준 5%에서 검정하라.

	1	2	3	4	5	6	7	8	9	10	11	12
왼 손	110	98	125	130	103	95	85	135	128	99	108	117
오른손	102	105	108	123	117	98	85	128	110	89	102	112

풀이

- 가설 : $H_0 : \theta = 0 \ \ vs \ \ H_1 : \theta > 0$
- 윌콕슨 부호순위검정통계량 :

먼저 왼손 악력과 오른손의 악력의 차이 D_i를 계산한다.

	1	2	3	4	5	6	7	8	9	10	11	12
D_i	8	−7	17	7	−14	−3	0	7	18	10	6	5

D_i가 0인 값이 한 개 존재하여 제거하면 표본수는 11개가 된다. D_i의 절대값의 순위를 매긴 후 양수인 D_i의 순위합인 윌콕슨 부호순위검정통계량을 구하면 다음과 같다.

양수인 D_i	5	6	7	7	8	10	17	18	합
R_i^+	2	3	5	5	7	8	10	11	$W^+=51$

음수인 D_i	−3	−7	−14
R_i^+	1	5	9

- **기각역과 판정** : 부록 〈표 6〉 윌콕슨 부호순위통계량의 확률분포표에서 $n=11$일 때

$$P(W^+ \geq 53) = 0.042$$

이므로 유의수준 0.05이하에서 기각역은 $W^+ \geq 53$이다. 윌콕슨 부호 순위 통계량의 값이 $W^+=51$로 유의수준 0.042에서 기각역에 들어가지 않으므로 귀무가설을 기각하지 않는다. 따라서, 유의수준 4.2%에서 왼손 악력이 오른손 악력보다 크다고 할 만한 근거가 충분하지 않다.

- **유의확률** : W^+는 $\dfrac{n(n+1)}{4}=33$에 대칭이고 $P(W^+ \geq 51)=0.062$ 로 유의수준 0.05보다 크므로 귀무가설을 기각하지 않는다.

쌍체표본의 자료로 R을 이용한 윌콕슨 부호순위검정을 수행하는 과정을 살펴보자.

wilcox.test(x, y, paired = T, alt = ' ') 또는 wilcox.test(y − x, alt = ' ')

이다.

```
R Console
> x=c(110,98,125,130,103,95,85,135,128,99,108,117)
> y=c(102,105,108,123,117,98,85,128,110,89,102,112)
> wilcox.test(x,y,paired=T,alt='greater')

        Wilcoxon signed rank test with continuity correction

data:  x and y
V = 51, p-value = 0.0595
alternative hypothesis: true location shift is greater than 0

Warning messages:
1: In wilcox.test.default(x, y, paired = T, alt = "greater") :
  ties가 있기때문에, 정확한 p값을 롤려줍니다
2: In wilcox.test.default(x, y, paired = T, alt = "greater") :
  zeroes 값 때문에 수가 없습니다, 정확한 p 값을 계산할 수가 없습니다
> |
```

〈그림 12-3〉 R을 이용한 쌍체표본에서의 윌콕슨 부호순위검정

12-3 순위 상관계수

두 개 양적자료의 상관관계를 파악하기 위해서 모수적 방법에서는 피어슨의 표본상관계수 r

$$r = \frac{\sum_{i=1}^{n}(x_i - \overline{x})(y_i - \overline{y})}{\sqrt{\sum_{i=1}^{n}(x_i - \overline{x})^2}\sqrt{\sum_{i=1}^{n}(y_i - \overline{y})^2}}$$

을 고려했었다. 여기서는 측정값 (x_i, y_i) 대신 순위 (R_i, S_i)를 고려한 스피어만(Spearman)의 순위상관계수(rank correlation coefficient) r_s

$$r_s = \frac{\sum_{i=1}^{n}(R_i - \overline{R})(S_i - \overline{S})}{\sqrt{\sum_{i=1}^{n}(R_i - \overline{R})^2}\sqrt{\sum_{i=1}^{n}(S_i - \overline{S})^2}}$$

를 고려한다. 단, R_i는 $X_1, X_2, \cdots, X_n$에서 X_i의 순위이고, S_i는 $Y_1, Y_2, \cdots, Y_n$에서 Y_i의 순위이다. $\overline{R} = \overline{S} = \frac{1+2+\cdots+n}{n} = \frac{n+1}{2}$이고, $\sum_{i=1}^{n}(R_i - \overline{R})^2 = \sum_{i=1}^{n}(S_i - \overline{S})^2 = \frac{n(n^2-1)}{12}$이므로 순위상관계수 r_s는

$$r_s = \frac{\sum_{i=1}^{n}(R_i - \frac{n+1}{2})(S_i - \frac{n+1}{2})}{n(n^2-1)/12}$$

으로 $-1 \le r_s \le 1$이다.

상관관계에 대한 귀무가설은 X, Y가 독립이다라는 $H_0 : \rho = 0$이고, 대립가설과 기각역은 다음과 같다.

$H_1 : \rho > 0$: $r_s \ge r(\alpha, n)$이면 H_0를 기각

$H_1 : \rho < 0$: $r_s \le -r(\alpha, n)$이면 H_0를 기각

$H_1 : \rho \ne 0$: $r_s \ge r(\alpha/2, n)$ 또는 $r_s \le -r(\alpha/2, n)$이면 H_0를 기각

$r(\alpha, n)$은 부록 〈표 8〉 스피어만 순위상관계수 분포표에서 $P(r_s \geq r(\alpha,n)) = \alpha$를 만족하는 값이다.

귀무가설이 참일 때(X, Y가 독립일 때), 표본의 크기가 크면 $\sqrt{n-1}\,r_s$는 근사적으로 표준정규분포를 따른다.

$$H_1 : \rho > 0 \ : \ \sqrt{n-1}\,r_s \geq z_\alpha \text{이면 } H_0\text{를 기각}$$
$$H_1 : \rho < 0 \ : \ \sqrt{n-1}\,r_s \leq -z_\alpha \text{이면 } H_0\text{를 기각}$$
$$H_1 : \rho \neq 0 \ : \ \sqrt{n-1}\,r_s \geq z_{\alpha/2} \text{ 또는 } \sqrt{n-1}\,r_s \leq -z_{\alpha/2} \text{이면 } H_0\text{를 기각}$$

동점 처리 평균순위를 사용한다.

예제 12-5

두 변수에 대한 자료가 다음과 같이 쌍으로 얻어졌을 때 순위상관계수를 구하고, X가 증가할 때 Y도 증가하는 경향이 있는지를 유의수준 5%에서 알아보자.

x	1	4	2	5
y	3	7	2	6

풀이

순위상관계수를 구하기 위해 다음과 같은 표를 이용하면 편리하다.

번호	x_i	y_i	R_i	S_i
1	1	3	1	2
2	4	7	3	4
3	2	2	2	1
4	5	6	4	3

$$\overline{R} = \overline{S} = \frac{4+1}{2} = 2.5$$

$$\sum_{i=1}^{n}(R_i - \frac{n+1}{2})(S_i - \frac{n+1}{2})$$

$$= (1-2.5)(2-2.5) + (3-2.5)(4-2.5) + (2-2.5)(1-2.5) + (4-2.5)(3-2.5)$$

$$= 3$$

$$r_s = \frac{\sum_{i=1}^{n}(R_i - \frac{n+1}{2})(S_i - \frac{n+1}{2})}{n(n^2-1)/12} = \frac{3}{4(4^2-1)/12} = 0.6$$

$H_0 : \rho = 0 \;\; vs \;\; H_1 : \rho > 0$에 대해 검정할 때 부록 〈표 8〉 스피어만 순위상관계수 분포표에서 $r(\alpha, n) = r(0.05, 4) = 0.8$이므로 기각역은 $r_s \geq 0.8$이다. 순위상관계수가 $r_s = 0.6$이므로 유의수준 5%하에서 H_0를 기각하지 못한다. 따라서 X가 증가할 때 Y도 증가하는 경향이 있다고 할 만한 근거가 충분하지 않다.

만일 표본수가 50인 경우 스피어만 순위상관계수가 $r_s = 0.6$일 때 X가 증가할 때 Y도 증가하는 경향이 있다고 할 수 있는 지 대표본 근사를 사용하여 알아보자. 귀무가설이 참일 때 표본의 크기가 크면 $\sqrt{n-1}\,r_s$는 근사적으로 표준정규분포를 따르므로 유의수준 5%하에서 기각역은 $\sqrt{n-1}\,r_s \geq z_{0.05} = 1.645$이다. $\sqrt{n-1}\,r_s = \sqrt{50-1} \times 0.6 = 4.2 \geq z_{0.05} = 1.645$이므로 귀무가설을 기각한다. 따라서 유의수준 5%하에서 X가 증가할 때 Y도 증가하는 경향이 있다고 할 만한 근거가 충분하다.

연습문제

12.1 연속인 두 모집단 I, II에서 표본의 크기가 각각 $n_1 = 3$, $n_2 = 4$인 서로 독립인 랜덤표본을 추출한다.

(1) 두 모집단이 동일하다는 귀무가설 하에서 윌콕슨 순위합검정통계량 W의 분포함수를 구하라.

(2) (1)의 분포함수를 이용하여 모집단 I의 분포가 모집단 II의 분포보다 왼쪽에 위치하고 있는지 유의수준 5%에서 검정하라.

12.2 $n_1 = 9$, $n_2 = 10$, $\alpha = 0.05$일 때 윌콕슨 순위합 통계량의 대표본 근사를 이용하여 근사적인 단측 기각역을 구하라.

12.3 두 회사 압력밥솥의 밥맛을 비교하기 위해 10명의 주부를 랜덤추출하여 두 밥솥의 밥맛을 100점을 만점으로 다음과 같이 조사했다.

주부	1	2	3	4	5	6	7	8	9	10
회사 A	84	85	90	75	89	68	72	68	71	68
회사 B	90	90	87	71	84	65	79	80	70	83

윌콕슨 부호순위검정법을 이용하여 회사 B 압력밥솥의 밥맛이 회사 A 압력밥솥의 밥맛보다 더 좋은지 유의수준 5%에서 검정하라. 또한 R을 이용하여 그 결과를 확인하라.

12.4 표본수가 40일 때 X가 증가할 때 Y도 증가하는 경향이 있다고 할 수 있는 지 대표본 근사를 이용하여 알아본다. 스피어만 순위상관계수가 어떤 값을 가질 때 유의수준 5% 하에서 기각할 수 있는지 그 범위를 구하라.

부록

A-1

학년	성별	학부	혈액형	선호영화
2	여	5	1	3
1	남	2	2	3
2	남	3	4	4
2	여	2	5	1
3	남	4	3	2
4	여	5	2	1
1	여	3	3	1
2	여	4	4	2
3	남	1	4	3
2	남	2	2	5
1	여	3	2	3
3	여	5	1	6
4	남	4	1	1
2	여	2	2	2
3	여	1	4	4
2	남	5	2	3
4	여	4	1	3
1	남	4	5	2
2	여	3	2	2
1	남	4	2	4
1	남	3	1	4
1	남	4	2	4
2	여	4	1	4
3	여	3	5	1
2	여	5	4	1
1	남	1	1	2
4	남	2	5	4
3	여	3	5	3
4	여	2	2	1
2	여	1	4	5
1	남	5	4	4
1	여	1	4	6
1	여	2	1	4
2	남	4	2	5
2	남	3	2	2
2	여	1	2	4
3	남	2	2	1
4	남	3	2	4
2	여	2	1	6
2	남	4	3	5

A-2

학년	성별	학부	혈액형	선호영화
2	2	5	1	3
1	1	2	2	3
2	1	3	4	4
2	2	2	5	1
3	1	4	3	2
4	2	5	2	1
1	2	3	3	1
2	2	4	4	2
3	1	1	4	3
2	1	2	2	5
1	2	3	2	3
3	2	5	1	6
4	1	4	1	1
2	2	2	2	2
3	2	1	4	4
2	1	5	2	3
4	2	4	1	3
1	1	4	5	2
2	2	3	2	2
1	1	4	2	4
1	1	3	1	4
1	1	4	2	4
2	2	4	1	4
3	2	3	5	1
2	2	5	4	1
1	1	1	1	2
4	1	2	5	4
3	2	3	5	3
4	2	2	2	1
2	2	1	4	5
1	1	5	4	4
1	2	1	4	6
1	2	2	1	4
2	1	4	2	5
2	1	3	2	2
2	2	1	2	4
3	1	2	2	1
4	1	3	2	4
2	2	2	1	6
2	1	4	3	5

〈표 1〉 누적이항분포표

$$X \sim B(n,p)\text{일 때, } P(X \leqq c) = \sum_{x=0}^{c} p(x;n,p)$$

$n = 5$

	p														
c	.01	.05	.10	.20	.25	.30	.40	.50	.60	.70	.75	.80	.90	.95	.99
0	.951	.774	.590	.328	.237	.168	.078	.031	.010	.002	.001	.000	.000	.000	.000
1	.999	.977	.919	.737	.633	.528	.337	.187	.087	.031	.016	.007	.000	.000	.000
2	1.000	.999	.991	.942	.896	.837	.683	.500	.317	.163	.104	.058	.009	.001	.000
3	1.000	1.000	1.000	.993	.984	.969	.913	.812	.663	.472	.367	.263	.081	.023	.001
4	1.000	1.000	1.000	1.000	.999	.998	.990	.969	.922	.832	.763	.672	.410	.226	.049

$n = 6$

	p														
c	.01	.05	.10	.20	.25	.30	.40	.50	.60	.70	.75	.80	.90	.95	.99
0	.941	.735	.531	.262	.178	.118	.047	.016	.004	.001	.000	.000	.000	.000	.000
1	.999	.967	.886	.655	.534	.420	.233	.109	.041	.011	.005	.002	.000	.000	.000
2	1.000	.968	.984	.901	.831	.744	.544	.344	.179	.070	.038	.017	.001	.000	.000
3	1.000	1.000	.999	.983	.962	.930	.821	.656	.456	.256	.169	.099	.016	.002	.000
4	1.000	1.000	1.000	.998	.995	.989	.959	.891	.767	.580	.466	.345	.114	.033	.001
5	1.000	1.000	1.000	1.000	1.000	.999	.996	.984	.953	.882	.822	.738	.469	.265	.059

$n = 7$

	p														
c	.01	.05	.10	.20	.25	.30	.40	.50	.60	.70	.75	.80	.90	.95	.99
0	.932	.698	.478	.210	.133	.082	.028	.008	.002	.000	.000	.000	.000	.000	.000
1	.998	.956	.850	.577	.445	.329	.159	.063	.019	.004	.001	.000	.000	.000	.000
2	1.000	.996	.974	.852	.756	.647	.420	.227	.096	.029	.013	.005	.000	.000	.000
3	1.000	1.000	.997	.967	.929	.874	.710	.500	.290	.126	.071	.033	.003	.000	.000
4	1.000	1.000	1.000	.995	.987	.971	.904	.773	.580	.353	2.44	.148	.026	.004	.000
5	1.000	1.000	1.000	1.000	.999	.996	.981	.937	.841	.671	.555	.423	.150	.044	.002
6	1.000	1.000	1.000	1.000	1.000	1.000	.998	.992	.972	.918	.867	.790	.522	.302	.068

계속

$n = 8$

	p														
c	.01	.05	.10	.20	.25	.30	.40	.50	.60	.70	.75	.80	.90	.95	.99
0	.923	.663	.430	.168	.100	.058	.017	.004	.001	.000	.000	.000	.000	.000	.000
1	.997	.943	.813	.503	.367	.255	.106	.035	.009	.001	.000	.000	.000	.000	.000
2	1.000	.994	.962	.797	.679	.552	.315	.145	.050	.011	.004	.001	.000	.000	.000
3	1.000	1.000	.965	.944	.886	.806	.594	.363	.174	.058	.027	.010	.000	.000	.000
4	1.000	1.000	1.000	.990	.973	.942	.826	.637	.406	.194	.114	.056	.005	.000	.000
5	1.000	1.000	1.000	.999	.996	.989	.950	.855	.685	.448	.321	.203	.038	.006	.000
6	1.000	1.000	1.000	1.000	1.000	.999	.991	.965	.894	.745	.633	.497	.187	.057	.003
7	1.000	1.000	1.000	1.000	1.000	1.000	.999	.996	.983	.942	.900	.832	.570	.337	.077

$n = 9$

	p														
c	.01	.05	.10	.20	.25	.30	.40	.50	.60	.70	.75	.80	.90	.95	.99
0	.914	.630	.387	.134	.075	.040	.010	.002	.000	.000	.000	.000	.000	.000	.000
1	.997	.929	.775	.436	.300	.196	.071	.020	.004	.000	.000	.000	.000	.000	.000
2	1.000	.992	.947	.738	.601	.463	.232	.090	.025	.004	.001	.000	.000	.000	.000
3	1.000	.999	.992	.914	.834	.730	.483	.254	.099	.025	.010	.003	.000	.000	.000
4	1.000	1.000	.999	.980	.951	.901	.733	.500	.267	.099	.049	.020	.001	.000	.000
5	1.000	1.000	1.000	.997	.990	.975	.901	.746	.517	.270	.166	.086	.008	.001	.000
6	1.000	1.000	1.000	1.000	.999	.996	.975	.910	.768	.537	.399	.262	.053	.008	.000
7	1.000	1.000	1.000	1.000	1.000	1.000	.996	.980	.929	.804	.700	.564	.225	.071	.003
8	1.000	1.000	1.000	1.000	1.000	1.000	1.000	.998	.990	.960	.925	.866	.613	.370	.086

계속

$n = 10$

	p														
c	.01	.05	.10	.20	.25	.30	.40	.50	.60	.70	.75	.80	.90	.95	.99
0	.904	.599	.349	.107	.056	.028	.006	.001	.000	.000	.000	.000	.000	.000	.000
1	.996	.914	.736	.376	.244	.149	.046	.011	.002	.000	.000	.000	.000	.000	.000
2	1.000	.988	.930	.678	.526	.383	.167	.055	.012	.002	.000	.000	.000	.000	.000
3	1.000	.999	.987	.879	.776	.650	.382	.172	.055	.011	.004	.001	.000	.000	.000
4	1.000	1.000	.998	.967	.922	.850	.633	.377	.166	.047	.020	.006	.000	.000	.000
5	1.000	1.000	1.000	.994	.980	.953	.834	.623	.367	.150	.078	.033	.002	.000	.000
6	1.000	1.000	1.000	.999	.996	.989	.945	.828	.618	.350	.224	.121	.013	.001	.000
7	1.000	1.000	1.000	1.000	1.000	.998	.988	.945	.833	.617	.474	.322	.070	.012	.000
8	1.000	1.000	1.000	1.000	1.000	1.000	.998	.989	.954	.851	.756	.624	.264	.086	.004
9	1.000	1.000	1.000	1.000	1.000	1.000	1.000	.999	.994	.972	.944	.893	.651	.401	.096

$n = 14$

	p														
c	.01	.05	.10	.20	.25	.30	.40	.50	.60	.70	.75	.80	.90	.95	.99
0	.869	.488	.229	.044	.018	.007	.001	.000	.000	.000	.000	.000	.000	.000	.000
1	.992	.847	.585	.198	.101	.047	.008	.001	.000	.000	.000	.000	.000	.000	.000
2	1.000	.970	.842	.448	.281	.161	.040	.006	.001	.000	.000	.000	.000	.000	.000
3	1.000	.996	.956	.698	.521	.355	.124	.029	.004	.000	.000	.000	.000	.000	.000
4	1.000	1.000	.991	.870	.742	.584	.279	.090	.018	.002	.000	.000	.000	.000	.000
5	1.000	1.000	.999	.956	.888	.781	.486	.212	.058	.008	.002	.000	.000	.000	.000
6	1.000	1.000	1.000	.988	.962	.907	.692	.395	.150	.031	.010	.002	.000	.000	.000
7	1.000	1.000	1.000	.998	.990	.969	.850	.605	.308	.093	.038	.012	.000	.000	.000
8	1.000	1.000	1.000	1.000	.998	.992	.942	.788	.514	.219	.112	.044	.001	.000	.000
9	1.000	1.000	1.000	1.000	1.000	.998	.982	.910	.721	.416	.258	.130	.009	.000	.000
10	1.000	1.000	1.000	1.000	1.000	1.000	.996	.971	.876	.645	.479	.302	.044	.004	.000
11	1.000	1.000	1.000	1.000	1.000	1.000	.999	.994	.960	.839	.719	.552	.158	.030	.000
12	1.000	1.000	1.000	1.000	1.000	1.000	1.000	.999	.992	.953	.899	.802	.415	.153	.008
13	1.000	1.000	1.000	1.000	1.000	1.000	1.000	1.000	.999	.993	.982	.956	.771	.512	.131
14	1.000	1.000	1.000	1.000	1.000	1.000	1.000	1.000	1.000	1.000	1.000	1.000	1.000	1.000	1.000

계속

$n = 20$

c	.01	.05	.10	.20	.25	.30	.40	.50	.60	.70	.75	.80	.90	.95	.99
								p							
0	.818	.358	.122	.012	.003	.001	.000	.000	.000	.000	.000	.000	.000	.000	.000
1	.989	.736	.392	.069	.024	.008	.001	.000	.000	.000	.000	.000	.000	.000	.000
2	.999	.925	.677	.206	.091	.035	.004	.000	.000	.000	.000	.000	.000	.000	.000
3	1.000	.984	.867	.411	.225	.107	.016	.001	.000	.000	.000	.000	.000	.000	.000
4	1.000	.997	.957	.630	.415	.238	.051	.006	.000	.000	.000	.000	.000	.000	.000
5	1.000	1.000	.989	.804	.617	.416	.126	.021	.002	.000	.000	.000	.000	.000	.000
6	1.000	1.000	.998	.913	.786	.608	.250	.058	.006	.000	.000	.000	.000	.000	.000
7	1.000	1.000	1.000	.968	.898	.772	.416	.132	.021	.001	.000	.000	.000	.000	.000
8	1.000	1.000	1.000	.990	.959	.887	.596	.252	.057	.005	.001	.000	.000	.000	.000
9	1.000	1.000	1.000	.997	.986	.952	.755	.412	.128	.017	.004	.001	.000	.000	.000
10	1.000	1.000	1.000	.999	.996	.983	.872	.588	.245	.048	.014	.003	.000	.000	.000
11	1.000	1.000	1.000	1.000	.999	.995	.943	.748	.404	.113	.041	.010	.000	.000	.000
12	1.000	1.000	1.000	1.000	1.000	.999	.979	.868	.584	.228	.102	.032	.000	.000	.000
13	1.000	1.000	1.000	1.000	1.000	1.000	.994	.942	.750	.392	.214	.087	.002	.000	.000
14	1.000	1.000	1.000	1.000	1.000	1.000	.998	.979	.874	.584	.383	.196	.011	.000	.000
15	1.000	1.000	1.000	1.000	1.000	1.000	1.000	.994	.949	.762	.585	.370	.043	.003	.000
16	1.000	1.000	1.000	1.000	1.000	1.000	1.000	.999	.984	893	.775	.589	.133	.016	.000
17	1.000	1.000	1.000	1.000	1.000	1.000	1.000	1.000	.996	.965	.909	.794	.323	.075	.001
18	1.000	1.000	1.000	1.000	1.000	1.000	1.000	1.000	.999	.992	.976	.931	.608	.264	.017
19	1.000	1.000	1.000	1.000	1.000	1.000	1.000	1.000	1.000	.999	.997	.988	.878	.642	.182

계속

$n = 25$

c	p														
	.01	.05	.10	.20	.25	.30	.40	.50	.60	.70	.75	.80	.90	.95	.99
0	.778	.277	.072	.004	.001	.000	.000	.000	.000	.000	.000	.000	.000	.000	.000
1	.974	.642	.271	.027	.007	.002	.000	.000	.000	.000	.000	.000	.000	.000	.000
2	.998	.873	.537	.098	.032	.009	.000	.000	.000	.000	.000	.000	.000	.000	.000
3	1.000	.966	.764	.234	.096	.033	.002	.000	.000	.000	.000	.000	.000	.000	.000
4	1.000	.993	.902	.421	.214	.090	.009	.000	.000	.000	.000	.000	.000	.000	.000
5	1.000	.999	.967	.617	.378	.193	.029	.002	.000	.000	.000	.000	.000	.000	.000
6	1.000	1.000	.991	.780	.561	.341	.074	.007	.000	.000	.000	.000	.000	.000	.000
7	1.000	1.000	.998	.891	.727	.512	.154	.022	.001	.000	.000	.000	.000	.000	.000
8	1.000	1.000	1.000	.953	.851	.677	.274	.054	.004	.000	.000	.000	.000	.000	.000
9	1.000	1.000	1.000	.983	.929	.811	.425	.115	.013	.000	.000	.000	.000	.000	.000
10	1.000	1.000	1.000	.994	.970	.902	.586	.212	.034	.002	.000	.000	.000	.000	.000
11	1.000	1.000	1.000	.998	.989	.956	.732	.345	.078	.006	.001	.000	.000	.000	.000
12	1.000	1.000	1.000	1.000	.997	.983	.846	.500	.154	.017	.003	.000	.000	.000	.000
13	1.000	1.000	1.000	1.000	.999	.994	.922	.655	.268	.044	.011	.002	.000	.000	.000
14	1.000	1.000	1.000	1.000	1.000	.998	.966	.788	.414	.098	.030	.006	.000	.000	.000
15	1.000	1.000	1.000	1.000	1.000	1.000	.987	.885	.575	.189	.071	.017	.000	.000	.000
16	1.000	1.000	1.000	1.000	1.000	1.000	.996	.946	.726	.323	.149	.047	.000	.000	.000
17	1.000	1.000	1.000	1.000	1.000	1.000	.999	.978	.846	.488	.273	.109	.002	.000	.000
18	1.000	1.000	1.000	1.000	1.000	1.000	1.000	.993	.926	.659	.439	.220	.009	.000	.000
19	1.000	1.000	1.000	1.000	1.000	1.000	1.000	.998	.971	.807	.622	.383	.033	.001	.000
20	1.000	1.000	1.000	1.000	1.000	1.000	1.000	1.000	.991	.910	.786	.579	.098	.007	.000
21	1.000	1.000	1.000	1.000	1.000	1.000	1.000	1.000	.998	.967	.904	.766	.236	.034	.000
22	1.000	1.000	1.000	1.000	1.000	1.000	1.000	1.000	1.000	.991	.968	.902	.463	.127	.002
23	1.000	1.000	1.000	1.000	1.000	1.000	1.000	1.000	1.000	.998	.993	.973	.729	.358	.026
24	1.000	1.000	1.000	1.000	1.000	1.000	1.000	1.000	1.000	1.000	.999	.996	.928	.723	.222

〈표 2〉 표준정규분포표

$Z \sim N(0,1)$일 때, 주어진 z에 대해 $P(Z \leq z)$ 값을 제공

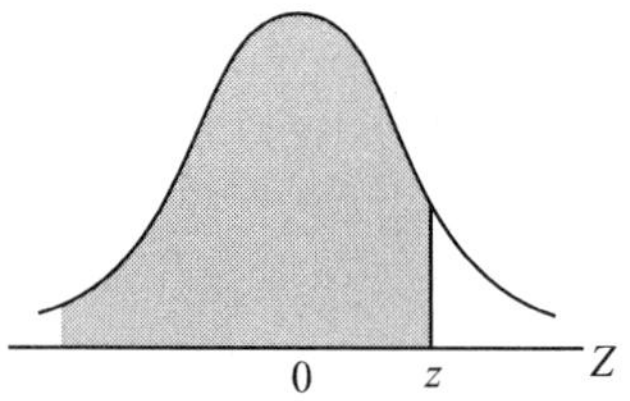

z	0.00	0.01	0.02	0.03	0.04	0.05	0.06	0.07	0.08	0.09
0.0	0.5000	0.5040	0.5080	0.5120	0.5160	0.5199	0.5239	0.5279	0.5319	0.5359
0.1	0.5398	0.5438	0.5478	0.5517	0.5557	0.5596	0.5636	0.5675	0.5714	0.5753
0.2	0.5793	0.5832	0.5871	0.5910	0.5948	0.5987	0.6026	0.6064	0.6103	0.6141
0.3	0.6179	0.6217	0.6255	0.6293	0.6331	0.6368	0.6406	0.6443	0.6480	0.6517
0.4	0.6554	0.6591	0.6628	0.6664	0.6700	0.6736	0.6772	0.6808	0.6844	0.6879
0.5	0.6915	0.6959	0.6985	0.7019	0.7054	0.7088	0.7123	0.7157	0.7190	0.7224
0.6	0.7257	0.7291	0.7324	0.7357	0.7389	0.7422	0.7454	0.7486	0.7517	0.7549
0.7	0.7580	0.7611	0.7642	0.7673	0.7703	0.7734	0.7764	0.7794	0.7823	0.7852
0.8	0.7881	0.7910	0.7939	0.7967	0.7995	0.8023	0.8051	0.8078	0.8106	0.8133
0.9	0.8159	0.8186	0.8212	0.8238	0.8264	0.8289	0.8315	0.8340	0.8365	0.8389
1.0	0.8413	0.8438	0.8461	0.8485	0.8508	0.8531	0.8554	0.8577	0.8599	0.8621
1.1	0.8643	0.8665	0.8686	0.8708	0.8729	0.8749	0.8770	0.8790	0.8810	0.8830
1.2	0.8849	0.8869	0.8888	0.8907	0.8925	0.8944	0.8962	0.8980	0.8997	0.9015
1.3	0.9032	0.9049	0.9066	0.9082	0.9099	0.9115	0.9131	0.9147	0.9162	0.9177
1.4	0.9192	0.9207	0.9222	0.9236	0.9251	0.9265	0.9279	0.9292	0.9306	0.9319
1.5	0.9332	0.9345	0.9357	0.9370	0.9382	0.9394	0.9406	0.9418	0.9429	0.9441
1.6	0.9452	0.9463	0.9474	0.9484	0.9495	0.9505	0.9515	0.9525	0.9535	0.9545
1.7	0.9554	0.9564	0.9573	0.9582	0.9591	0.9599	0.9608	0.9616	0.9625	0.9633
1.8	0.9641	0.9649	0.9656	0.9664	0.9671	0.9678	0.9686	0.9693	0.9699	0.9706
1.9	0.9713	0.9719	0.9726	0.9732	0.9738	0.9744	0.9750	0.9756	0.9761	0.9767
2.0	0.9772	0.9778	0.9783	0.9788	0.9793	0.9798	0.9803	0.9808	0.9812	0.9817
2.1	0.9821	0.9826	0.9830	0.9834	0.9838	0.9842	0.9846	0.9850	0.9854	0.9857
2.2	0.9861	0.9864	0.9868	0.9871	0.9875	0.9878	0.9881	0.9884	0.9887	0.9890
2.3	0.9893	0.9896	0.9898	0.9901	0.9904	0.9906	0.9909	0.9911	0.9913	0.9916
2.4	0.9918	0.9920	0.9922	0.9925	0.9927	0.9929	0.9931	0.9932	0.9934	0.9936
2.5	0.9939	0.9940	0.9941	0.9943	0.9945	0.9946	0.9948	0.9949	0.9951	0.9952
2.6	0.9953	0.9955	0.9956	0.9957	0.9959	0.9960	0.9961	0.9962	0.9963	0.9964
2.7	0.9965	0.9966	0.9967	0.9968	0.9969	0.9970	0.9971	0.9972	0.9973	0.9974
2.8	0.9974	0.9975	0.9976	0.9977	0.9977	0.9978	0.9979	0.9979	0.9980	0.9981
2.9	0.9981	0.9982	0.9982	0.9983	0.9984	0.9984	0.9985	0.9985	0.9986	0.9986
3.0	0.9987	0.9987	0.9987	0.9988	0.9988	0.9989	0.9989	0.9989	0.9990	0.9990
3.1	0.9990	0.9991	0.9991	0.9991	0.9992	0.9992	0.9992	0.9992	0.9993	0.9993
3.2	0.9993	0.9993	0.9994	0.9994	0.9994	0.9994	0.9994	0.9995	0.9995	0.9995
3.3	0.9995	0.9995	0.9995	0.9996	0.9996	0.9996	0.9996	0.9996	0.9996	0.9997
3.4	0.9997	0.9997	0.9997	0.9997	0.9997	0.9997	0.9997	0.9997	0.9997	0.9998
3.5	0.9998	0.9998	0.9998	0.9998	0.9998	0.9998	0.9998	0.9998	0.9998	0.9998

〈표 3〉 t − 분포표

$T \sim t(r)$일 때, 주어진 α에 대하여
$P(T \geq t_\alpha(\phi)) = \alpha$를 만족하는 $t_\alpha(\phi)$ 값을 제공

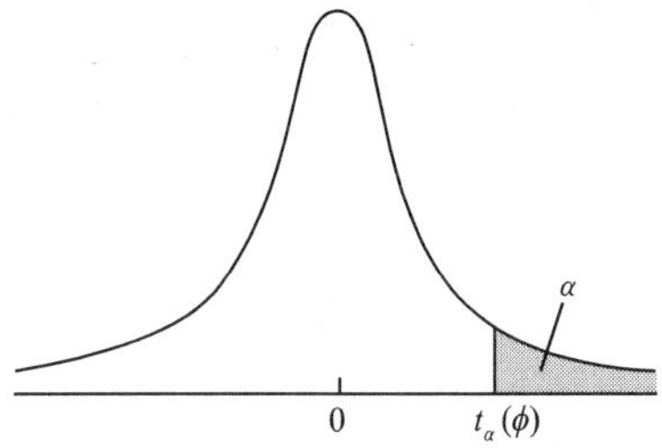

	α							
$d.f. = \phi$	0.25	0.1	0.05	0.025	0.01	0.005	0.00833	0.00417
1	1.000	3.078	6.314	12.706	31.821	63.657	38.204	76.329
2	0.816	1.886	2.920	4.303	6.965	9.925	7.650	10.881
3	0.765	1.638	2.353	3.182	4.541	5.841	4.857	6.230
4	0.741	1.533	2.132	2.776	3.747	4.604	3.961	4.850
5	0.727	1.476	2.015	2.571	3.365	4.032	3.534	4.218
6	0.718	1.440	1.943	2.447	3.134	3.707	3.288	3.862
7	0.711	1.415	1.895	2.365	2.998	3.499	3.128	3.635
8	0.706	1.397	1.860	2.306	2.896	3.355	3.016	3.478
9	0.703	1.383	1.833	2.262	2.821	3.250	2.934	3.364
10	0.700	1.372	1.812	2.223	2.764	3.169	2.870	3.276
11	0.697	1.363	1.796	2.201	2.718	3.106	2.820	3.208
12	0.695	1.356	1.782	2.179	2.681	3.055	2.780	3.152
13	0.694	1.350	1.771	2.160	2.650	3.012	2.746	3.107
14	0.692	1.345	1.761	2.145	2.624	2.977	2.718	3.068
15	0.691	1.341	1.753	2.131	2.602	2.947	2.694	3.036
16	0.690	1.337	1.746	2.120	2.583	2.921	2.673	3.008
17	0.689	1.333	1.740	2.110	2.567	2.898	2.655	2.984
18	0.688	1.330	1.734	2.101	2.552	2.878	2.639	2.962
19	0.688	1.328	1.729	2.093	2.539	2.861	2.625	2.944
20	0.687	1.325	1.725	2.086	2.528	2.845	2.613	2.927
21	0.686	1.323	1.721	2.080	2.518	2.831	2.602	2.912
22	0.686	1.321	1.717	2.074	2.508	2.819	2.591	2.898
23	0.685	1.319	1.714	2.069	2.500	2.807	2.582	2.886
24	0.685	1.318	1.711	2.064	2.492	2.797	2.574	2.875
25	0.684	1.316	1.708	2.060	2.485	2.787	2.566	2.865
26	0.684	1.315	1.706	2.056	2.479	2.779	2.559	2.855
27	0.684	1.314	1.703	2.052	2.473	2.771	2.553	2.847
28	0.683	1.313	1.701	2.048	2.467	2.763	2.547	2.839
29	0.683	1.311	1.699	2.045	2.462	2.756	2.541	2.831
30	0.683	1.310	1.697	2.042	2457	2.750	2.536	2.824
40	0.679	1.303	1.684	2.021	2.423	2.704	2.499	2.776
60	0.677	1.296	1.671	2.000	2.390	2.660	2.463	2.728
120	0.677	1.289	1.658	1.980	2.358	2.617	2.428	2.682
∞	0.674	1.282	1.645	1.960	2.326	2.576	2.394	2.638

〈표 4〉 카이제곱분포표

$X \sim \chi^2(k)$일 때, 주어진 α에 대하여
$P(V \geqq \chi^2(k,\alpha)) = \alpha$를 만족하는 $\chi^2(k,\alpha)$값을 제공

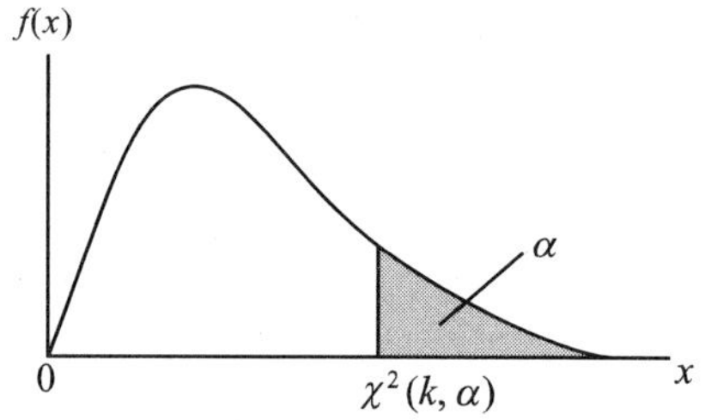

k	α 0.995	0.990	0.975	0.950	0.050	0.025	0.010	0.005
1	3.9×10^{-5}	1.6×10^{-4}	9.8×10^{-4}	3.9×10^{-3}	3.841	5.024	6.635	7.879
2	0.010	0.020	0.051	0.103	5.991	7.378	9.210	10.597
3	0.072	0.115	0.258	0.352	7.815	9.348	11.345	12.838
4	0.207	0.297	0.484	0.711	9.488	11.143	13.277	14.860
5	0.412	0.554	0.831	1.145	11.071	12.833	15.086	16.750
6	0.676	0.872	1.237	1.635	12.592	14.449	16.812	18.548
7	0.989	1.239	1.690	2.167	14.067	16.013	18.475	20.278
8	1.344	1.646	2.180	2.733	15.507	17.535	20.090	21.955
9	1.735	2.088	2.700	3.325	16.919	19.023	21.666	23.589
10	2.156	2.558	3.247	3.940	18.307	20.483	23.209	25.188
11	2.603	3.053	3.816	4.575	19.675	21.920	24.725	26.758
12	3.074	3.571	4.404	5.226	21.026	23.337	26.217	28.300
13	3.565	4.107	5.009	5.892	22.362	24.736	27.688	29.820
14	4.075	4.660	5.629	6.571	23.685	26.119	29.141	31.319
15	4.601	5.229	6.262	7.261	24.996	27.488	30.578	32.801
16	5.142	5.812	6.908	7.962	26.296	28.845	32.000	34.267
17	5.697	6.408	7.564	8.672	27.587	30.191	33.409	35.719
18	6.265	7.015	8.231	9.390	28.869	31.526	34.805	37.156
19	6.844	7.633	8.907	10.117	30.144	32.852	36.191	38.582
20	7.434	8.260	9.591	10.851	31.410	34.170	37.566	39.997
21	8.034	8.897	10.283	11.591	32.671	35.479	38.932	41.401
22	8.643	9.542	10.982	12.338	33.924	36.781	40.289	42.796
23	9.260	10.196	11.689	13.091	35.173	38.076	41.638	44.181
24	9.886	10.856	12.401	13.848	36.415	39.364	42.980	45.559
25	10.520	11.524	13.120	14.611	37.653	40.647	44.314	46.928
26	11.160	12.162	13.844	15.379	38.885	41.923	45.642	48.290
27	11.808	12.879	14.573	16.151	40.113	43.194	46.963	49.645
28	12.461	13.565	15.308	16.928	41.337	44.461	48.278	50.993
29	13.121	14.257	16.047	17.708	42.557	45.722	49.587	52.336
30	13.787	14.954	16.791	18.493	43.773	46.979	50.892	53.672
40	20.707	22.164	24.433	26.509	55.759	59.342	63.691	66.766
50	27.997	29.707	32.357	34.764	67.505	71.420	76.154	79.490
60	35.535	37.485	40.482	43.188	79.082	83.298	88.379	91.952
70	43.275	45.442	48.758	51.739	90.531	95.023	100.425	104.215
80	51.172	53.540	57.153	60.392	101.879	106.629	112.829	116.321
90	59.196	61.754	65.647	69.126	113.145	118.136	124.116	128.299
100	67.328	70.065	74.222	77.930	124.342	129.561	135.807	140.169

〈표 5〉 F-분포표

$X \sim F(k_1,k_2)$일 때, 주어진 α에 대하여
$P(X \geqq F(k_1,k_2 : \alpha)) = \alpha$를 만족하는
$F(k_1,k_2 : \alpha)$값을 제공

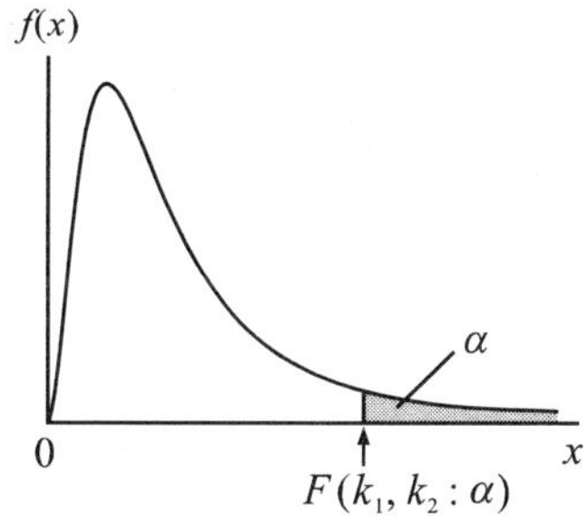

$\alpha = 0.1$

k_2 \ k_1	1	2	3	4	5	6	7	8	9	10
1	39.86	49.50	53.59	55.83	57.24	58.20	58.91	59.44	59.86	60.19
2	8.53	9.00	9.16	9.24	9.29	9.33	9.35	9.37	9.38	9.39
3	5.54	5.46	5.39	5.34	5.31	5.28	5.27	5.25	5.24	5.23
4	4.54	4.32	4.19	4.11	4.05	4.01	3.98	3.95	3.94	3.92
5	4.06	3.78	3.62	3.52	3.45	3.40	3.37	3.34	3.32	3.30
6	3.78	3.46	3.29	3.18	3.11	3.05	3.01	2.98	2.96	2.94
7	3.59	3.26	3.07	2.96	2.88	2.83	2.78	2.75	2.72	2.70
8	3.46	3.11	2.92	2.81	2.73	2.67	2.62	2.59	2.56	2.54
9	3.36	3.01	2.81	2.69	2.61	2.55	2.51	2.47	2.44	2.42
10	3.29	2.92	2.73	2.61	2.52	2.46	2.41	2.38	2.35	2.32
11	3.23	2.86	2.66	2.54	2.45	2.39	2.34	2.30	2.27	2.25
12	3.18	2.81	2.61	2.48	2.39	2.33	2.28	2.24	2.21	2.19
13	3.14	2.76	2.56	2.43	2.35	2.28	2.23	2.20	2.16	2.14
14	3.10	2.73	2.52	2.39	2.31	2.24	2.19	2.15	2.12	2.10
15	3.07	2.70	2.49	2.36	2.27	2.21	2.16	2.12	2.09	2.06
16	3.05	2.67	2.46	2.33	2.24	2.18	2.13	2.09	2.06	2.03
17	3.03	2.64	2.44	2.31	2.22	2.15	2.10	2.06	2.03	2.00
18	3.01	2.62	2.42	2.29	2.20	2.13	2.08	2.04	2.00	1.98
19	2.99	2.61	2.40	2.27	2.18	2.11	2.06	2.02	1.98	1.96
20	2.97	2.59	2.38	2.25	2.16	2.09	2.04	2.00	1.96	1.94
21	2.96	2.57	2.36	2.23	2.14	2.08	2.02	1.98	1.95	1.92
22	2.95	2.56	2.35	2.22	2.13	2.06	2.01	1.97	1.93	1.90
23	2.94	2.55	2.34	2.21	2.11	2.05	1.99	1.95	1.92	1.89
24	2.93	2.54	2.33	2.19	2.10	2.04	1.98	1.94	1.91	1.88
25	2.92	2.53	2.32	2.18	2.09	2.02	1.97	1.93	1.89	1.87
26	2.91	2.52	2.31	2.17	2.08	2.01	1.96	1.92	1.88	1.86
27	2.90	2.51	2.30	2.17	2.07	2.00	1.95	1.91	1.87	1.85
28	2.89	2.50	2.29	2.16	2.06	2.00	1.94	1.90	1.87	1.84
29	2.89	2.50	2.28	2.15	2.06	1.99	1.93	1.89	1.86	1.83
30	2.88	2.49	2.28	2.14	2.05	1.98	1.93	1.88	1.85	1.82
40	2.84	2.44	2.23	2.09	2.00	1.93	1.87	1.83	1.79	1.76
60	2.79	2.39	2.18	2.04	1.95	1.87	1.82	1.77	1.74	1.71
120	2.75	2.35	2.13	1.99	1.90	1.82	1.77	1.72	1.68	1.65
∞	2.71	2.30	2.08	1.94	1.85	1.77	1.72	1.67	1.63	1.60

$\alpha = 0.1$(계속)

k_2 \ k_1	12	15	20	24	30	40	60	120	∞
1	60.71	61.22	61.74	62.00	62.26	62.53	62.79	63.06	63.33
2	9.41	9.42	9.44	9.45	9.46	9.47	9.47	9.48	9.49
3	5.22	5.20	5.18	5.18	5.17	5.16	5.15	5.14	5.13
4	3.90	3.87	3.84	3.83	3.82	3.80	3.79	3.78	3.76
5	3.27	3.24	3.21	3.19	3.17	3.16	3.14	3.12	3.10
6	2.90	2.87	2.84	2.82	2.80	2.78	2.76	2.74	2.72
7	2.67	2.63	2.59	2.58	2.56	2.54	2.51	2.49	2.47
8	2.50	2.46	2.42	2.40	2.38	2.36	2.34	2.32	2.29
9	2.38	2.34	2.30	2.28	2.25	2.23	2.21	2.18	2.16
10	2.28	2.24	2.20	2.18	2.16	2.13	2.11	2.08	2.06
11	2.21	2.17	2.12	2.10	2.08	2.05	2.03	2.00	1.97
12	2.15	2.10	2.06	2.04	2.01	1.99	1.96	1.93	1.90
13	2.10	2.05	2.01	1.98	1.96	1.93	1.90	1.88	1.85
14	2.05	2.01	1.96	1.94	1.91	1.89	1.86	1.83	1.80
15	2.02	1.97	1.92	1.90	1.87	1.85	1.82	1.79	1.76
16	1.99	1.94	1.89	1.87	1.84	1.81	1.78	1.75	1.72
17	1.96	1.91	1.86	1.84	1.81	1.78	1.75	1.72	1.69
18	1.93	1.89	1.84	1.81	1.78	1.75	1.72	1.69	1.66
19	1.91	1.86	1.81	1.79	1.76	1.73	1.70	1.67	1.63
20	1.89	1.84	1.79	1.77	1.74	1.71	1.68	1.64	1.61
21	1.87	1.83	1.78	1.75	1.72	1.69	1.66	1.62	1.59
22	1.86	1.81	1.76	1.73	1.70	1.67	1.64	1.60	1.57
23	1.84	1.80	1.74	1.72	1.69	1.66	1.62	1.59	1.55
24	1.83	1.78	1.73	1.70	1.67	1.64	1.61	1.57	1.53
25	1.82	1.77	1.72	1.69	1.66	1.63	1.59	1.56	1.52
26	1.81	1.76	1.71	1.68	1.65	1.61	1.58	1.54	1.50
27	1.80	1.75	1.70	1.67	1.64	1.60	1.57	1.53	1.49
28	1.79	1.74	1.69	1.66	1.63	1.59	1.56	1.52	1.48
29	1.78	1.73	1.68	1.65	1.62	1.58	1.55	1.51	1.47
30	1.77	1.72	1.67	1.64	1.61	1.57	1.54	1.50	1.46
40	1.71	1.66	1.61	1.57	1.54	1.51	1.47	1.42	1.38
60	1.66	1.60	1.54	1.51	1.48	1.44	1.40	1.35	1.29
120	1.60	1.55	1.48	1.45	1.41	1.37	1.32	1.26	1.19
∞	1.55	1.49	1.42	1.38	1.34	1.30	1.24	1.17	1.00

$\alpha = 0.05$

k_2 \ k_1	1	2	3	4	5	6	7	8	9	10
1	161.45	199.50	215.71	224.58	230.16	233.99	236.77	238.88	240.54	241.88
2	18.51	19.00	19.16	19.25	19.30	19.33	19.35	19.37	19.38	19.40
3	10.13	9.55	9.28	9.12	9.01	8.94	8.89	8.85	8.81	8.79
4	7.71	6.94	6.59	6.39	6.26	6.16	6.09	6.04	6.00	5.96
5	6.61	5.79	5.41	5.19	5.05	4.95	4.88	4.82	4.77	4.74
6	5.99	5.14	4.76	4.53	4.39	4.28	4.21	4.15	4.10	4.06
7	5.59	4.74	4.35	4.12	3.97	3.87	3.79	3.73	3.68	3.64
8	5.32	4.46	4.07	3.84	3.69	3.58	3.50	3.44	3.39	3.35
9	5.12	4.26	3.86	3.63	3.48	3.37	3.29	3.23	3.18	3.14
10	4.96	4.10	3.71	3.48	3.33	3.22	3.14	3.07	3.02	2.98
11	4.84	3.98	3.59	3.36	3.20	3.09	3.01	2.95	2.90	2.85
12	4.75	3.89	3.49	3.26	3.11	3.00	2.91	2.85	2.80	2.75
13	4.67	3.81	3.41	3.18	3.03	2.92	2.83	2.77	2.71	2.67
14	4.60	3.74	3.34	3.11	2.96	2.85	2.76	2.70	2.65	2.60
15	4.54	3.68	3.29	3.06	2.90	2.79	2.71	2.64	2.59	2.54
16	4.49	3.63	3.24	3.01	2.85	2.74	2.66	2.59	2.54	2.49
17	4.45	3.59	3.20	2.96	2.81	2.70	2.61	2.55	2.49	2.45
18	4.41	3.55	3.16	2.93	2.77	2.66	2.58	2.51	2.46	2.41
19	4.38	3.52	3.13	2.90	2.74	2.63	2.54	2.48	2.42	2.38
20	4.35	3.49	3.10	2.87	2.71	2.60	2.51	2.45	2.39	2.35
21	4.32	3.47	3.07	2.84	2.68	2.57	2.49	2.42	2.37	2.32
22	4.30	3.44	3.05	2.82	2.66	2.55	2.46	2.40	2.34	2.30
23	4.28	3.42	3.03	2.80	2.64	2.53	2.44	2.37	2.32	2.27
24	4.26	3.40	3.01	2.78	2.62	2.51	2.42	2.36	2.30	2.25
25	4.24	3.39	2.99	2.76	2.60	2.49	2.40	2.34	2.28	2.24
26	4.23	3.37	2.98	2.74	2.59	2.47	2.39	2.32	2.27	2.22
27	4.21	3.35	2.96	2.73	2.57	2.46	2.37	2.31	2.25	2.20
28	4.20	3.34	2.95	2.71	2.56	2.45	2.36	2.29	2.24	2.19
29	4.18	3.33	2.93	2.70	2.55	2.43	2.35	2.28	2.22	2.18
30	4.17	3.32	2.92	2.69	2.53	2.42	2.33	2.27	2.21	2.16
40	4.08	3.23	2.84	2.61	2.45	2.34	2.25	2.18	2.12	2.08
60	4.00	3.15	2.76	2.53	2.37	2.25	2.17	2.10	2.04	1.99
120	3.92	3.07	2.68	2.45	2.29	2.18	2.09	2.02	1.96	1.91
∞	3.84	3.00	2.60	2.37	2.21	2.10	2.01	1.94	1.88	1.83

$\alpha = 0.05$(계속)

k_2 \ k_1	12	15	20	24	30	40	60	120	∞
1	243.91	245.95	248.01	249.05	250.10	251.14	252.20	253.25	254.3
2	19.41	19.43	19.45	19.45	19.46	19.47	19.48	19.49	19.50
3	8.74	8.70	8.66	8.64	8.62	8.59	8.57	8.55	8.53
4	5.91	5.86	5.80	5.77	5.75	5.72	5.69	5.66	5.63
5	4.68	4.62	4.56	4.53	4.50	4.46	4.43	4.40	4.36
6	4.00	3.94	3.87	3.84	3.81	3.77	3.74	3.70	3.67
7	3.57	3.51	3.44	3.41	3.38	3.34	3.30	3.27	3.23
8	3.28	3.22	3.15	3.12	3.08	3.04	3.01	2.97	2.93
9	3.07	3.01	2.94	2.90	2.86	2.83	2.79	2.75	2.71
10	2.91	2.85	2.77	2.74	2.70	2.66	2.62	2.58	2.54
11	2.79	2.72	2.65	2.61	2.57	2.53	2.49	2.45	2.40
12	2.69	2.62	2.54	2.51	2.47	2.43	2.38	2.34	2.30
13	2.60	2.53	2.46	2.42	2.38	2.34	2.30	2.25	2.21
14	2.53	2.46	2.39	2.35	2.31	2.27	2.22	2.18	2.13
15	2.48	2.40	2.33	2.29	2.25	2.20	2.16	2.11	2.07
16	2.42	2.35	2.28	2.24	2.19	2.15	2.11	2.06	2.01
17	2.38	2.31	2.23	2.19	2.15	2.10	2.06	2.01	1.96
18	2.34	2.27	2.19	2.15	2.11	2.06	2.02	1.97	1.92
19	2.31	2.23	2.16	2.11	2.07	2.03	1.98	1.93	1.88
20	2.28	2.20	2.12	2.08	2.04	1.99	1.95	1.90	1.84
21	2.25	2.18	2.10	2.05	2.01	1.96	1.92	1.87	1.81
22	2.23	2.15	2.07	2.03	1.98	1.94	1.89	1.84	1.78
23	2.20	2.13	2.05	2.01	1.96	1.91	1.86	1.81	1.76
24	2.18	2.11	2.03	1.98	1.94	1.89	1.84	1.79	1.73
25	2.16	2.09	2.01	1.96	1.92	1.87	1.82	1.77	1.71
26	2.15	2.07	1.99	1.95	1.90	1.85	1.80	1.75	1.69
27	2.13	2.06	1.97	1.93	1.88	1.84	1.79	1.73	1.67
28	2.12	2.04	1.96	1.91	1.87	1.82	1.77	1.71	1.65
29	2.10	2.03	1.94	1.90	1.85	1.81	1.75	1.70	1.64
30	2.09	2.01	1.93	1.89	1.84	1.79	1.74	1.68	1.62
40	2.00	1.92	1.84	1.79	1.74	1.69	1.64	1.58	1.51
60	1.92	1.84	1.75	1.70	1.65	1.59	1.53	1.47	1.39
120	1.83	1.75	1.66	1.61	1.55	1.50	1.43	1.35	1.25
∞	1.75	1.67	1.57	1.52	146	1.39	1.32	1.22	1.00

$\alpha = 0.025$

k_2 \ k_1	1	2	3	4	5	6	7	8	9	10
1	647.79	799.50	864.16	899.58	921.85	937.11	948.22	956.66	963.28	968.63
2	38.51	39.00	39.17	39.25	39.30	39.33	39.36	39.37	39.39	39.40
3	17.44	16.04	15.44	15.10	14.88	14.73	14.62	14.54	14.47	14.42
4	12.22	10.65	9.98	9.60	9.36	9.20	9.07	8.98	8.90	8.84
5	10.01	8.43	7.76	7.39	7.15	6.98	6.85	6.76	6.68	6.62
6	8.81	7.26	6.60	6.23	5.99	5.82	5.70	5.60	5.52	5.46
7	8.07	6.54	5.89	5.52	5.29	5.12	4.99	4.90	4.82	4.76
8	7.57	6.06	5.42	5.05	4.82	4.65	4.53	4.43	4.36	4.30
9	7.21	5.71	5.08	4.72	4.48	4.32	4.20	4.10	4.03	3.96
10	6.94	5.46	4.83	4.47	4.24	4.07	3.95	3.85	3.78	3.72
11	6.72	5.26	4.63	4.28	4.04	3.88	3.76	3.66	3.59	3.53
12	6.55	5.10	4.47	4.12	3.89	3.73	3.61	3.51	3.44	3.37
13	6.41	4.97	4.35	4.00	3.77	3.60	3.48	3.39	3.31	3.25
14	6.30	4.86	4.24	3.89	3.66	3.50	3.38	3.29	3.21	3.15
15	6.20	4.77	4.15	3.80	3.58	3.41	3.29	3.20	3.12	3.06
16	6.12	4.69	4.08	3.73	3.50	3.34	3.22	3.12	3.05	2.99
17	6.04	4.62	4.01	3.66	3.44	3.28	3.16	3.06	2.98	2.92
18	5.98	4.56	3.95	3.61	3.38	3.22	3.10	3.01	2.93	2.87
19	5.92	4.51	3.90	3.56	3.33	3.17	3.05	2.96	2.88	2.82
20	5.87	4.46	3.86	3.51	3.29	3.13	3.01	2.91	2.84	2.77
21	5.83	4.42	3.82	3.48	3.25	3.09	2.97	2.87	2.80	2.73
22	5.79	4.38	3.78	3.44	3.22	3.05	2.93	2.84	2.76	2.70
23	5.75	4.35	3.75	3.41	3.18	3.02	2.90	2.81	2.73	2.67
24	5.72	4.32	3.72	3.38	3.15	2.99	2.87	2.78	2.70	2.64
25	5.69	4.29	3.69	3.35	3.13	2.97	2.85	2.75	2.68	2.61
26	5.66	4.27	3.67	3.33	3.10	2.94	2.82	2.73	2.65	2.59
27	5.63	4.24	3.65	3.31	3.08	2.92	2.80	2.71	2.63	2.57
28	5.61	4.22	3.63	3.29	3.06	2.90	2.78	2.69	2.61	2.55
29	5.59	4.20	3.61	3.27	3.04	2.88	2.76	2.67	2.59	2.53
30	5.57	4.18	3.59	3.25	3.03	2.87	2.75	2.65	2.57	2.51
40	5.42	4.05	3.46	3.13	2.90	2.74	2.62	2.53	2.45	2.39
60	5.29	3.93	3.34	3.01	2.79	2.63	2.51	2.41	2.33	2.27
120	5.15	3.80	3.23	2.89	2.67	2.52	2.39	2.30	2.22	2.16
∞	5.02	3.69	3.12	2.79	2.57	2.41	2.29	2.19	2.11	2.05

$\alpha = 0.025$(계속)

k_2 \ k_1	12	15	20	24	30	40	60	120	∞
1	976.71	984.87	993.10	997.25	1001.41	1005.60	1009.80	1014.02	1018
2	39.41	39.43	39.45	39.46	39.46	39.47	39.48	39.49	39.50
3	14.34	14.25	14.17	14.12	14.08	14.04	13.99	13.95	13.90
4	8.75	8.66	8.56	8.51	8.46	8.41	8.36	8.31	8.26
5	6.52	6.43	6.33	6.28	6.23	6.18	6.12	6.07	6.02
6	5.37	5.27	5.17	5.12	5.07	5.01	4.96	4.90	4.85
7	4.67	4.57	4.47	4.41	4.36	4.31	4.25	4.20	4.14
8	4.20	4.10	4.00	3.95	3.89	3.84	3.78	3.73	3.67
9	3.87	3.77	3.67	3.61	3.56	3.51	3.45	3.39	3.33
10	3.62	3.52	3.42	3.37	3.31	3.26	3.20	3.14	3.08
11	3.43	3.33	3.23	3.17	3.12	3.06	3.00	2.94	2.88
12	3.28	3.18	3.07	3.02	2.96	2.91	2.85	2.79	2.72
13	3.15	3.05	2.95	2.89	2.84	2.78	2.72	2.66	2.60
14	3.05	2.95	2.84	2.79	2.73	2.67	2.61	2.55	2.49
15	2.96	2.86	2.76	2.70	2.64	2.59	2.52	2.46	2.40
16	2.89	2.79	2.68	2.63	2.57	2.51	2.45	2.38	2.32
17	2.82	2.72	2.62	2.56	2.50	2.44	2.38	2.32	2.26
18	2.77	2.67	2.56	2.50	2.44	2.38	2.32	2.26	2.13
19	2.72	2.62	2.51	2.45	2.39	2.33	2.27	2.20	2.09
20	2.68	2.57	2.46	2.41	2.35	2.29	2.22	2.16	2.04
21	2.64	2.53	2.42	2.37	2.31	2.25	2.18	2.11	2.00
22	2.60	2.50	2.39	2.33	2.27	2.21	2.14	2.08	1.97
23	2.57	2.47	2.36	2.30	2.24	2.18	2.11	2.04	1.94
24	2.54	2.44	2.33	2.27	2.21	2.15	2.08	2.01	1.91
25	2.51	2.41	2.30	2.24	2.18	2.12	2.05	1.98	1.88
26	2.49	2.39	2.28	2.22	2.16	2.09	2.03	1.95	1.85
27	2.47	2.36	2.25	2.19	2.13	2.07	2.00	1.93	1.83
28	2.45	2.34	2.23	2.17	2.11	2.05	1.98	1.91	1.81
29	2.43	2.32	2.21	2.15	2.09	2.03	1.96	1.89	1.79
30	2.41	2.31	2.20	2.14	2.07	2.01	1.94	1.87	1.64
40	2.29	2.18	2.07	2.01	1.94	1.88	1.80	1.72	1.48
60	2.17	2.06	1.94	1.88	1.82	1.74	1.67	1.58	1.31
120	2.05	1.94	1.82	1.76	1.69	1.61	1.53	1.43	1.00
∞	1.94	1.83	1.74	1.64	1.57	1.48	1.39	1.27	

$\alpha = 0.01$

k_2 \ k_1	1	2	3	4	5	6	7	8	9	10
1	4052.18	4999.50	5403.35	5624.58	5763.65	5858.99	5928.36	5981.07	6022.47	6055.85
2	98.50	99.00	99.17	99.25	99.30	99.33	99.36	99.37	99.39	99.40
3	34.12	30.82	29.46	28.71	28.24	27.91	27.67	27.49	27.35	27.23
4	21.20	18.00	16.69	15.98	15.52	15.21	14.98	14.80	14.66	14.55
5	16.26	13.27	12.06	11.39	10.97	10.67	10.46	10.29	10.16	10.05
6	13.75	10.92	9.78	9.15	8.75	8.47	8.26	8.10	7.98	7.87
7	12.25	9.55	8.45	7.85	7.46	7.19	6.99	6.84	6.72	6.62
8	11.26	8.65	7.59	7.01	6.63	6.37	6.18	6.03	5.91	5.81
9	10.56	8.02	6.99	6.42	6.06	5.80	5.61	5.47	5.35	5.26
10	10.04	7.56	6.55	5.99	5.64	5.39	5.20	5.06	4.94	4.85
11	9.65	7.21	6.22	5.67	5.32	5.07	4.89	4.74	4.63	4.54
12	9.33	6.93	5.95	5.41	5.06	4.82	4.64	4.50	4.39	4.30
13	9.07	6.70	5.74	5.21	4.86	4.62	4.44	4.30	4.19	4.10
14	8.86	6.51	5.56	5.04	4.69	4.46	4.28	4.14	4.03	3.94
15	8.68	6.36	5.42	4.89	4.56	4.32	4.14	4.00	3.89	3.80
16	8.53	6.23	5.29	4.77	4.44	4.20	4.03	3.89	3.78	3.69
17	8.40	6.11	5.18	4.67	4.34	4.10	3.93	3.79	3.68	3.59
18	8.29	6.01	5.09	4.58	4.25	4.01	3.84	3.71	3.60	3.51
19	8.18	5.93	5.01	4.50	4.17	3.94	3.77	3.63	3.52	3.43
20	8.10	5.85	4.94	4.43	4.10	3.87	3.70	3.56	3.46	3.37
21	8.02	5.78	4.87	4.37	4.04	3.81	3.64	3.51	3.40	3.31
22	7.95	5.72	4.82	4.31	3.99	3.76	3.59	3.45	3.35	3.26
23	7.88	5.66	4.76	4.26	3.94	3.71	3.54	3.41	3.30	3.21
24	7.82	5.61	4.72	4.22	3.90	3.67	3.50	3.36	3.26	3.17
25	7.77	5.57	4.68	4.18	3.85	3.63	3.46	3.32	3.22	3.13
26	7.72	5.53	4.64	4.14	3.82	3.59	3.42	3.29	3.18	3.09
27	7.68	5.49	4.60	4.11	3.78	3.56	3.39	3.26	3.15	3.06
28	7.64	5.45	4.57	4.07	3.75	3.53	3.36	3.23	3.12	3.03
29	7.60	5.42	4.54	4.04	3.73	3.50	3.33	3.20	3.09	3.00
30	7.56	5.39	4.51	4.02	3.70	3.47	3.30	3.17	3.07	2.98
40	7.31	5.18	4.31	3.83	3.51	3.29	3.12	2.99	2.89	2.80
60	7.08	4.98	4.13	3.65	3.34	3.12	2.95	2.82	2.72	2.63
120	6.85	4.79	3.95	3.48	3.17	2.96	2.79	2.66	2.56	2.47
∞	6.63	4.61	3.78	3.32	3.02	2.80	2.64	2.51	2.41	2.32

$\alpha = 0.01$(계속)

k_2 \ k_1	12	15	20	24	30	40	60	120	∞
1	6106.32	6157.28	6208.73	6234.63	6260.65	6286.78	6313.03	6339.39	6366
2	99.42	99.43	99.45	99.46	99.47	99.47	99.48	99.49	99.50
3	27.05	26.87	26.69	26.60	26.50	26.41	26.32	26.22	26.13
4	14.37	14.20	14.02	13.93	13.84	13.75	13.65	13.56	13.46
5	9.89	9.72	9.55	9.47	9.38	9.29	9.20	9.11	9.02
6	7.72	7.56	7.40	7.31	7.23	7.14	7.06	6.97	6.88
7	6.47	6.31	6.16	6.07	5.99	5.91	5.82	5.74	5.65
8	5.67	5.52	5.36	5.28	5.20	5.12	5.03	4.95	4.86
9	5.11	4.96	4.81	4.73	4.65	4.57	4.48	4.40	4.31
10	4.71	4.56	4.41	4.33	4.25	4.17	4.08	4.00	3.91
11	4.40	4.25	4.10	4.02	3.94	3.86	3.78	3.69	3.60
12	4.16	4.01	3.86	3.78	3.70	3.62	3.54	3.45	3.36
13	3.96	3.82	3.66	3.59	3.51	3.43	3.34	3.25	3.17
14	3.80	3.66	3.51	3.43	3.35	3.27	3.18	3.09	3.00
15	3.67	3.52	3.37	3.29	3.21	3.13	3.05	2.96	2.87
16	3.55	3.41	3.26	3.18	3.10	3.02	2.93	2.84	2.75
17	3.46	3.31	3.16	3.08	3.00	2.92	2.83	2.75	2.65
18	3.37	3.23	3.08	3.00	2.92	2.84	2.75	2.66	2.57
19	3.30	3.15	3.00	2.92	2.84	2.76	2.67	2.58	2.49
20	3.23	3.09	2.94	2.86	2.78	2.69	2.61	2.52	2.42
21	3.17	3.03	2.88	2.80	2.72	2.64	2.55	2.46	2.36
22	3.12	2.98	2.83	2.75	2.67	2.58	2.50	2.40	2.31
23	3.07	2.93	2.78	2.70	2.62	2.54	2.45	2.35	2.26
24	3.03	2.89	2.74	2.66	2.58	2.49	2.40	2.31	2.21
25	2.99	2.85	2.70	2.62	2.54	2.45	2.36	2.27	2.17
26	2.96	2.81	2.66	2.58	2.50	2.42	2.33	2.23	2.13
27	2.93	2.78	2.63	2.55	2.47	2.38	2.29	2.20	2.10
28	2.90	2.75	2.60	2.52	2.44	2.35	2.26	2.17	2.06
29	2.87	2.73	2.57	2.49	2.41	2.33	2.23	2.14	2.03
30	2.84	2.70	2.55	2.47	2.39	2.30	2.21	2.11	2.01
40	2.66	2.52	2.37	2.29	2.20	2.11	2.02	1.92	1.80
60	2.50	2.35	2.20	2.12	2.03	1.94	1.84	1.73	1.60
120	2.34	2.19	2.03	1.95	1.86	1.76	1.66	1.53	1.38
∞	2.18	2.04	1.88	1.79	1.70	1.50	1.47	1.32	1.00

〈표 6〉 Wilcoxon 부호순위통계량의 확률분포표

$$P = P\{W^+ \geq w\} = P\{W^+ \leq w^*\}$$

n=3			n=4			n=5			n=6		
w	P	w^*	w	P	w^*	w	P	w^*	w	P	w^*
5	.250	1	8	.188	2	12	.156	3	17	.109	4
6	.125	0	9	.125	1	13	.094	2	18	.078	3
7	0		10	.062	0	14	.062	1	19	.047	2
			11	0		15	.031	0	20	.031	1
						16	0		21	.016	0
									22	0	

n=7			n=8			n=9			n=10		
w	P	w^*	w	P	w^*	w	P	w^*	w	P	w^*
22	.109	6	27	.125	9	34	.102	11	40	.116	15
23	.078	5	28	.098	8	35	.082	10	41	.097	14
24	.055	4	29	.074	7	36	.064	9	42	.080	13
25	.039	3	30	.055	6	37	.049	8	43	.065	12
26	.023	2	31	.039	5	38	.037	7	44	.053	11
27	.016	1	32	.027	4	39	.027	6	45	.042	10
28	.008	0	33	.020	3	40	.020	5	46	.032	9
			34	.012	2	41	.014	4	47	.024	8
			35	.008	1	42	.010	3	48	.019	7
									49	.014	6
									50	.010	5

$n=11$			$n=12$			$n=13$			$n=14$		
w	P	w^*	w	P	w^*	w	P	w^*	w	P	w^*
48	.103	18	56	.102	22	64	.108	27	73	.108	32
49	.087	17	57	.088	21	65	.095	26	74	.097	31
50	.074	16	58	.076	20	66	.084	25	75	.086	30
51	.062	15	59	.065	19	67	.073	24	76	.077	29
52	.051	14	60	.055	18	68	.064	23	77	.068	28
53	.042	13	61	.046	17	69	.055	22	78	.059	27
54	.034	12	62	.039	16	70	.047	21	79	.052	26
55	.027	11	63	.032	15	71	.040	20	80	.045	25
56	.021	10	64	.026	14	72	.034	19	81	.039	24
57	.016	9	65	.021	13	73	.029	18	82	.034	23
58	.012	8	66	.017	12	74	.024	17	83	.029	22
59	.009	7	67	.013	11	75	.020	16	84	.025	21
			68	.010	10	76	.016	15	85	.021	20
						77	.013	14	86	.018	19
						78	.011	13	87	.015	18
						79	.009	12	88	.012	17
									89	.010	16

$n=15$					
w	P	w^*	w	P	w^*
83	.104	37	92	.036	28
84	.094	36	93	.032	27
85	.084	35	94	.028	26
86	.076	34	95	.024	25
87	.068	33	96	.021	24
88	.060	32	97	.018	23
89	.053	31	98	.015	22
90	.047	30	99	.013	21
91	.042	29	100	.011	20
			101	.009	19

〈표 7〉 Wilcoxon 순위합통계량의 확률분포표

$$P = P\{W_s \geq w\} = P\{W_s \leq w^*\}$$

SMALLER SAMPLE SIZE = 2

LARGER SAMPLE SIZE

3			4			5			6		
w	P	w^*	w	P	w^*	w	P	w^*	w	P	w^*
8	.200	4	10	.133	4	11	.190	5	13	.143	5
9	.100	3	11	.067	3	12	.095	4	14	.071	4
10	0	2	12	0	2	13	.048	3	15	.036	3
						14	0	2	16	0	2

7			8			9			10		
w	P	w^*	w	P	w^*	w	P	w^*	w	P	w^*
15	.111	5	16	.133	6	18	.109	6	19	.136	7
16	.056	4	17	.089	5	19	.073	5	20	.091	6
17	.028	3	18	.044	4	20	.036	4	21	.061	5
18	0	2	19	.022	3	21	.018	3	22	.030	4
			20	0	2	22	0	2	23	.015	3

SMALLER SAMPLE SIZE = 3

LARGER SAMPLE SIZE

3			4			5			6		
w	P	w^*	w	P	w^*	w	P	w^*	w	P	w^*
13	.200	8	16	.114	8	18	.125	9	20	.131	10
14	.100	7	17	.057	7	19	.071	8	21	.083	9
15	.050	6	18	.029	6	20	.036	7	22	.048	8
16	0	5	19	0	5	21	.018	6	23	.024	7
						22	0	5	24	.012	6
									25	0	5

7			8			9			10		
w	P	w^*	w	P	w^*	w	P	w^*	w	P	w^*
22	.133	11	24	.139	12	27	.105	12	29	.108	13
23	.092	10	25	.097	11	28	.073	11	30	.080	12
24	.058	9	26	.067	10	29	.050	10	31	.056	11
25	.033	8	27	.042	9	30	.032	9	32	.038	10
26	.017	7	28	.024	8	31	.018	8	33	.024	9
27	.008	6	29	.012	7	32	.009	7	34	.014	8
28	0	5	30	.006	6				35	.007	7
			31	0	5						

SMALLER SAMPLE SIZE=4

LARGER SAMPLE SIZE

4			5			6			7		
w	P	w^*	w	P	w^*	w	P	w^*	w	P	w^*
22	.171	14	25	.143	15	28	.129	16	31	.115	17
23	.100	13	26	.095	14	29	.086	15	32	.082	16
24	.057	12	27	.056	13	30	.057	14	33	.055	15
25	.029	11	28	.032	12	31	.033	13	34	.036	14
26	.014	10	29	.016	11	32	.019	12	35	.021	13
27	0	9	30	.008	10	33	.010	11	36	.012	12
			31	0	9				37	.006	11

8			9			10		
w	P	w^*	w	P	w^*	w	P	w^*
34	.107	18	36	.130	20	39	.120	21
35	.077	17	37	.099	19	40	.094	20
36	.055	16	38	.074	18	41	.017	19
37	.036	15	39	.053	17	42	.053	18
38	.024	14	40	.038	16	43	.038	17
39	.014	13	41	.025	15	44	.027	16
40	.008	12	42	.017	14	45	.018	15
			43	.010	13	46	.012	14
						47	.007	13

SMALLER SAMPLE SIZE=5

LARGER SAMPLE SIZE

5			6			7			8		
w	P	w^*	w	P	w^*	w	P	w^*	w	P	w^*
34	.111	21	37	.123	23	41	.101	24	44	.111	26
35	.075	20	38	.089	22	42	.074	23	45	.085	25
36	.048	19	39	.063	21	43	.053	22	46	.064	24
37	.028	18	40	.041	20	44	.037	21	47	.047	23
38	.016	17	41	.026	19	45	.024	20	48	.033	22
39	.008	16	42	.015	18	46	.015	19	49	.023	21
			43	.009	17	47	.009	18	50	.015	20
									51	.009	19

9			10		
w	P	w^*	w	P	w^*
47	.120	28	51	.103	29
48	.095	27	52	.082	28
49	.073	26	53	.065	27
50	.056	25	54	.050	26
51	.041	24	55	.038	25
52	.030	23	56	.028	24
53	.021	22	57	.020	23
54	.014	21	58	.014	22
55	.009	20	59	.010	21

SMALLER SAMPLE SIZE=6											
LARGER SAMPLE SIZE											
6			7			8			9		
w	P	w^*	w	P	w^*	w	P	w^*	w	P	w^*
47	.120	31	51	.117	33	55	.114	35	59	.112	37
48	.090	30	52	.090	32	56	.091	34	60	.091	36
49	.066	29	53	.069	31	57	.071	33	61	.072	35
50	.047	28	54	.051	30	58	.054	32	62	.057	34
51	.032	27	55	.037	29	59	.041	31	63	.044	33
52	.021	26	56	.026	28	60	.030	30	64	.033	32
53	.013	25	57	.017	27	61	.021	29	65	.025	31
54	.008	24	58	.011	26	62	.015	28	66	.018	30
			59	.007	25	63	.010	27	67	.013	29
									68	.009	28

10		
w	P	w^*
63	.110	39
64	.090	38
65	.074	37
66	.059	36
67	.047	35
68	.036	34
69	.028	33
70	.021	32
71	.016	31
72	.011	30
73	.008	29

SMALLER SAMPLE SIZE=7											
LARGER SAMPLE SIZE											
7			8			9			10		
w	P	w^*	w	P	w^*	w	P	w^*	w	P	w^*
63	.104	42	67	.116	45	72	.105	47	76	.115	50
64	.082	41	68	.095	44	73	.087	46	77	.097	49
65	.064	40	69	.076	43	74	.071	45	78	.081	48
66	.049	39	70	.060	42	75	.057	44	79	.067	47
67	.036	38	71	.047	41	76	.045	43	80	.054	46
68	.027	37	72	.036	40	77	.036	42	81	.044	45
69	.019	36	73	.027	39	78	.027	41	82	.035	44
70	.013	35	74	.020	38	79	.021	40	83	.028	43
71	.009	34	75	.014	37	80	.016	39	84	.022	42
			76	.010	36	81	.011	38	85	.017	41
						82	.008	37	86	.012	40
									87	.009	39

SMALLER SAMPLE SIZE=8								
LARGER SAMPLE SIZE								
8			9			10		
w	P	w^*	w	P	w^*	w	P	w^*
80	.117	56	86	.100	58	91	.102	61
81	.097	55	87	.084	57	92	.086	60
82	.080	54	88	.069	56	93	.073	59
83	.065	53	89	.057	55	94	.061	58
84	.052	52	90	.046	54	95	.051	57
85	.041	51	91	.037	53	96	.042	56
86	.032	50	92	.030	52	97	.034	55
87	.025	49	93	.023	51	98	.027	54
88	.019	48	94	.018	50	99	.022	53
89	.014	47	95	.014	49	100	.017	52
90	.010	46	96	.010	48	101	.013	51
						102	.010	50

SMALLER SAMPLE SIZE=9						SMALLER SAMPLE SIZE=10		
LARGER SAMPLE SIZE						LARGER SAMPLE SIZE		
9			10			10		
w	P	w^*	w	P	w^*	w	P	w^*
100	.111	71	106	.106	74	122	.109	88
101	.095	70	107	.091	73	123	.095	87
102	.081	69	108	.078	72	124	.083	86
103	.068	68	109	.067	71	125	.072	85
104	.057	67	110	.056	70	126	.062	84
105	.047	66	111	.047	69	127	.053	83
106	.039	65	112	.039	68	128	.045	82
107	.031	64	113	.033	67	129	.038	81
108	.025	63	114	.027	66	130	.032	80
109	.020	62	115	.022	65	131	.026	79
110	.016	61	116	.017	64	132	.022	78
111	.012	60	117	.014	63	133	.018	77
112	.009	59	118	.011	62	134	.014	76
			119	.009	61	135	.012	75
						136	.009	74

〈표 8〉 Spearman 순위상관계수(r_s) 분포표 : $r(\alpha,n)$

$P\{r_s \geq r(\alpha,n)\} = \alpha$를 만족하는 $r(\alpha,n)$값

	α					
n	.001	.005	.010	.025	.050	.100
4	_	_	_	_	.8000	.8000
5	_	_	.9000	.9000	.8000	.7000
6	_	.9429	.8857	.8286	.7714	.6000
7	.9643	.8929	.8571	.7450	.6786	.5357
8	.9286	.8571	.8095	.7143	.6190	.5000
9	.9000	.8167	.7667	.6833	.5833	.4667
10	.8667	.7818	.7333	.6364	.5515	.4424
11	.8364	.7545	.7000	.6091	.5273	.4182
12	.8182	.7273	.6713	.5804	.4965	.3986
13	.7912	.6978	.6429	.5549	.4780	.3791
14	.7670	.6747	.6220	.5341	.4593	.3626
15	.7464	.6536	.6000	.5179	.4429	.3500
16	.7265	.6324	.5824	.5000	.4265	.3382
17	.7083	.6152	.5637	.4853	.4118	.3260
18	.6904	.5975	.5480	.4716	.3994	.3148
19	.6737	.5825	.5333	.4579	.3895	.3070
20	.6586	.5684	.5203	.4451	.3789	.2977
21	.6455	.5545	.5078	.4351	.3688	.2909
22	.6318	.5426	.4963	.4241	.3597	.2829
23	.6186	.5306	.4852	.4150	.3518	.2767
24	.6070	.5200	.4748	.4061	.3435	.2704
25	.5962	.5100	.4654	.3977	.3362	.2646
26	.5856	.5002	.4564	.3894	.3299	.2588
27	.5757	.4915	.4481	.3822	.3236	.2540
28	.5660	.4828	.4401	.3749	.3175	.2490
29	.5567	.4744	.4320	.3685	.3113	.2443
30	.5479	.4665	.4251	.3620	.3059	.2400

찾아보기

ㅅ

ㅇ

ㅈ

ㅊ

Excel과 R을 이용한

통 계 학

| 저　　자 정 미 숙

| 발 행 인 주 정 희

| 발 행 처 자유아카데미

| 주　　소 경기도 파주시 회동길 37-42
파주출판도시

| 전　　화 031-955-1321

| 팩　　스 031-955-1322

| 홈페이지 www.freeaca.com

| 전자우편 main@freeaca.com(대표)
editor@freeaca.com(편집)
crm@freeaca.com(영업)

| 등　　록 제406-2003-017호, 1980. 7. 12

| 제1판1쇄 2011년 2월 28일 발행

| 제1판5쇄 2018년 5월 25일 발행

| 정　　가 20,000원

ISBN 978-89-7338-877-6 93310